就这么高效/好看/有趣/简单的通关秘籍系列

抖音剪映

热门短视频创作就这么简单

郭春苗　李才应　编著

電子工業出版社
Publishing House of Electronics Industry
北京•BEIJING

内 容 简 介

本书是一本系统介绍使用抖音剪映软件制作热门短视频的图书。全书共分4个部分：第1部分为剪映的基本操作，包括文字、贴纸、转场、特效、滤镜、抠像与蒙版等功能讲解；第2部分为剪映技能提升的讲解，包括调色、文字动画特效、各类风格特效、动感特效等；第3部分通过25个热门短视频案例，系统讲解热门短视频的制作方法，帮助读者掌握制作热门短视频的技巧；第4部分通过15个脑洞创意类热门短视频的制作，帮助读者进一步打开无限的创意空间。

随书配套教学视频、视频成品及素材。读者可跟随书中内容并结合教学视频学习，在操作的同时可熟悉软件操作及视频剪辑思路，切实提升视频剪辑技能。

本书适合广大短视频剪辑、视频后期处理的相关人员阅读，包括视频剪辑师、Vlogger、剪辑爱好者、博主、视频自媒体运营者、旅游爱好者、摄影师、摄像师等，还可以作为高等院校影视剪辑相关专业的辅助教材。

图书在版编目（CIP）数据

抖音剪映：热门短视频创作就这么简单 / 郭春苗，李才应编著. —北京：电子工业出版社，2022.10
（就这么高效 / 好看 / 有趣 / 简单的通关秘籍系列）
ISBN 978-7-121-44202-5

Ⅰ.①抖… Ⅱ.①郭… ②李… Ⅲ.①视频编辑软件 Ⅳ.①TN94

中国版本图书馆CIP数据核字（2022）第156008号

责任编辑：夏平飞
印　　刷：北京捷迅佳彩印刷有限公司
装　　订：北京捷迅佳彩印刷有限公司
出版发行：电子工业出版社
　　　　　北京市海淀区万寿路173信箱　　邮编：100036
开　　本：880×1230　1/16　　印张：10.75　字数：361.2千字
版　　次：2022年10月第1版
印　　次：2025年3月第5次印刷
定　　价：59.00元

凡所购买电子工业出版社图书有缺损问题，请向购买书店调换。若书店售缺，请与本社发行部联系，联系及邮购电话：（010）88254888，88258888。
质量投诉请发邮件至zlts@phei.com.cn，盗版侵权举报请发邮件至dbqq@phei.com.cn。
本书咨询联系方式：（010）88254579。

前言

目前，短视频的应用已相当普遍，不少人还以短视频拍摄制作为职业，并取得非常好的成绩。

使用短视频不仅仅是一种潮流，还是一项工作技能。制作短视频的软件有很多，如抖音出品的剪映，Adobe公司出品的Premiere软件、AfterEffects软件，甚至还有一些更“傻瓜式”的APP软件。

本书共4个部分。

第1部分　认识剪映

通过10节课讲解剪映界面、视频和图片的处理、音频的处理、文本的操作、贴纸功能、特效的使用、转场的使用、滤镜和调节功能、抠像、蒙版。

第2部分　使用剪映

通过10节课讲解视频的调色、遮罩文字效果制作、文字扫光效果制作、剪影风格视频制作、片尾关注专属头像制作、动感效果制作、分屏定格效果制作、动作残影效果制作、季节转换效果制作、遮罩文字坠落效果制作。

第3部分　如何制作日常类热门短视频

通过25个热门短视频案例详细讲解如何制作一个完整的吸引流量的短视频作品，包括图片卡点、视频定格拍照的效果、办公室情景、快乐美女小姐姐、单身汪、我有闺蜜、一个人看书、跑出大片的感觉、身心疲惫、音乐变装EGM、如何进行副驾驶拍摄、生日祝福、怎么拍放假回家的你、高速行车延时拍摄、回顾过去的一年、花丛中微拍摄、小草效果、水中倒影、水中拍摄、倒放、小叶子生长记、故乡火车站、秀一秀饭店、流水拍摄、指点江山 。

第4部分　如何制作脑洞创意类热门短视频

通过15个热门脑洞类短视频案例详细讲解如何制作一个创意满满的吸引流量的短视频作品，包括灵魂出窍、手掌放烟花、人物金片炸开效果、人体消失术、寒江孤影、多胞胎合唱团、手指切胡萝卜、穿墙术、快到碗里来、镜子中的双重人格、魔力捏可乐罐、踢出自我、一飞冲天、水果大变身、漫漫人生路。

随书提供每课的教学视频，并附带视频成品和丰富的短视频制作素材，帮助读者高效、轻松地学习。

本书的视频成品和素材等资源，读者可登录华信教育资源网（www.hxedu.com.cn）下载，教学视频可通过扫描二维码观看。

第1部分 认识剪映

第2部分 使用剪映

第3部分 如何制作日常类热门短视频

第4部分 如何制作脑洞创意类热门短视频

第1部分

认识剪映

- ★ 第1课　剪映界面
- ★ 第2课　视频和图片的处理
- ★ 第3课　音频的处理
- ★ 第4课　文本的操作
- ★ 第5课　贴纸功能
- ★ 第6课　特效的使用
- ★ 第7课　转场的使用
- ★ 第8课　滤镜和调节功能
- ★ 第9课　抠像
- ★ 第10课　蒙版

第1课　剪映界面

剪映的主界面很简单，上手也很容易。剪映的编辑界面包括菜单栏、素材区、播放器界面、功能区以及时间轨道等。剪映与其他视频编辑软件类似，如果你有其他视频编辑软件的使用经验，应该可以轻松学会剪映。

1.1 主界面的认识

进入剪映主界面。我们使用的是最新剪映2.4.0版本，如果读者下载的是其他版本，或者正在使用手机版剪映，并不影响学习。剪映主界面如图1-1所示。

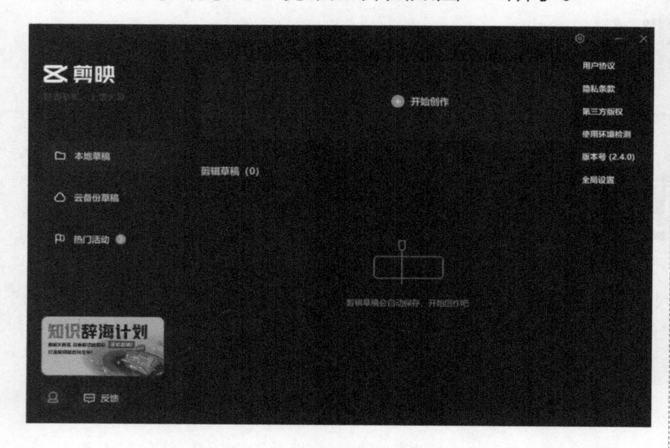

图1-1　剪映主界面

本地草稿：本地草稿界面如图1-2所示。

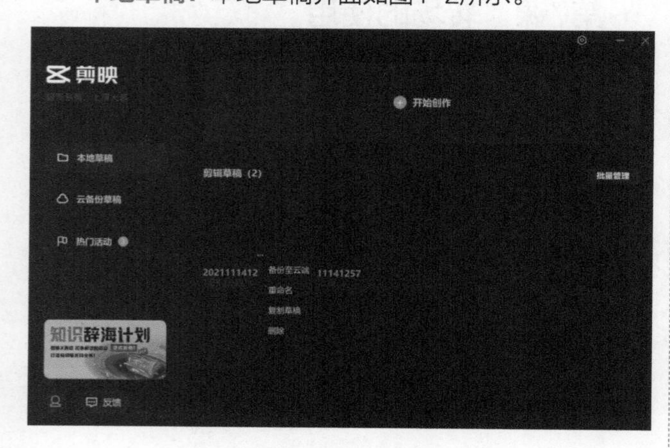

图1-2　本地草稿界面

开始创作：单击“开始创作”，进入视频编辑界面。

剪辑草稿：这里显示的是历史编辑过的项目，剪映会自动保存至该界面。单击某个项目右下角三个点，可对该项目进行备份至云端、重命名、复制草稿、删除等操作。批量管理可对多个项目进行备份和删除操作。

云备份草稿界面如图1-3所示。

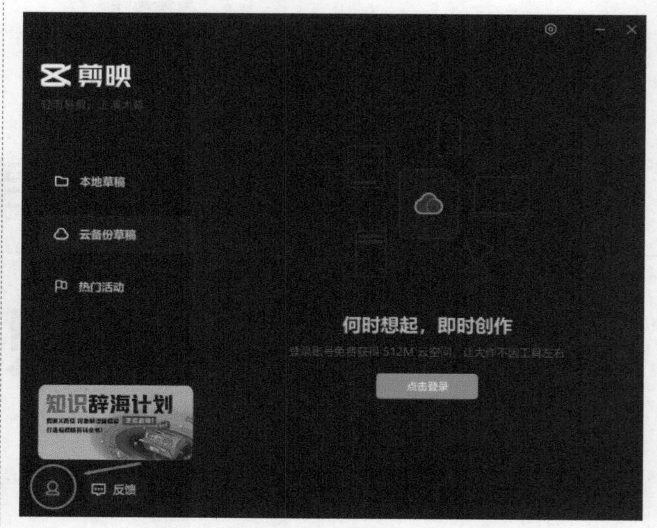

图1-3　云备份草稿界面

单击界面左下角小人标志或在云备份草稿界面中单击“点击登录”按钮都可使用抖音，西瓜视频账号也可以登录剪映专业版。登录后，可查看进行了云备份草稿的项目，云备份的项目可同步手机端剪映，可在手机剪映APP下载项目后使用手机继续编辑项目。

热门活动：该活动板块为创作者提供主题及词条，创作者可以对相应的主题及词条进行创作并投稿，如创作内容优秀，可获得平台的奖励。

1.2 编辑界面的认识

单击主界面“开始创作”，可进入剪映的编辑界面，编辑界面分为5个工作区：菜单栏、素材区、播放器界面、功能区和时间轨道，如图1-4所示。

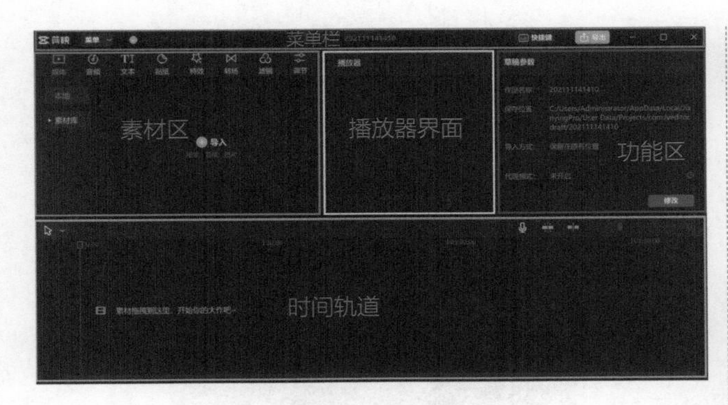

图1-4　编辑界面

1.2.1　菜单栏

菜单栏包括常用的菜单命令、作品名称、快捷键及导出按钮，如图1-5所示。

图1-5　菜单栏

作品名称开始为系统默认的一串数字代码，可双击进行更改。

剪映的默认快捷键界面如图1-6所示。

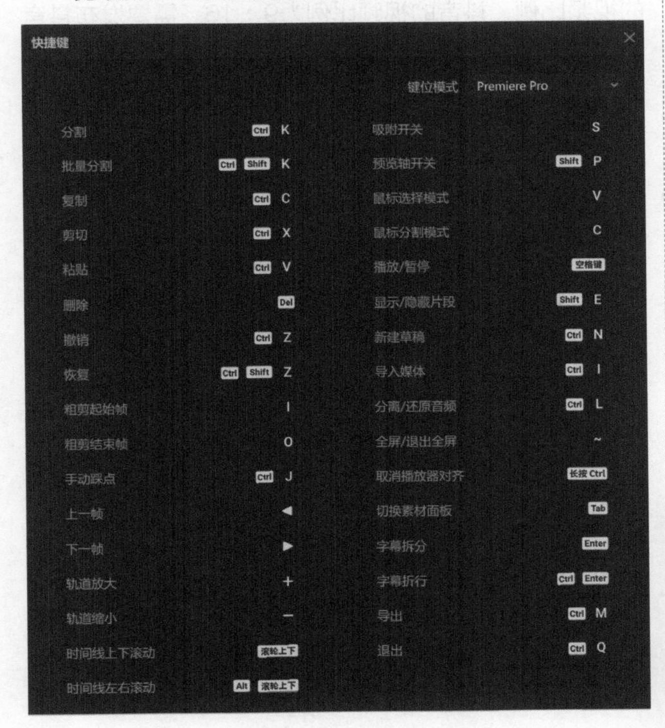

图1-6　快捷键界面

单击快捷键按钮可以显示剪映的快捷键，熟练使用快捷键可以有效地提高创作效率。

导出界面如图1-7所示。

图1-7　导出界面

作品名称：创作的作品名称。

导出至：将作品保存在电脑的一个文件夹中，建议保存在除电脑C盘外内存较大的盘中。

分辨率：分辨率越高，视频越清晰。目前支持的分辨率有480P、720P、1080P、2k、4k。

码率：码率越高，文件越大，一般使用推荐选项。

编码与格式：一般使用H.264、mp4格式，有特殊需求可更改。

帧率：帧率越高，视频越流畅。

将所有选项确定后，单击“导出”按钮即可导出创作的视频。视频导出后，可直接发布到抖音和西瓜视频平台。

注意：如未导出视频而直接关闭剪辑界面，视频会保存至主界面剪辑草稿中，在草稿中单击该项目可继续编辑。

1.2.2　素材区

素材区如图1-8所示。

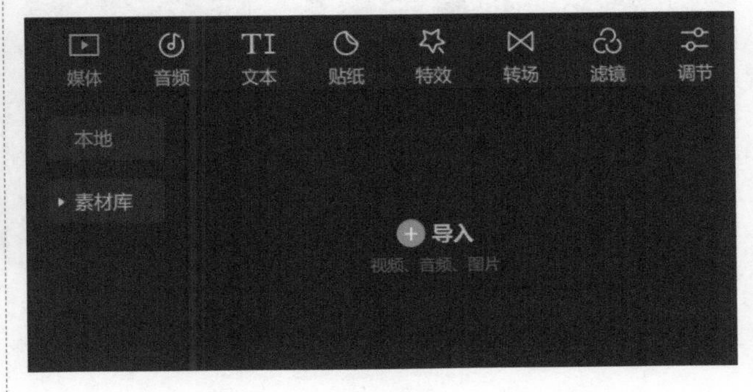

图1-8　素材区

本地：本地素材是指存在于电脑当中，已经下载的素材，可导入的素材类型有视频、音频、图片。导入方式有以下两种。

方式一：单击素材区“导入”按钮，选择素材文件后单击打开即可。

方式二：在电脑文件夹中选择需要添加的素材，拖动到素材区或轨道即可添加。

素材库界面如图1-9所示。

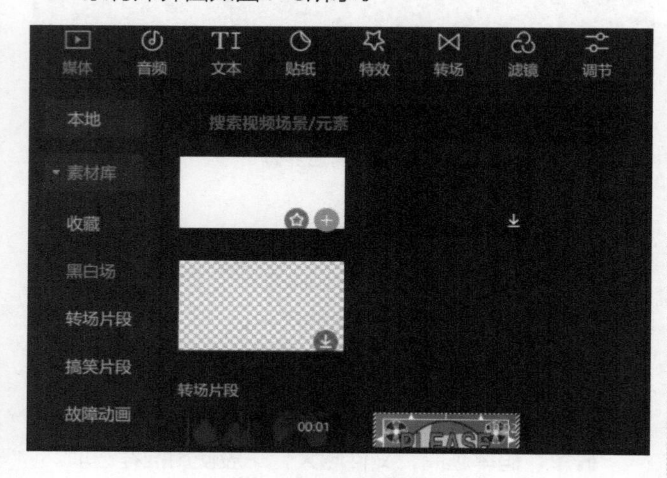

图1-9　素材库界面

素材库具有丰富的素材资源，包含视频、音频、文字模板、贴纸、特效、转场、滤镜素材等。素材库中带下载符号的资源，需要下载后才可添加，单击视频预览，素材会自动下载。素材右下角带有“+”符号的可直接单击添加素材。

1.2.3　播放器界面

播放器界面如图1-10所示。

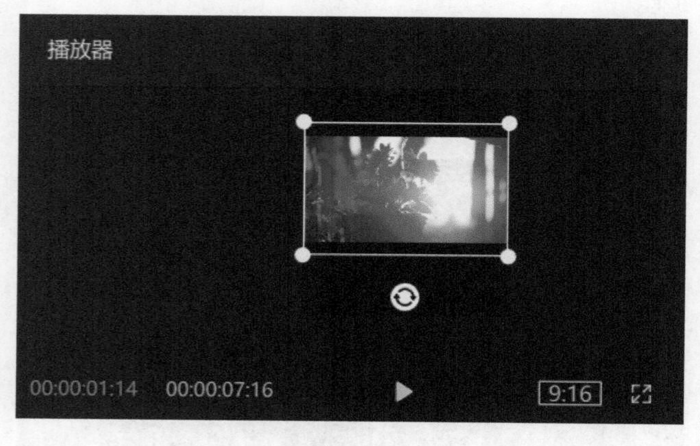

图1-10　播放器界面

播放器界面显示视频时长，单击“▶”可播放预览选中的视频，单击右下角放大符号可全屏预览；视频四个角的白点可等比放大或缩小，“⟳”可对视频旋转。

视频比例：播放器界面右下角有个视频比例设置区域，单击出现如图1-11所示界面。

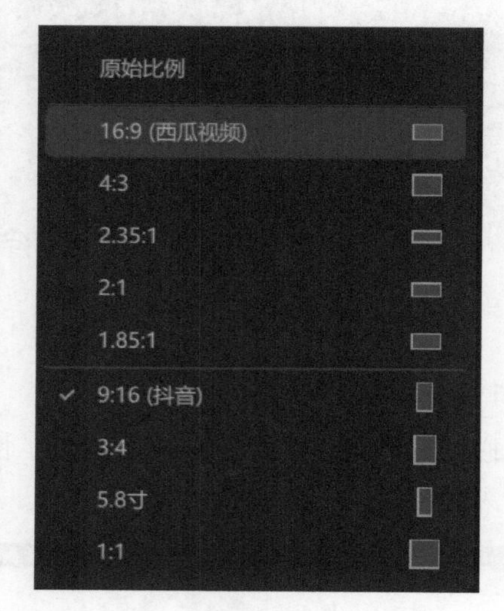

图1-11　视频比例设置

视频比例即视频长宽的比例。其中，16：9为西瓜视频使用比例，需要发布西瓜视频的作品，使用16：9的视频比例；抖音的视频比例为9：16，需要发布抖音的视频作品，使用9：16的视频比例，其他比例可根据需要选择。

1.2.4　功能区

功能区如图1-12所示。

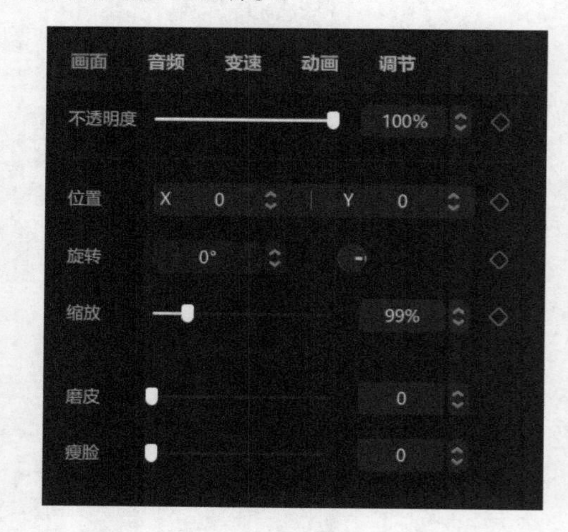

图1-12　功能区

功能区面板可以对素材的一些参数进行调整，素材不同，调整面板也不同。“不透明度”用于调整视频的透明度，数值越低，视频透明度越高。“瘦脸”与“磨皮”只用于人像，如不是人像，就没有效果。

1.2.5 时间轨道

剪映轨道区域如图1-13所示，包括撤销、恢复、分割、删除、定格、倒放、镜像、旋转、裁剪、录音、自动吸附、预览轴、时间线、主轨道等按钮和区域。

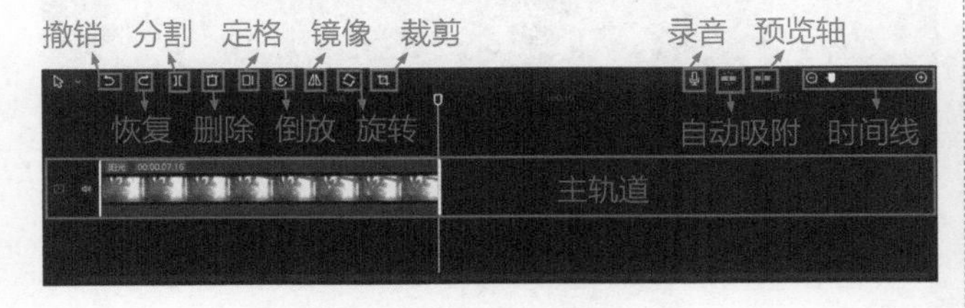

图1-13 剪映轨道区域

自动吸附： 打开自动吸附时，当两段视频拼接时，会显示蓝色线提示，保证视频拼接完整，建议打开，可节省对齐的时间，如图1-14所示。

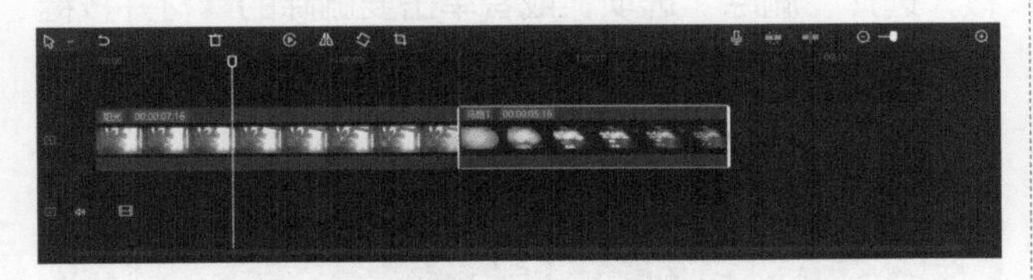

图1-14 自动吸附

预览轴： 打开预览轴时，鼠标移动时会有黄色线跟随，同时播放器界面显示画面为鼠标指针（黄色预览轴）位置画面，如关闭预览轴，则需要移动白色预览轴进行预览，如图1-15所示。

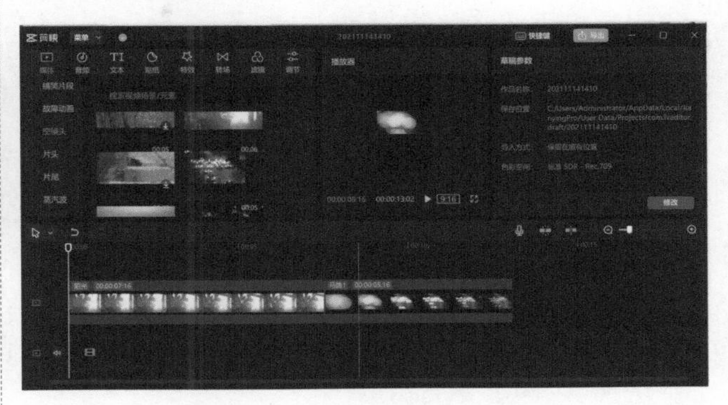

图1-15 预览轴

时间线： 可调整时间轴的长短，当视频过长不方便预览时，可调节时间线进行预览。可使用快捷键（Alt+鼠标滑轮）调节。

第2课 视频和图片的处理

本课程主要了解功能区中的功能，认识工具栏中的工具。

2.1 素材的导入和基础运用

在剪映中可以从本地导入需要的素材，也可以从剪映自带的素材库中导入素材。本地导入如图2-1所示。

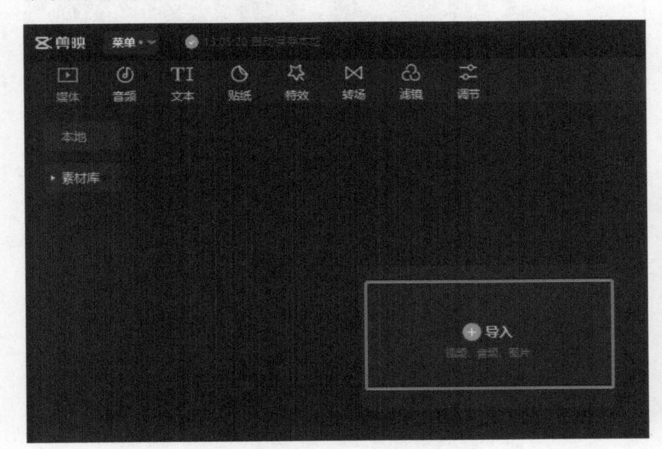

图2-1 本地导入

如果素材的格式不符合剪映所支持的格式，则素材不能导入。剪映所支持的格式如图2-2所示。

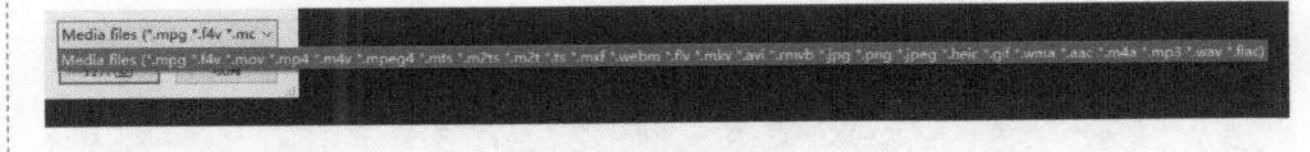

图2-2 剪映所支持的格式

素材导入后会显示，如果是视频素材，右上角会显示该视频的时长，下面会显示该视频的文件名和格式；如果是图片，右上角会显示图片的标志，下面会显示该图片的文件名和格式。视频、图片显示如图2-3所示。

图2-3 视频、图片显示

要将素材添加到轨道上，可以单击右下角的加号，也可以直接拖到轨道上。拖曳素材时，可以选择素材的放置位置，单击加号，素材默认添加在白线位置。添加素材如图2-4和图2-5所示。

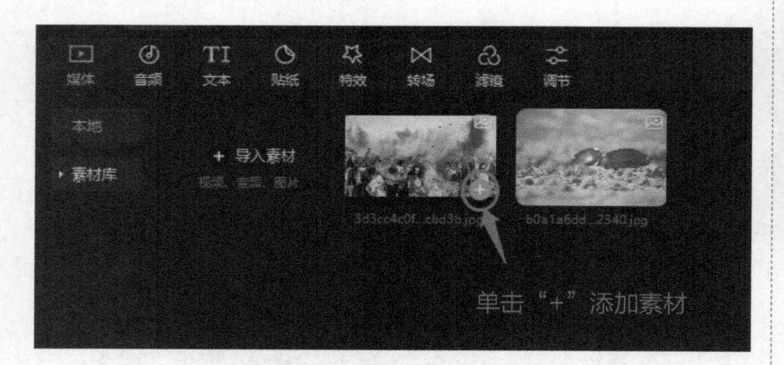

图2-4　单击右下角加号

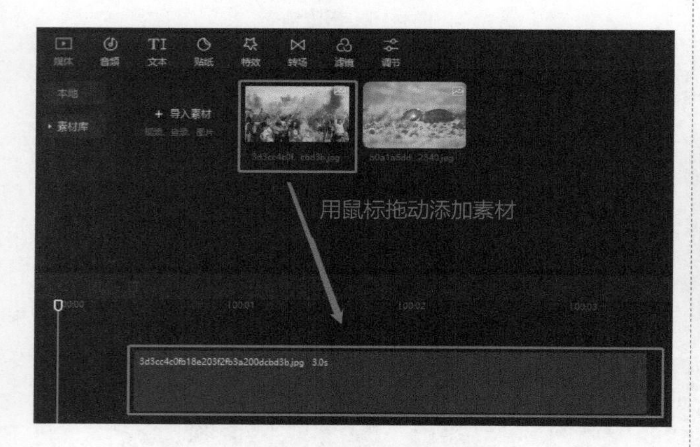

图2-5　直接拖曳到轨道上

如果白线位于素材偏后的位置，单击加号，会默认添加到该素材的后面，如图2-6所示。

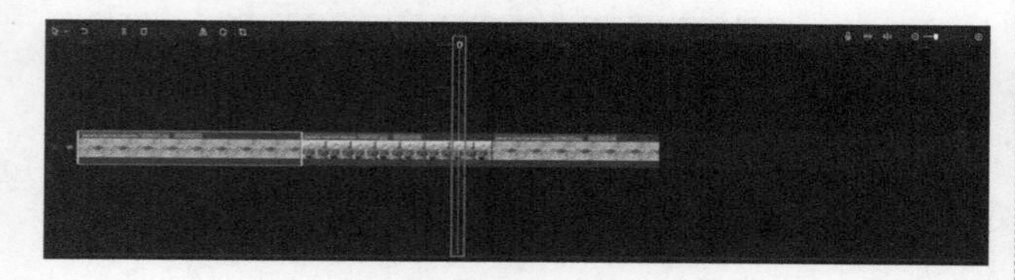

图2-6　偏后位置添加

如果白线位于素材偏前的位置，单击加号，会默认把素材添加到该素材的前面，如图2-7所示。

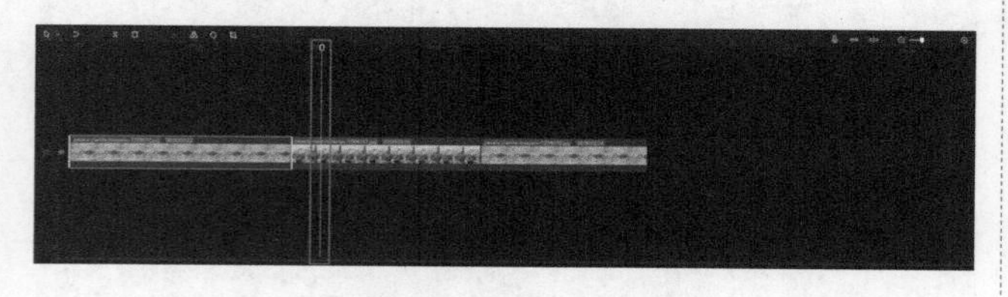

图2-7　偏前位置添加

如果白线位于两个素材中间，单击加号，会默认把素材添加到白线位置，如图2-8所示。

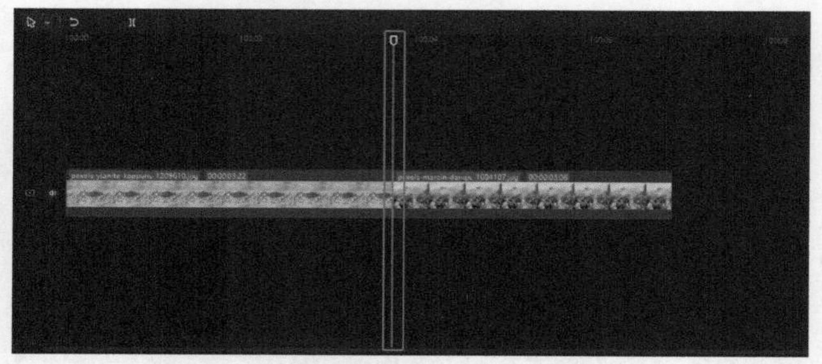

图2-8　中间位置添加

2.2 基础工具的应用

如果想删除素材，则用鼠标右键单击要删除的素材，选择“删除”选项，或者单击要删除的素材并按键盘上的“Delete”键即可，如图2-9所示。

图2-9　删除素材

对选择的素材可以在工具区“基础”面板里进行调整，如缩放、旋转、不透明度等。如果想恢复之前的参数，可以单击右下角的“重置”按钮；如果想要所有素材都使用调整后的参数，可以单击右下角的“应用到全部”按钮。“画面”界面如图2-10所示。

图2-10　“画面”界面

将素材缩小后，单击背景可以更换素材的背景，可以把背景变模糊（见图2-11），也可以更换背景颜色（见图2-12），还可以使用剪映自带的一些背景样式

（见图2-13）。

图2-11　背景模糊

图2-12　背景颜色

图2-13　背景样式

如果素材是视频，还会有音频和变速的选项。音频可以对视频的音量进行调整。如果视频中有语音，还可以变声。变速可以对视频倍速进行调整。功能区音频如图2-14所示。

动画：可以为图片和视频添加动画效果，把鼠标停留在效果上，可以看到该动画的使用效果，还可以对动画效果时长进行调整，如果想删除动画效果，可以单击“无”。功能区动画如图2-15所示。

调节：可以对视频的色彩、明度、效果进行调节。功能区调节如图2-16所示。

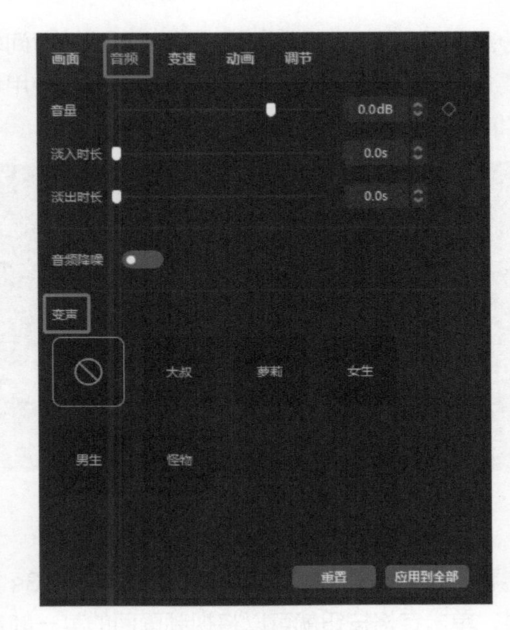

图2-14　功能区音频

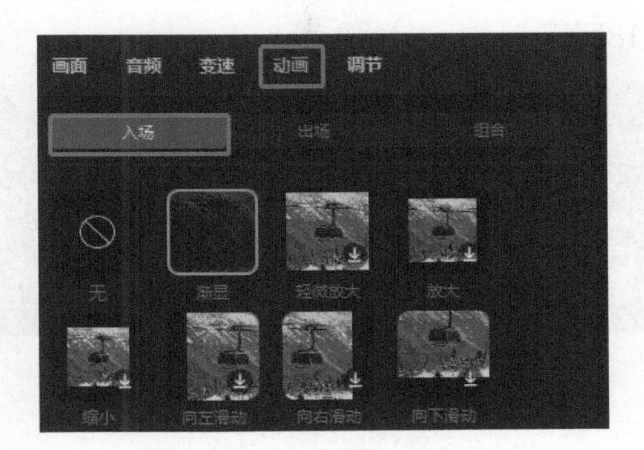

图2-15　功能区动画

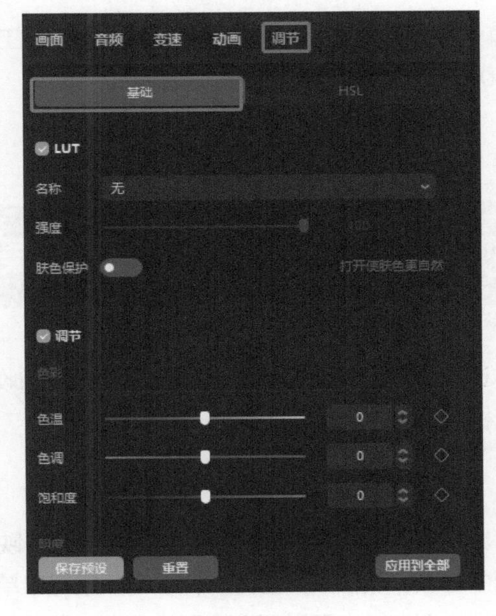

图2-16　功能区调节

分割工具：想要分割视频和图片，可以把时间轴拖到需要分割的位置并单击分割按钮即可，或者使用快捷键“Ctrl+B”分割。分割工具如图2-17所示。

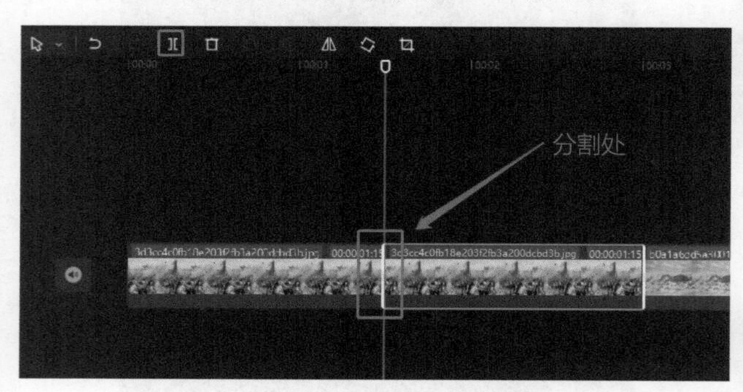

图2-17　分割工具

定格工具：可以将视频画面的某一帧定格3s。选择素材，单击定格按钮就可以将视频画面的某一帧定格3s，也可以拖动白线选择需要定格的时间。定格工具如图2-18所示。

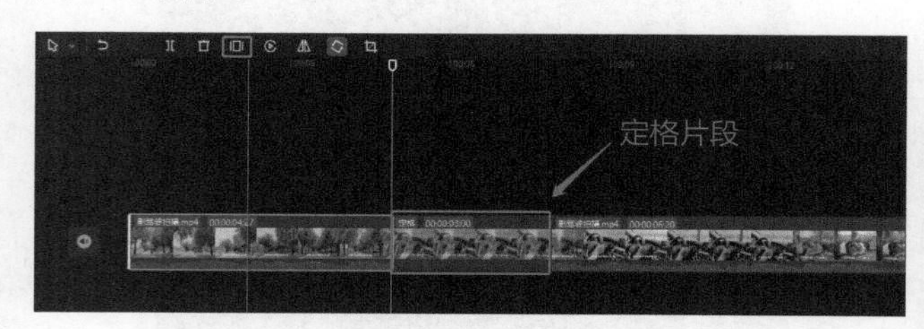

图2-18　定格工具

倒放工具：可以将所选视频倒放。倒放工具如图2-19所示。

镜像工具：可以将画面左右翻转。镜像工具如图2-20所示。

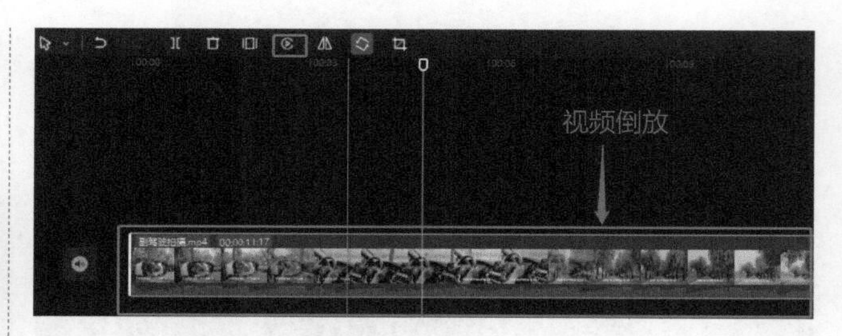

图2-19　倒放工具

图2-20　镜像工具

裁剪工具：可以对视频画面进行裁剪。裁剪工具如图2-21所示。

图2-21　裁剪工具

第3课　音频的处理

本课程主要了解录音功能的运用、如何添加收藏的音乐素材、音频的卡点运用等。

3.1 导入音频

音频文件可以从电脑中导入，也可以从剪映自带的音频中导入。和视频、图片一样，音频既可以单击加号添加到轨道上，也可以直接拖到轨道上。导入音频如图3-1所示。

如果感觉剪映中的音频不错，可以单击右下角的星星标志收藏，之后就可以在收藏栏里找到相应的音频内容。收藏功能如图3-2所示。

音频内容也可以使用录音工具录制后，导入相应的轨道，供今后使用。录音功能如图3-3所示。

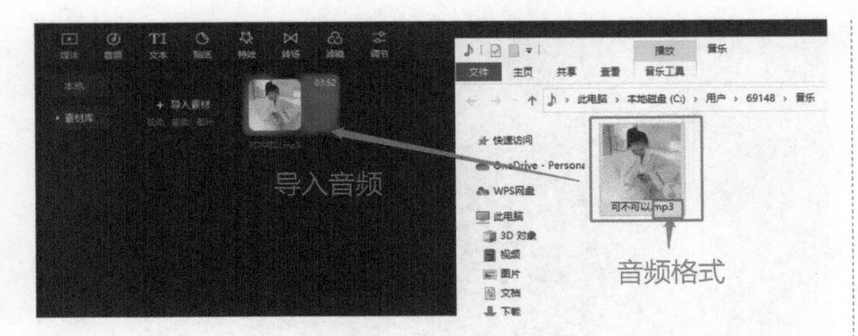

图3-1　导入音频

图3-2　收藏功能

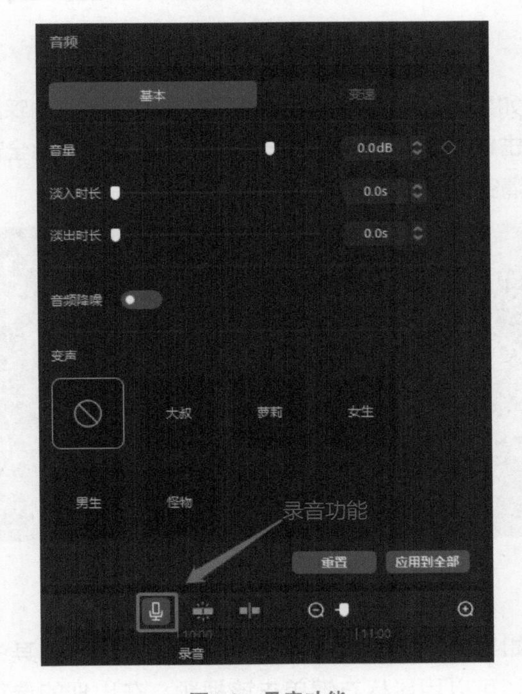

图3-3　录音功能

单击录制按钮就可以开始录制。录制时可以选择输入设备、输入音量、回声消除、草稿静音等。录音界面如图3-4所示。

图3-4　录音界面

在剪映中，可以添加抖音收藏的音乐（见图3-5），也可以粘贴来自抖音的链接（见图3-6）。

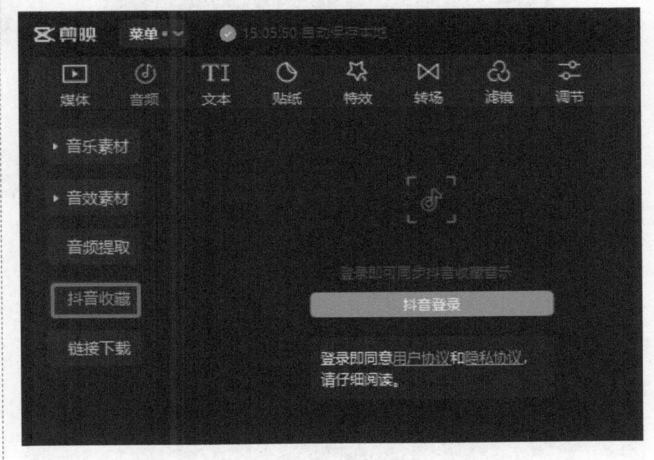

图3-5　抖音收藏

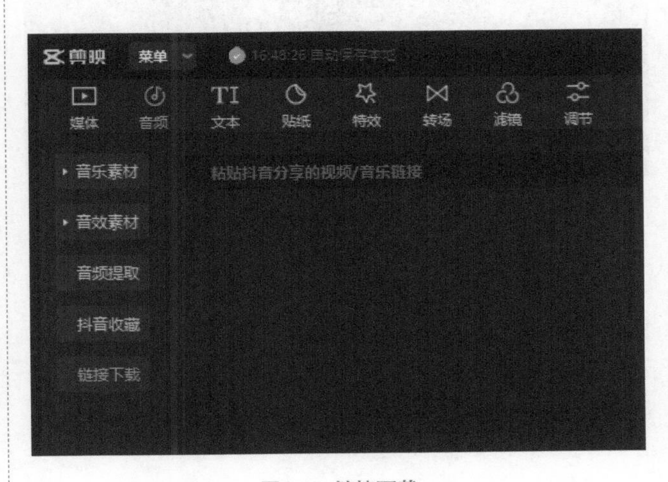

图3-6　链接下载

3.2 音频的运用

淡入时长是声音在开始播放时由低到高，淡出时长则是声音在结束时慢慢变小乃至关闭，主要是用来保证音频的平滑过渡。音频淡入、淡出如图3-7所示。

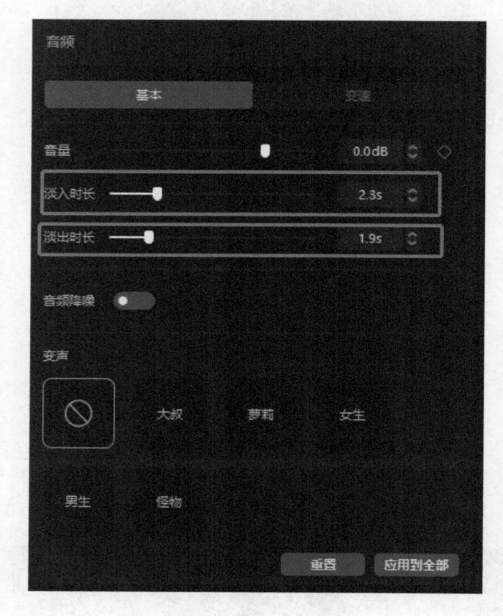

图3-7　音频淡入、淡出

音频变速用于调整素材倍数，如图3-8所示。

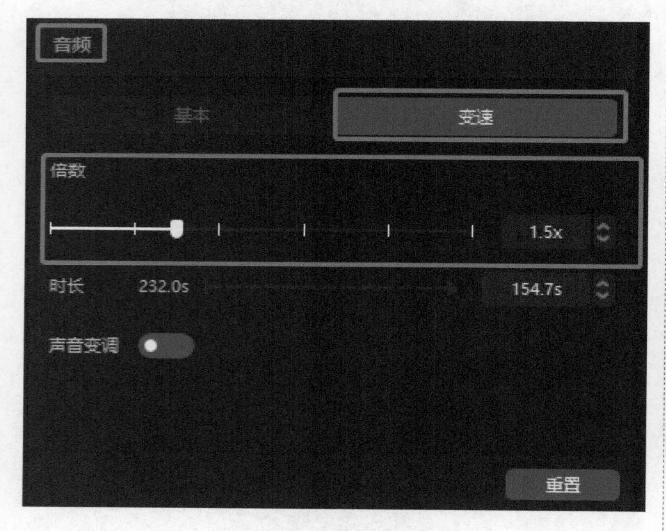

图3-8　音频变速

音频的工具栏和视频的类似，包括撤回、恢复、分割、删除等。如果音频是素材库中的音乐，可以进行自动踩点；如果是手动加入的素材，只能手动踩点。自动踩点如图3-9所示。

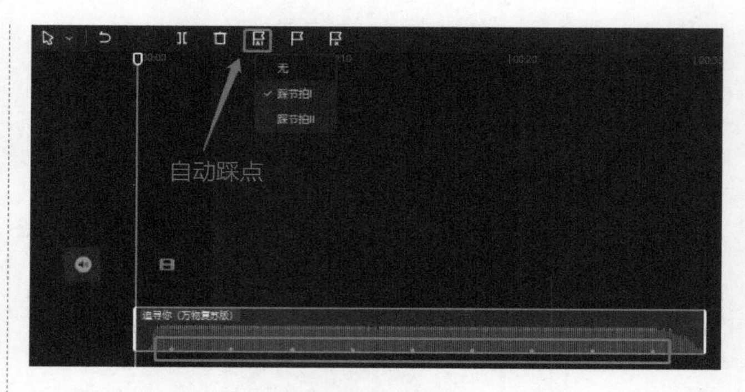

图3-9　自动踩点

手动踩点既可以通过单击踩点标志进行，也可以通过快捷键“Ctrl+J”进行。手动踩点如图3-10所示。

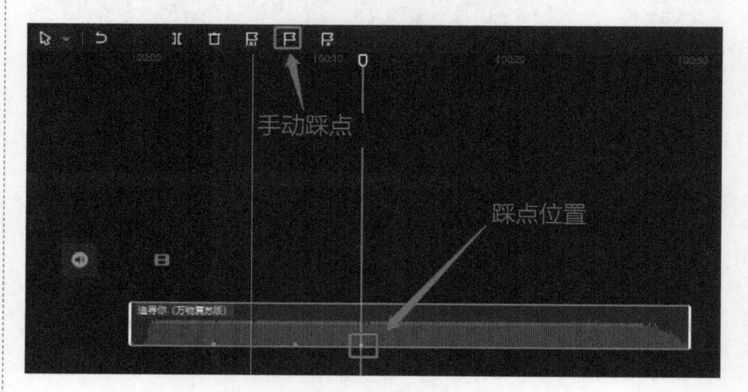

图3-10　手动踩点

如果要删除踩点，则把时间轴拖到要删除的踩点上并单击踩点，也可直接单击清空踩点按钮，清除全部踩点。清空踩点如图3-11所示。

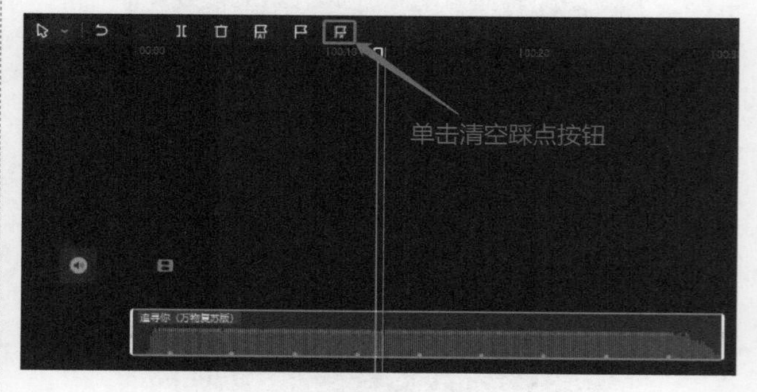

图3-11　清空踩点

如果感觉某些视频中的声音不错，想分离其中的音频，可以用鼠标右键单击该视频，在出现的选项区找到要分离的音频并分离出来即可，也可以通过快捷键“Ctrl+Shift+S”分离音频。如果想还原该视频的音频，再次单击该音频即可。分离音频和还原音频分别如图3-12和图3-13所示。

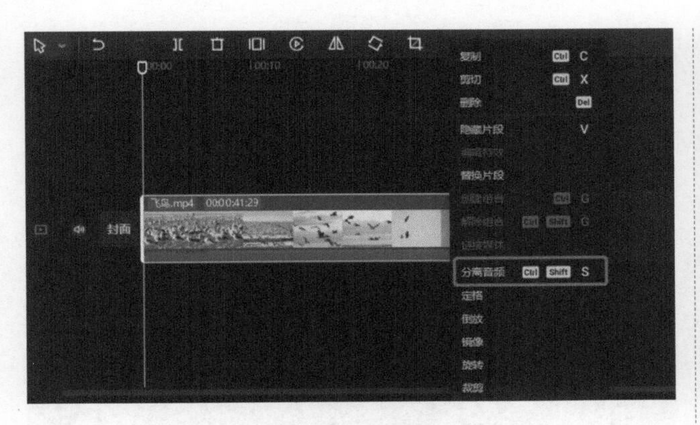

图3-12　分离音频

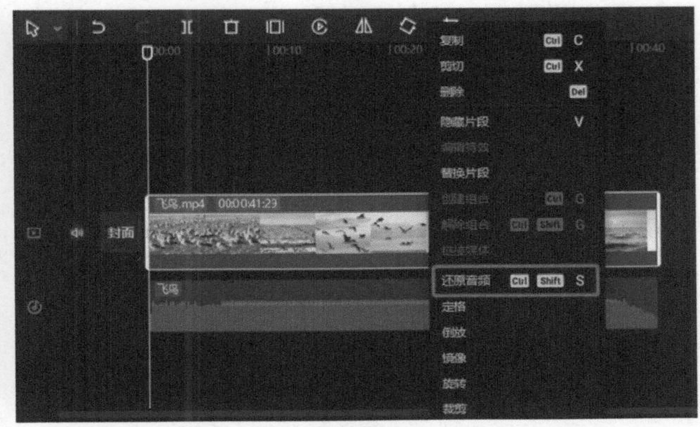

图3-13　还原音频

第4课　文本的操作

本课程主要了解新建文本、花字、文字模板、智能字幕、识别歌词等功能。

4.1 新建文本

在素材区单击文本，默认文本就会自动添加到轨道上。除了单击加入，也可以自行拖动。新建文本如图4-1所示。

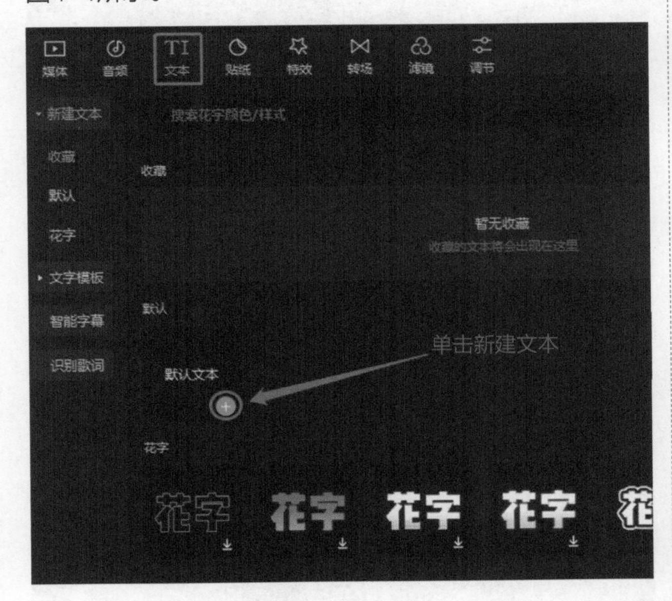

图4-1　新建文本

花字中有很多剪映自带的花字效果，如图4-2所示。

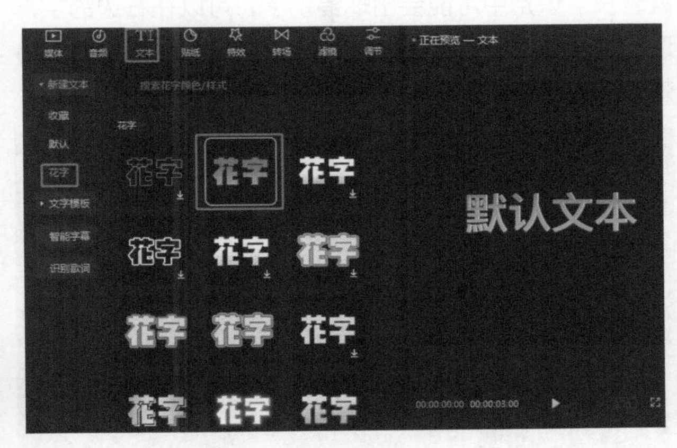

图4-2　花字

4.2 文字模板

文字模板可以对文字添加特效。文字模板里的所有文字都是可以更改的。文字模板如图4-3和图4-4所示。

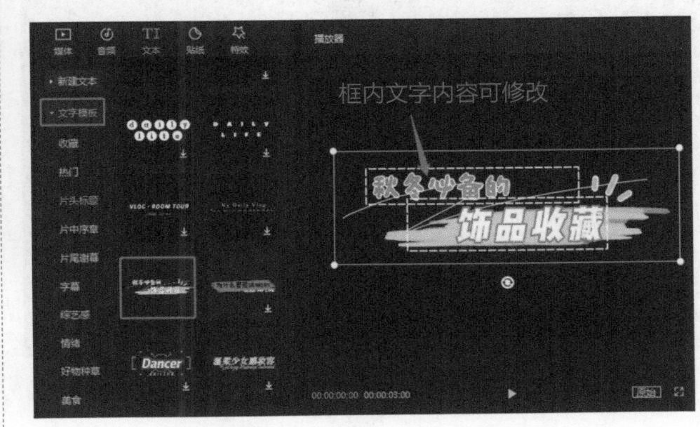

图4-3　文字模板（1）

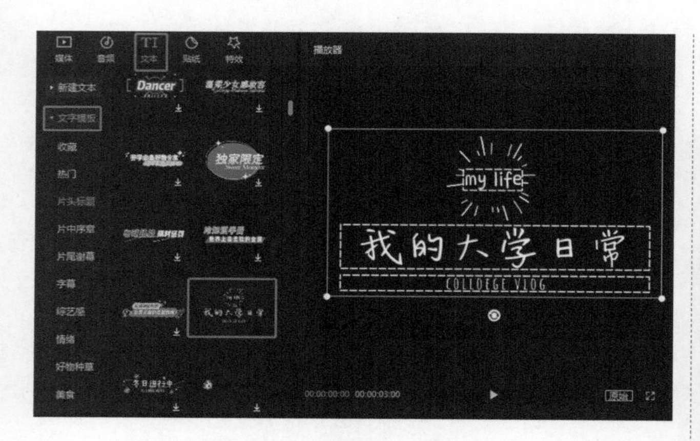

图4-4　文字模板（2）

4.3 智能字幕、识别歌词

文字模板下面是智能字幕。智能字幕中有识别字幕，可以识别添加的音频和视频素材中的文字。识别时间与视频的长短有关，视频时间越长，需要识别的时间就越长。识别中可能会出现错别字，可以在右边的字幕选项中添加、修改或删除，也可以在编辑选项中添加特效。识别字幕如图4-5和图4-6所示。

图4-5　识别字幕——字幕添加、修改、删除

图4-6　识别字幕——文本编辑

可以在动画中给字幕添加一些动画效果，如图4-7所示。

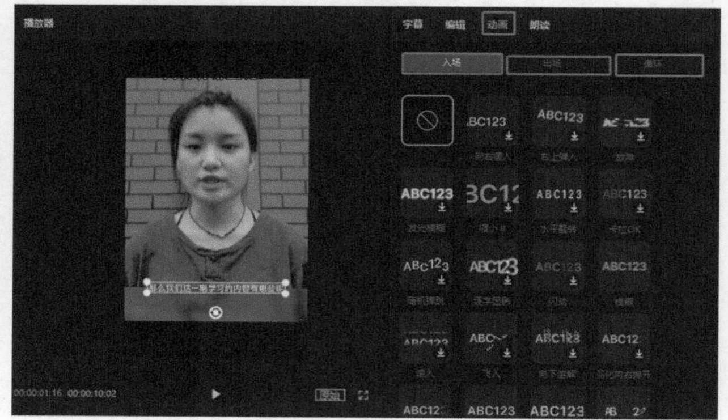

图4-7　给字幕添加动画效果

朗读功能可以变换视频字幕的声音，如图4-8所示。

图4-8　朗读功能

智能字幕中的文稿匹配功能，可以将事先准备好的文稿复制粘贴到视频中。文稿匹配如图4-9所示。“输入文稿”界面图4-10所示。

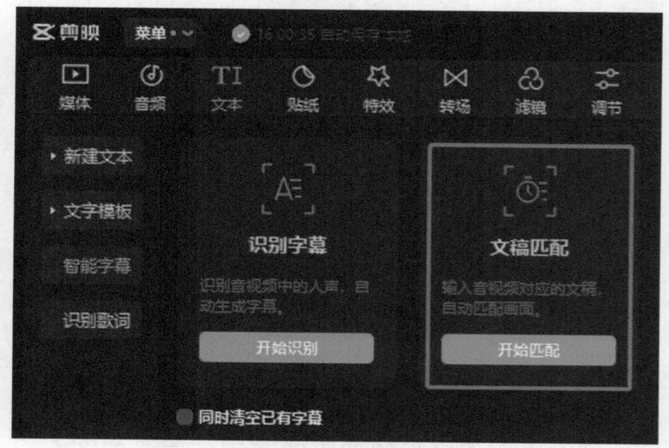

图4-9　文稿匹配

图4-10 “输入文稿”界面

识别歌词和智能字幕中的识别字幕功能差不多，可以在识别一些音乐素材中的歌词后，在右上角的功能区对识别出来的歌词添加一些效果。识别歌词如图4-11所示。

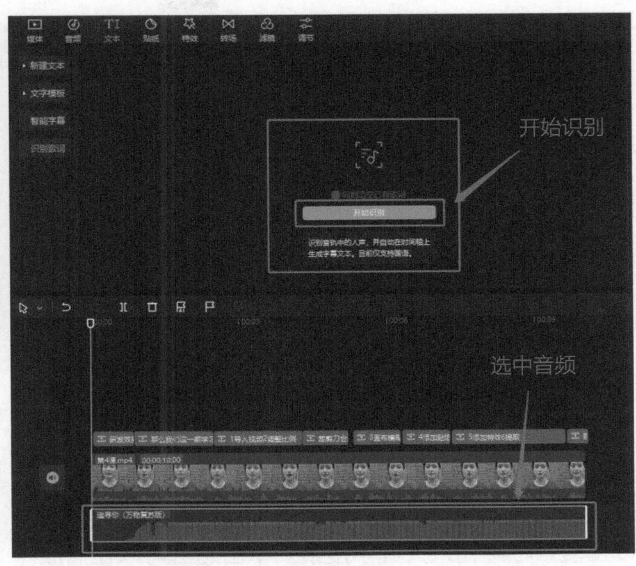

图4-11 识别歌词

第5课 贴纸功能

剪映的贴纸素材库内容非常丰富，给视频添加贴纸可以让视频更加有趣，更加吸引眼球。本课程将介绍如何使用贴纸功能。

5.1 案例效果

未添加贴纸前，画面显得十分单调，如图5-1所示。添加贴纸后，画面变得更加丰富，如图5-2所示。

图5-1 添加贴纸前的画面

图5-2 添加贴纸后的画面

5.2 贴纸的编辑

将需要剪辑的素材导入后，单击“+”或将导入的素材拖动到轨道上，单击素材区贴纸选项，进入“贴纸”面板，如图5-3所示。

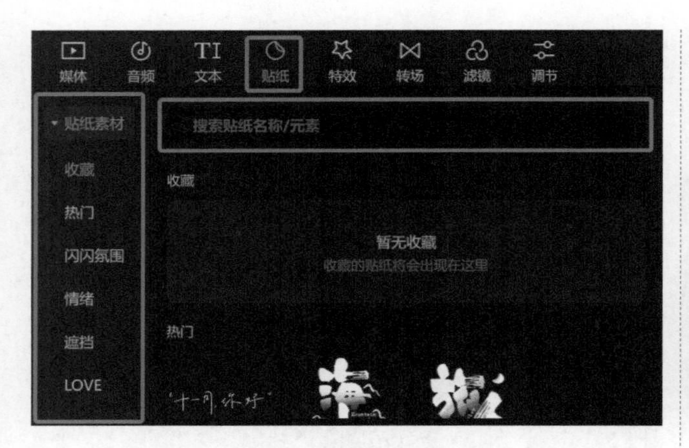

图5-3　“贴纸”面板

贴纸可以在左侧贴纸素材中单击关键词寻找，也可以在搜索栏中输入关键字搜索。单击贴纸可以在播放器界面预览贴纸效果，同时贴纸素材可自动下载。下载好的贴纸可以单击“+”直接添加，也可以单击贴纸后按住鼠标左键拖动到轨道上。

添加贴纸后，可在贴纸轨道上编辑，如图5-4所示。

图5-4　贴纸轨道

贴纸轨道可以叠加，一个视频可以添加多个贴纸。

选中贴纸：可单击选中该贴纸轨道或在播放器界面单击该贴纸。

删除贴纸：如果想删除某个贴纸，则可在选中贴纸后，右键单击轨道选择“删除”选项，或使用键盘上的“Delete”键删除。

选中某个贴纸轨道后，在轨道最左侧（最右侧）可按住鼠标左键缩短（拉长）贴纸的显示时长。拖动特效轨道可将贴纸放到视频的任意时间段。

播放器界面和功能区如图5-5所示，可以对贴纸大小和位置进行编辑。

可在播放器界面单击选中需要编辑的贴纸，选中后，贴纸四周会出现一个外框，可使用鼠标左键拖动外框四个点中的任意一点来放大（缩小）贴纸，也可在功能区调整缩放数值来放大（缩小）。“ ”可旋转贴纸，也可在功能区选择旋转角度旋转贴纸。可在播放器界面直接用鼠标左键拖动贴纸放到合适的位置，也可以在功能区调整X与Y的数值确定贴纸的位置。

图5-5　播放器界面和功能区

注：在编辑时，轨道的白色预览轴需在贴纸的轨道范围内，否则播放器不可实时显示编辑画面，不利于编辑。

在功能区“动画”面板中，可以对贴纸的出场与入场动画进行编辑，如图5-6所示。

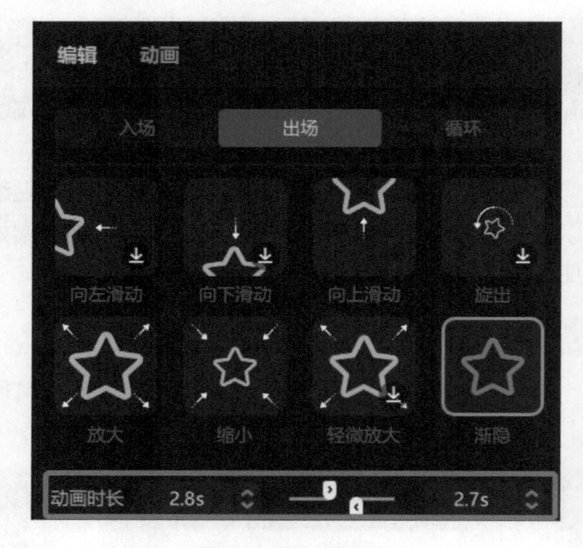

图5-6　“动画”面板

贴纸功能区“动画”面板包含“入场”“出场”“循环”选项。所有动画效果需下载后才可使用。设置动画后可让贴纸出现的动画方式更加多样。当鼠标停留在某个动画上时，可预览该动画样式。动画时长为该动画在视频画面中呈现的时长，当同时添加了入场动画和出场动画时，“>”为调整入场动画时长，“<”为调整出场动画时长。时长最大值取决于贴纸在轨道上的时间。

在“动画”面板中，“循环”动画编辑可以给贴纸添加循环动画，如图5-7所示。

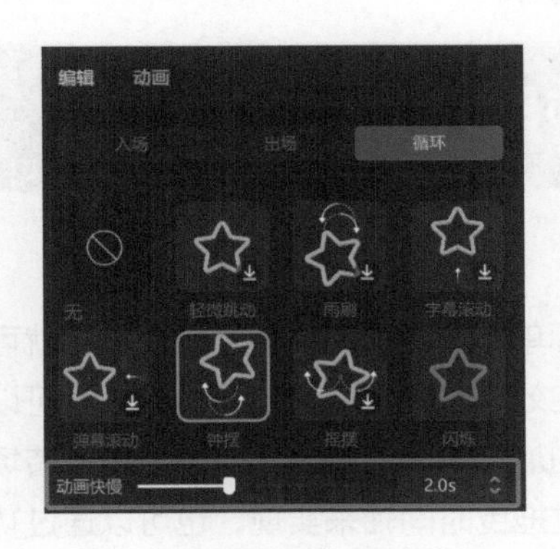

图5-7 “循环”动画编辑界面

当贴纸设置了出场动画和入场动画时，循环动画显示为无；当贴纸设置了循环动画时，出场动画和入场动画显示为无。循环动画时长为贴纸显示时长，循环动画为组合动画，可以通过面板下方的“动画快慢”调节动画的速度。

第6课 特效的使用

本课程主要介绍剪映中的特效及其运用。

将素材导入轨道，单击素材区的特效，可以看到剪映中的各种特效；单击想要的特效，可以在预览区看到视频素材加上该特效的效果，要添加该效果，单击该特效右下角的加号“+”即可。特效效果如图6-1所示。

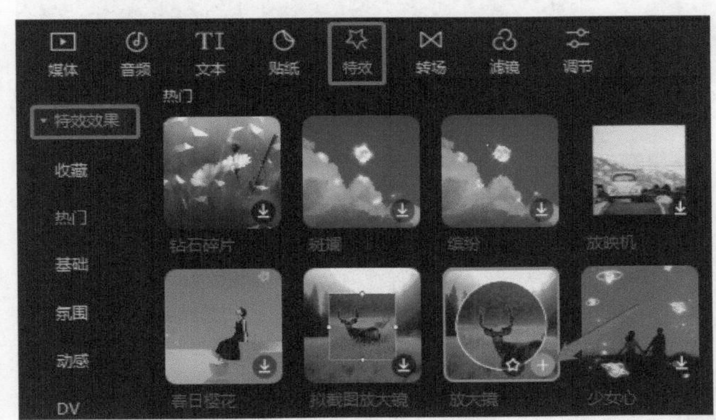

图6-1 特效效果

剪映中的特效主要有热门、基础、氛围、动感、复古等。特效和视频、图片一样，可以进行拉长、复制、删除、分割等操作，同时特效的效果可以叠加。单击想拉长的特效，拖动两边即可拉长特效。特效的运用——叠加和拉长如图6-2所示。

要复制、删除、剪切特效，可用鼠标右键单击该特效，在出现的菜单中选择“复制”“删除”“剪切”即可，也可以使用“Ctrl+C”“Delete”“Ctrl+X”等快捷键对该特效进行相应的操作。特效的复制、剪切、删除如图6-3所示。

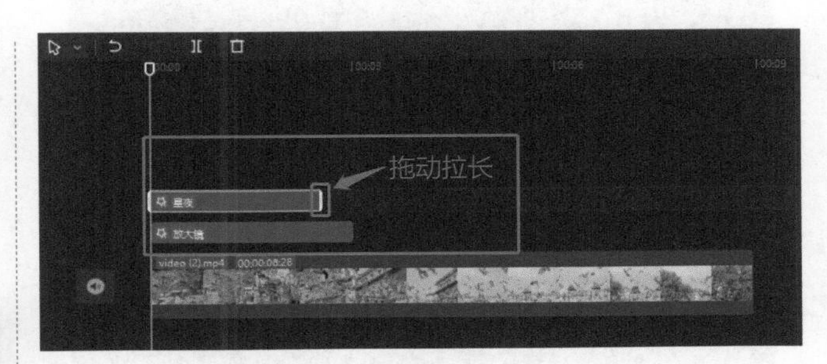

图6-2 特效的运用——叠加和拉长

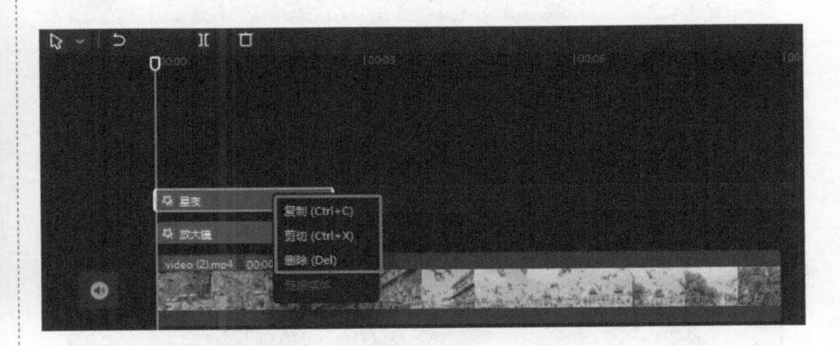

图6-3 特效的复制、剪切、删除

特效之间通过叠加可以形成更多的特效。不同特效的叠加如图6-4所示。

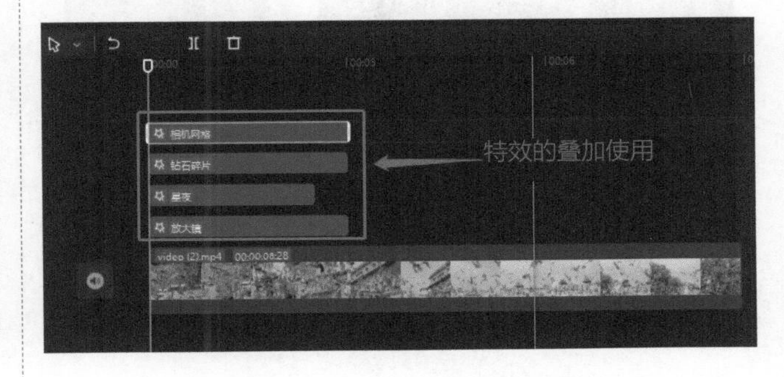

图6-4 不同特效的叠加

第7课　转场的使用

本课程主要介绍视频转场的效果和运用。

转场的功能主要是在视频之间的连接处添加一个过渡效果，让视频之间过渡得更加自然。

首先单击导入需要转场的视频，如图7-1所示。

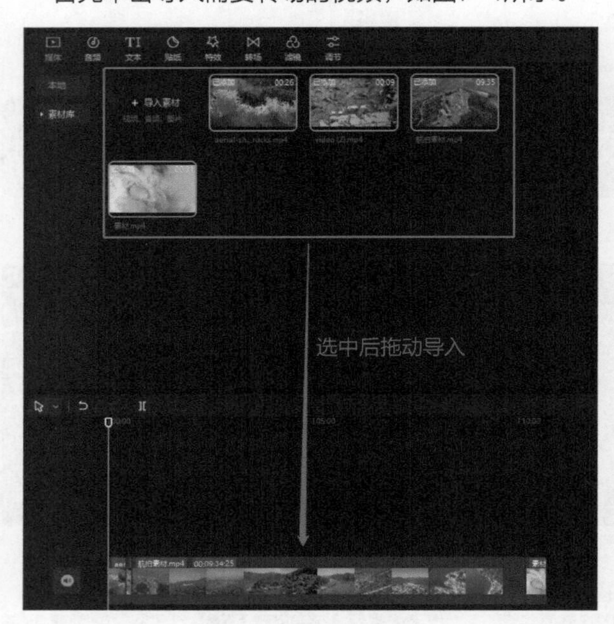

图7-1　导入视频

然后在素材区单击转场，转场主要包括基础转场、综艺转场、运镜转场、特效转场、MG转场、幻灯片、遮罩转场等，如图7-2所示。

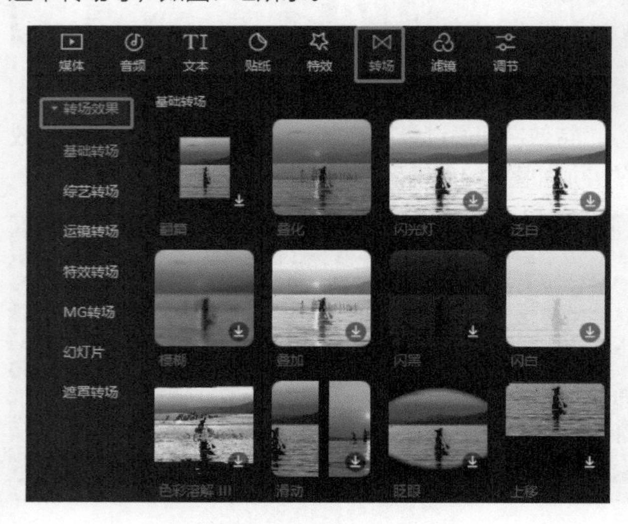

图7-2　转场样式

用鼠标单击其中的一个转场，预览区就可以看到添加该转场的效果。如果感觉效果不错，就可以单击该转场右下角的加号添加该转场。如果想增加转场的时间，则可以通过拖曳时间轴来实现，也可以通过功能区调整转场时间。转场运用如图7-3所示。

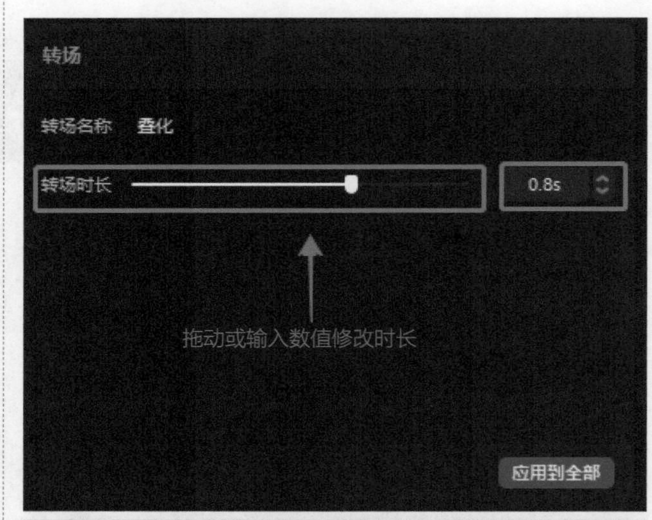

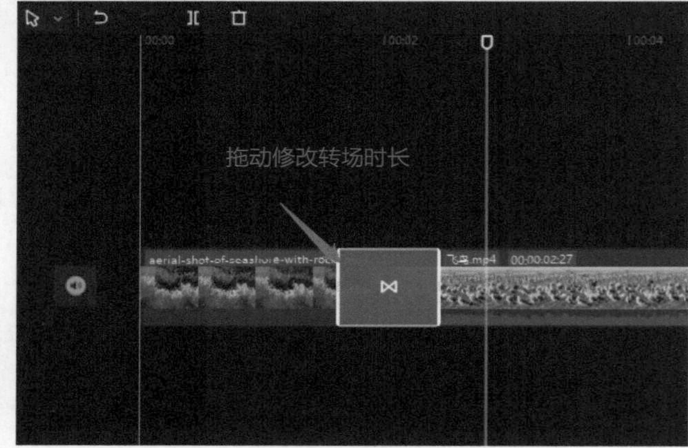

图7-3　转场运用

如果有两段以上的视频，则要达到相同的转场效果，可以单击转场后，在右边的功能区单击“应用到全部”按钮来实现。多段视频转场运用如图7-4所示。

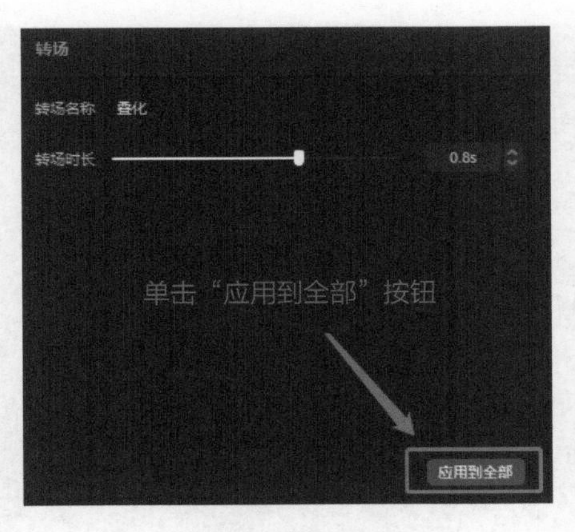

图7-4 多段视频转场运用

剪映中的转场是不增加整个视频时长的，可添加一些自己的视频素材来转场，这样可以增加视频的时长。利用自己的视频素材转场如图7-5所示。

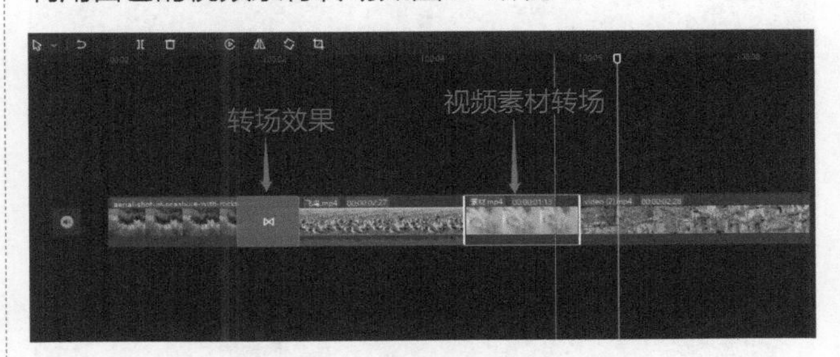

图7-5 利用自己的视频素材转场

第8课 滤镜和调节功能

本课程主要介绍滤镜功能和调节功能的运用。

8.1 滤镜

首先从电脑中导入一段视频，如图8-1所示。

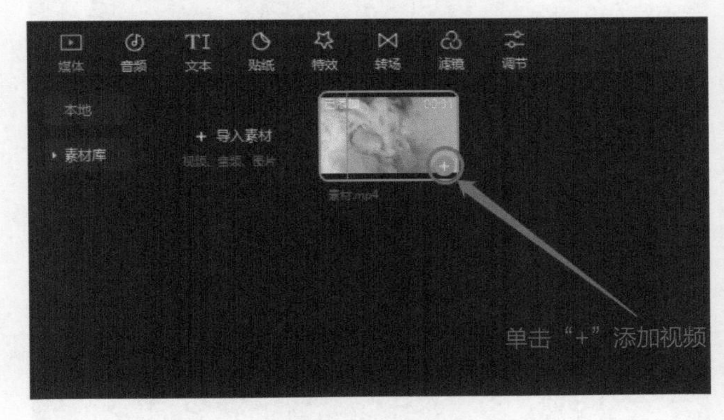

图8-1 导入视频

单击素材右下角加号把素材添加到轨道上，单击素材区的滤镜，可以展开滤镜库中剪映自带的滤镜，包括精选、高清、影视级、Vlog、风景、复古、黑白等，如图8-2所示。

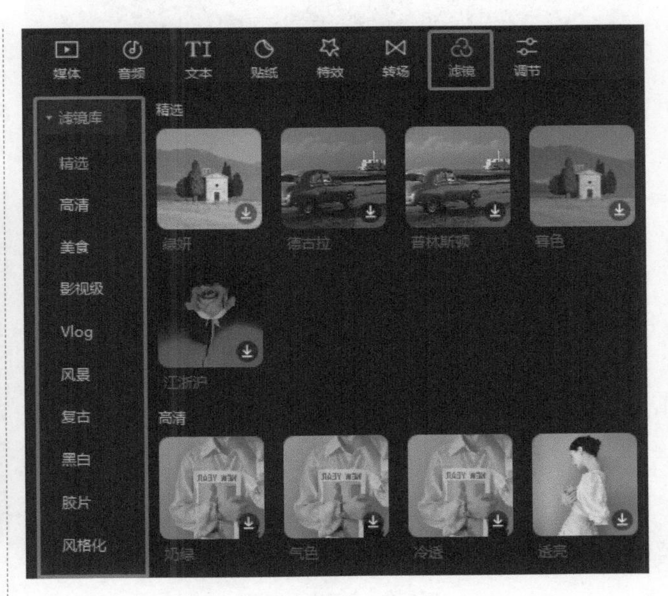

图8-2 滤镜库

8.2 滤镜的运用与调节

单击不同的滤镜，可以在预览区看到不同的效果，想要添加该滤镜，单击该滤镜右下角的加号就可以将该滤镜添加到轨道上，也可以自行拖到轨道上。可以通过拖动滤镜的两端来增加滤镜的时长，想要调节滤镜的强度，可以通过右上角的功能区进行调整。

滤镜的运用如图8-3所示。

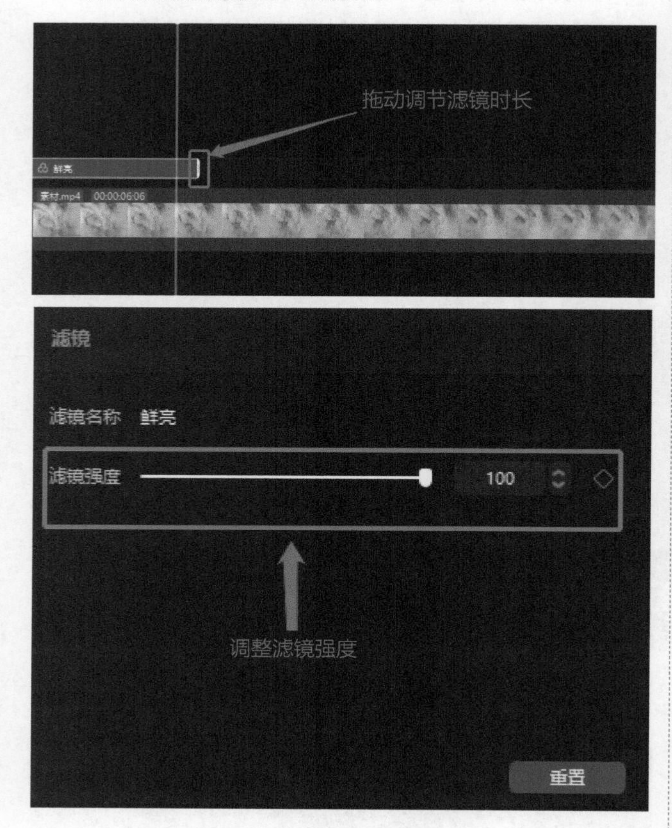

图8-3 滤镜的运用

滤镜通过叠加，可以实现不同的效果，如图8-4所示。

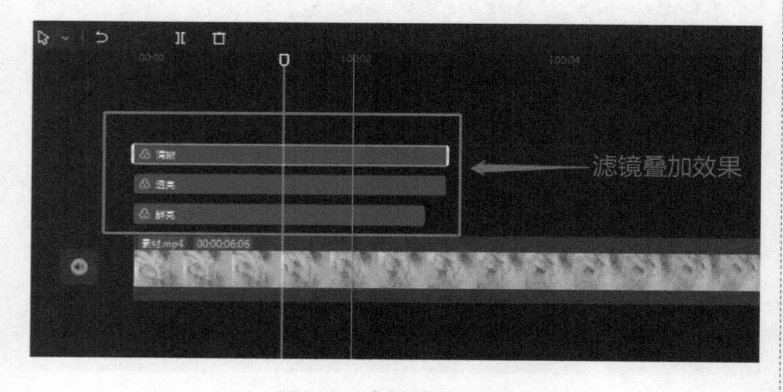

图8-4 滤镜叠加效果

如果想更加细致地调整滤镜，则可以通过调节功能来完成。单击“调节”选项，可以看到“自定义调节”，单击“自定义调节”右下角的加号，就可以添加并调节轨道时长，也可以将电脑中已有的LUT导入剪映。调节功能如图8-5所示。

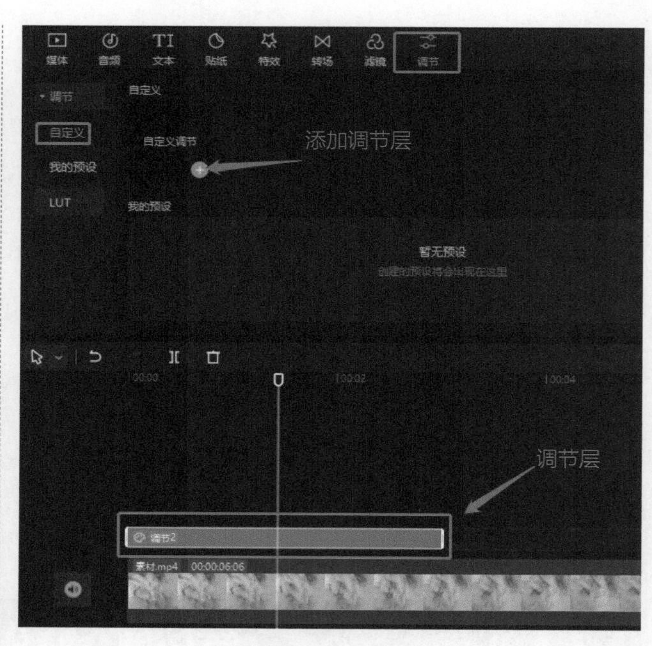

图8-5 调节功能

添加好调节轨道后，就可以在右上角的功能区对相应参数做更细致的调整，如LUT、色温、色调、饱和度、亮度、阴影、光感等。调整参数如图8-6所示。

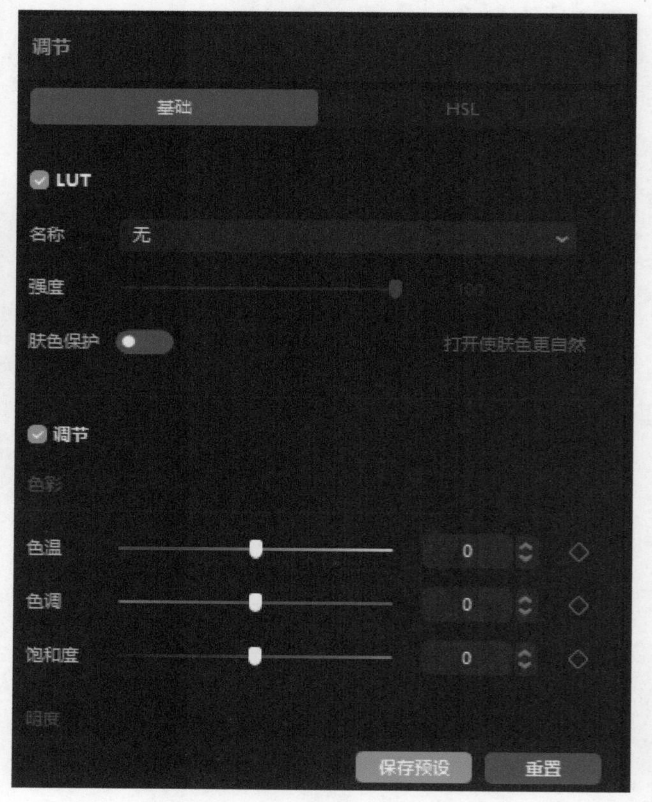

图8-6 调整参数

第9课 抠 像

本课程主要介绍抠像功能。

选中一个视频，在功能区找到抠像功能，如图9-1所示。抠像功能可分为色度抠图和智能抠像。

图9-1 抠像功能

1. 色度抠图

常见的绿幕素材如图9-2所示。利用剪映的色度抠图，更换相应的背景，就可创作出炫酷的视频，如图9-3所示。

图9-2 绿幕素材

色度抠图步骤：

第1步： 将需要抠图的绿幕素材置入轨道后，在功能区"抠像"面板中选择"色度抠图"，单击下方取色器（吸管标志），将鼠标移至播放器界面取色，在取色过程中有圆环跟随，圆环外圈为选择的颜色，选择除保留物体外的纯色（图中为绿色），如图9-4所示，单击鼠标左键确认。

图9-3 抠图更换背景后的效果

图9-4 吸取素材颜色

第2步： 取色器旁提示为提取颜色，如果提取颜色错误，可重复第1步操作。吸取颜色后，调节强度数值，数值越高，提取颜色的面积越小，当强度为100时，画面中显示提取颜色的面积为0。当调整完强度时，如画面不自然，则可调节阴影的数值，如图9-5所示。

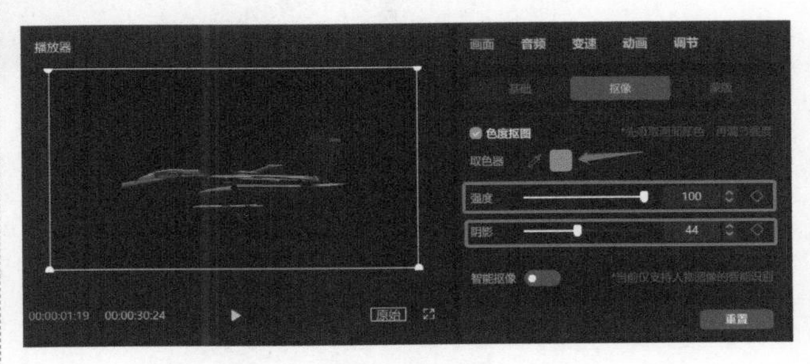

图9-5 调节强度与阴影数值

第3步： 将自己喜欢的背景视频或背景图片置入绿

幕素材下层轨道后，调整素材大小与位置，绿幕素材的抠图就完成了。

2. 智能抠像

注：剪映2.4.0版本，仅支持人像的智能抠像。

如图9-6所示，想将画面中的人物单独抠出来时，使用剪映的智能抠像即可实现，效果如图9-7所示。

图9-6 智能抠像前画面

图9-7 智能抠像后的效果图

智能抠像步骤：

第1步： 将需要抠像的人物视频置入轨道，在功能区“抠像”面板中选择“智能抠像”，如图9-8所示。

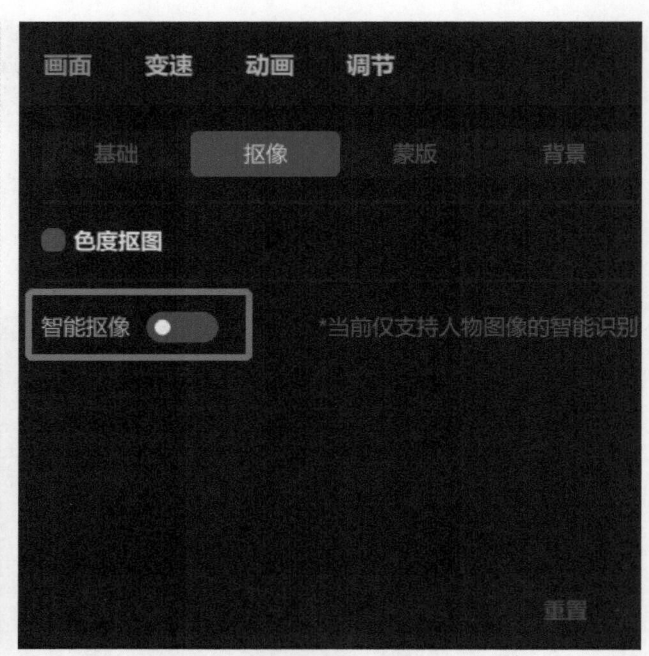

图9-8 智能抠像画面

第2步： 打开智能抠像开关，播放器界面上方会显示抠像进度，进度完成后，人物抠像完成，如图9-9所示。

图9-9 智能抠像进度

第10课　蒙　版

本课程主要介绍蒙版的功能及其运用。

10.1 蒙版的运用

蒙版就是在素材上面蒙上一个遮罩，露出不被遮住的素材。

导入视频素材并添加到轨道上，如图10-1所示。

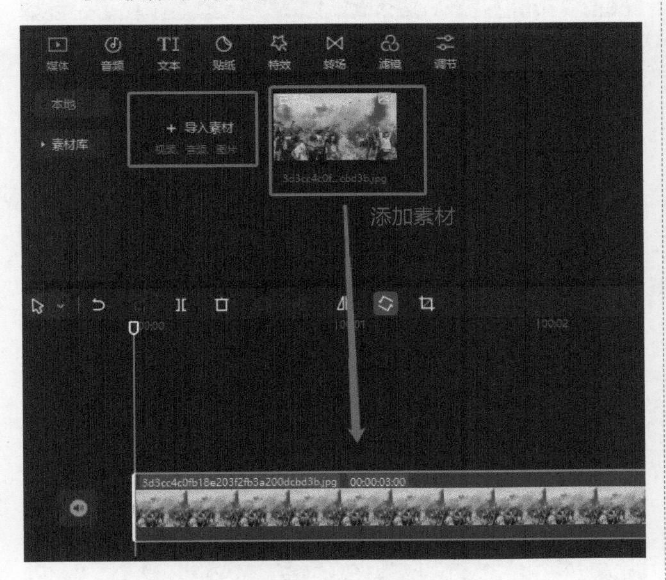

图10-1　导入并添加素材

用鼠标右键单击素材，在弹出的菜单中选择“复制”后，右键单击想粘贴的位置进行粘贴，或者直接使用快捷键“Ctrl+C”复制，“Ctrl+V”粘贴出一个素材。复制粘贴如图10-2所示。

图10-2　复制粘贴

复制出一个素材后，单击素材区滤镜进入滤镜库，找到“黑白”，选择“褪色”滤镜，将其拖曳到视频素材的上面。图片褪色如图10-3所示。

单击上层素材，在右上角功能区的画面中选择“蒙版”。在蒙版中有很多种剪映自带的蒙版效果，这里选择“线性”蒙版，上面的素材被添加的线性蒙版遮住了一半画面，如图10-4所示。

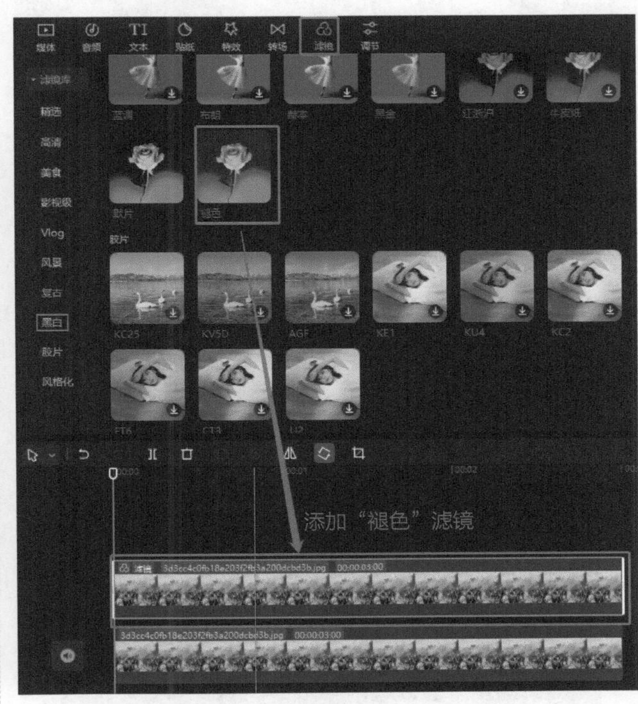

图10-3　图片褪色

图10-4　线性蒙版

10.2 蒙版的调整和关键帧的运用

如果想让遮住的面积加大，可以拖曳中间的白线来调整遮罩的大小，也可以按住白线下方的旋转按钮对遮罩进行旋转，白线上方的按钮可以羽化边缘，使过渡更加自然。播放器区蒙版调整如图10-5所示。

图10-5　播放器区蒙版调整

也可以通过右上的功能区进行更加细致的调整，位置x是对白线左右的调整，位置y是对白色上下的调整，旋转可以调整白线旋转的角度，羽化可以对边缘羽化程度进行调整。如果想要给这过程添加动画，可以单击最右边的关键帧进行添加。功能区蒙版调整如图10-6所示。

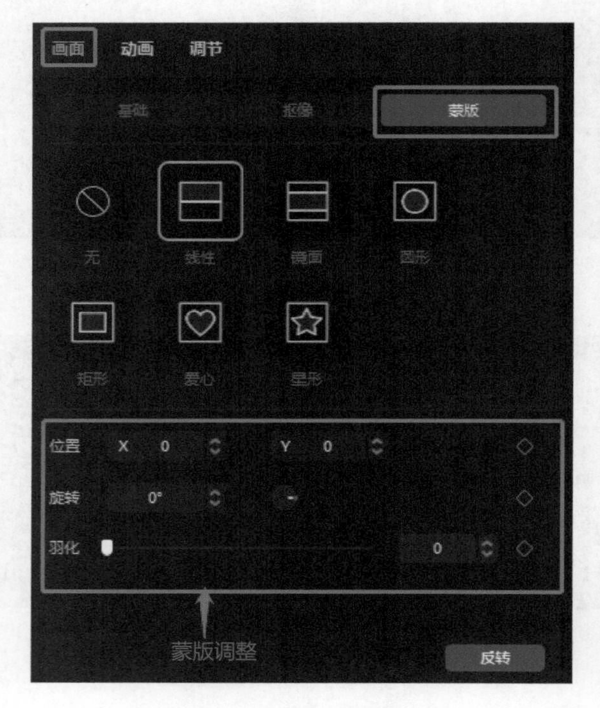

图10-6　功能区蒙版调整

将预览轴放在想要添加动画的位置，单击添加关键帧，就会在该位置上添加一个开始关键帧，再把预览轴拖曳到结束的地方添加一个结束关键帧。如果位置添加错了，想要删除关键帧，则可拖曳预览轴到要删除关键帧的位置再单击一次，就可以删除该关键帧。如果需要添加旋转、羽化的关键帧动画，则按照上述相同的方法操作即可。蒙版关键帧运用如图10-7和图10-8所示。

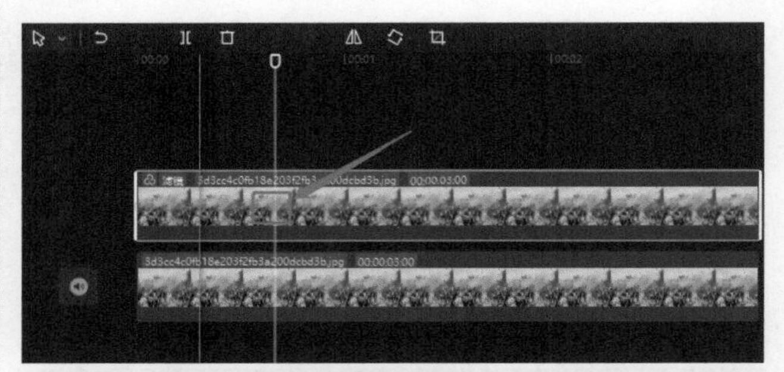

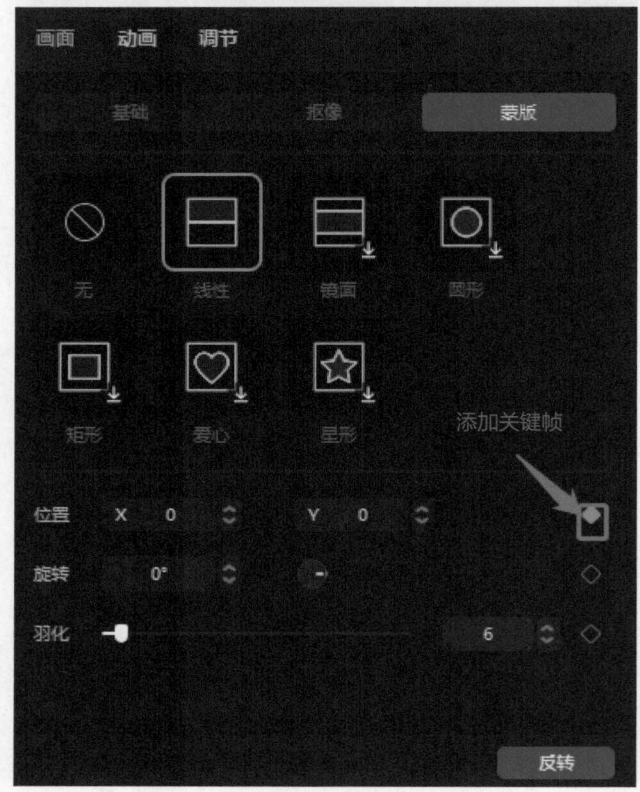

图10-7　蒙版关键帧运用（1）

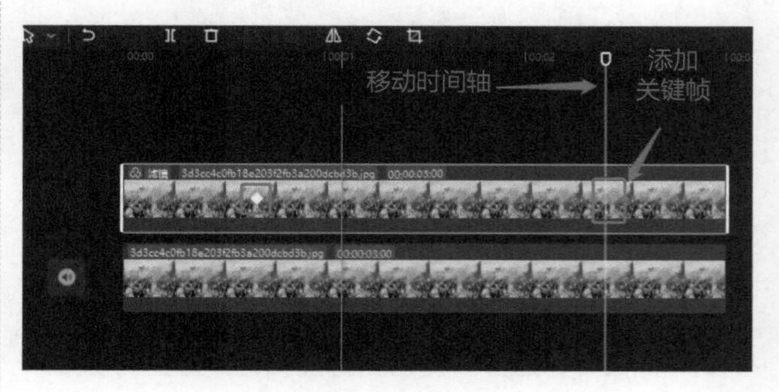

图10-8　蒙版关键帧运用（2）

第2部分

使用剪映

第11课　视频的调色

本课程主要介绍视频调色的运用以及如何利用调节轨道进行细微调整。

在素材区的媒体中单击准备好的视频素材，将视频素材导入轨道，在功能区“调节”面板中可以调节相应的参数，如图11-1所示；也可以在素材区执行“调节”→“调节”→“自定义”命令，单击“自定义调节”右下角的加号将调节层添加到轨道上，通过修改调节层的参数来调节视频素材的颜色，如图11-2所示。

如果在调节轨道上调节的话，则可以先将参数复制出来，然后应用到其他视频，也可以对视频的某一段调节色彩，如直接在视频里调节，那就是针对整段视频。调节轨道添加如图11-3所示。

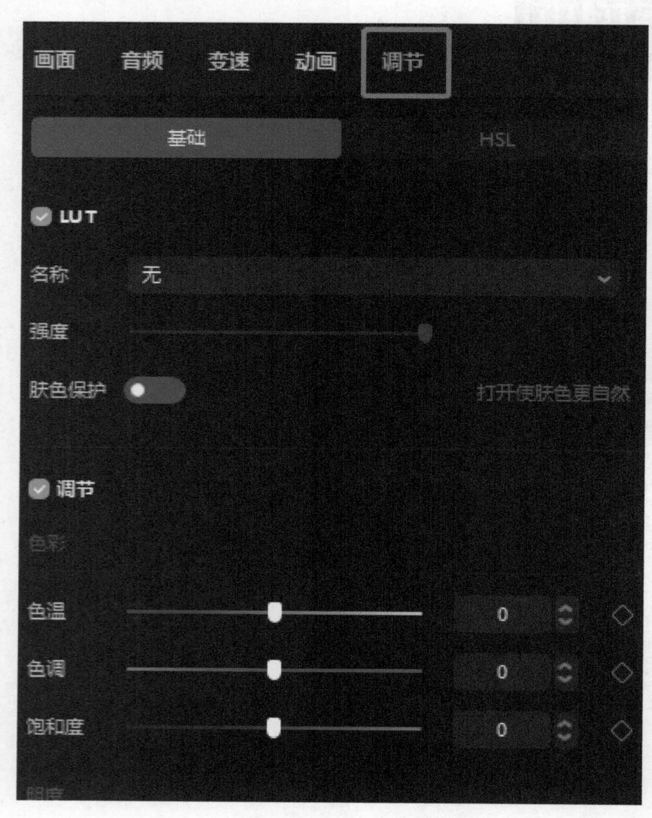

图11-1　“调节”面板

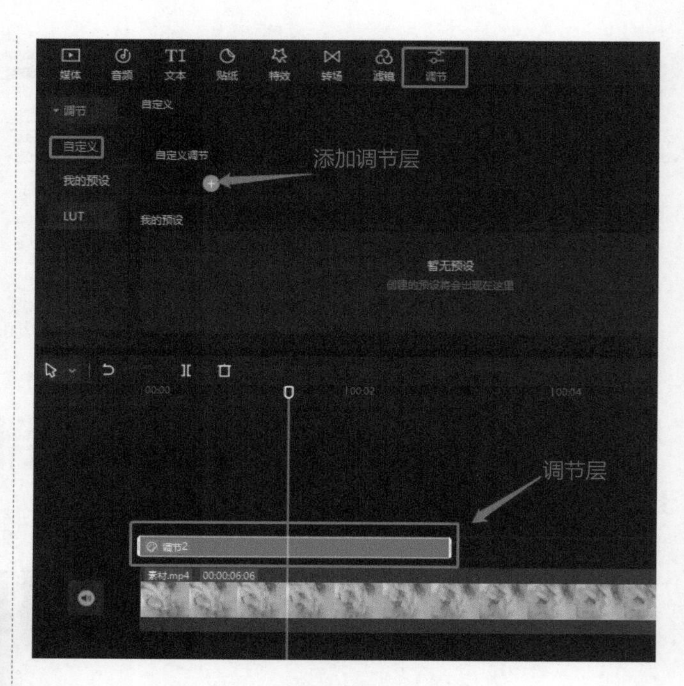

图11-2　在素材区添加调节层

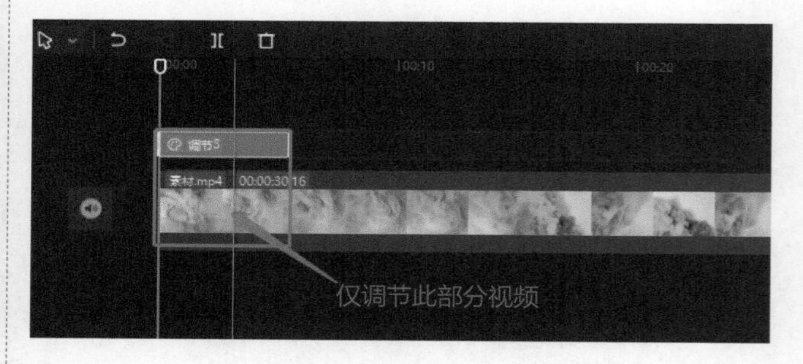

图11-3　调节轨道添加

LUT是已经调整好的参数，可在素材区导入后直接运用。导入LUT如图11-4所示。

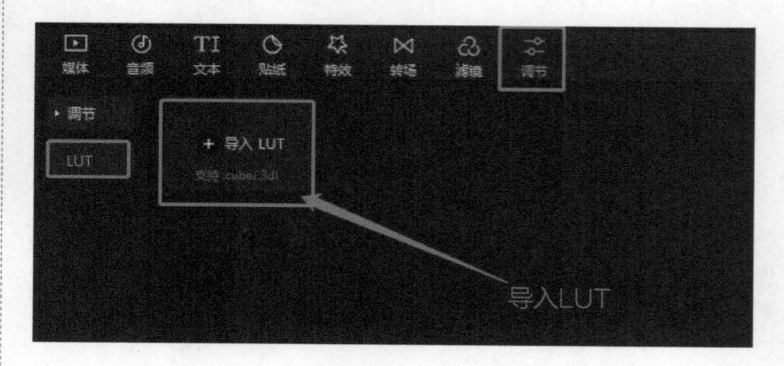

图11-4　导入LUT

色温可调整素材画面偏向黄色或者偏向蓝色。功能区调节色温如图11-5和图11-6所示。

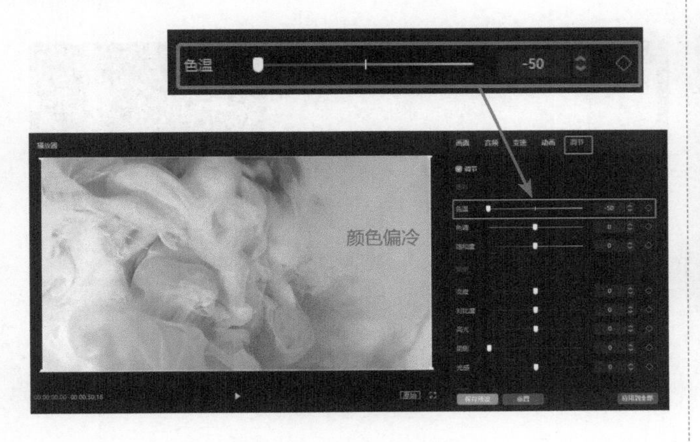

图11-5　功能区调节色温（1）

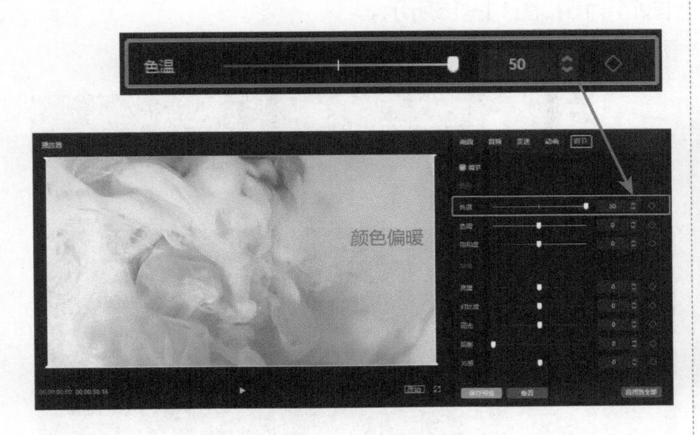

图11-6　功能区调节色温（2）

色调是往素材画面中加入阳红色或者绿色。色调相对于色温用得较少。功能区调节色调如图11-7和图11-8所示。

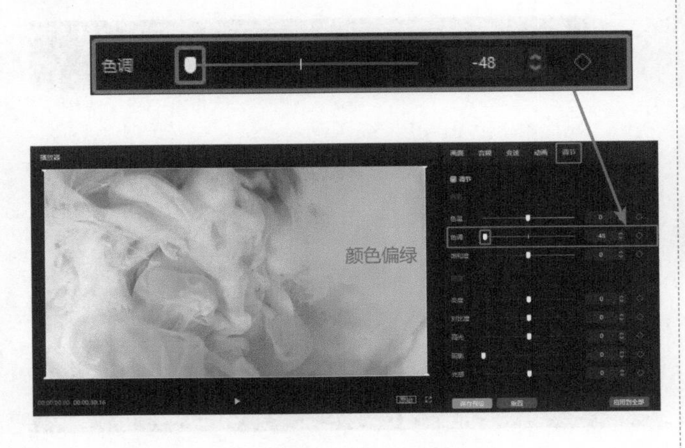

图11-7　功能区调节色调（1）

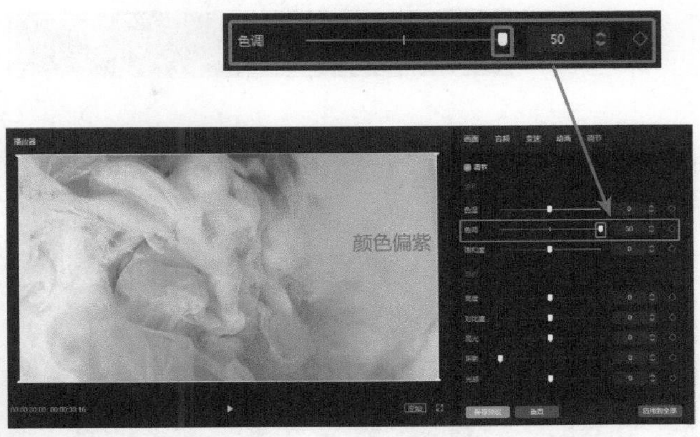

图11-8　功能区调节色调（2）

饱和度是指颜色的纯正程度，颜色越纯正，饱和度越高。功能区调节饱和度如图11-9和图11-10所示。

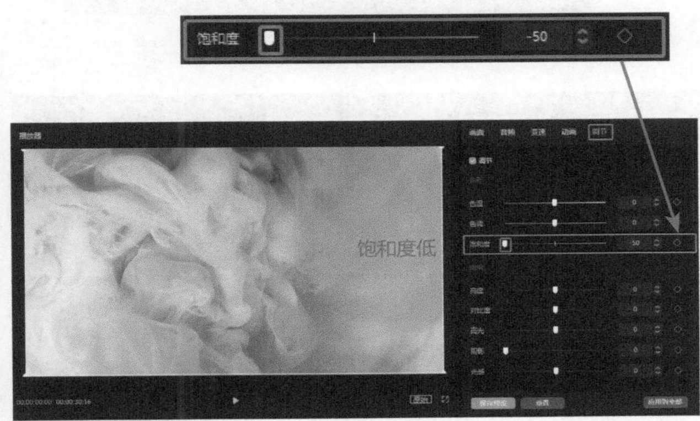

图11-9　功能区调节饱和度（1）

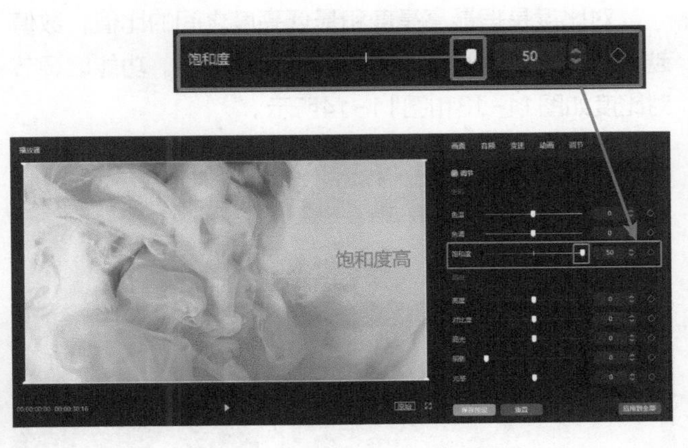

图11-10　功能区调节饱和度（2）

亮度可以调节素材画面的亮度。功能区调节亮度如图11-11和图11-12所示。

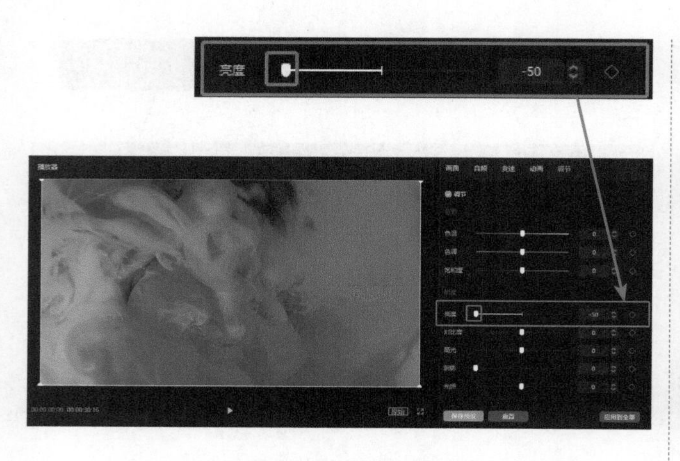

图11-11　功能区调节亮度（1）

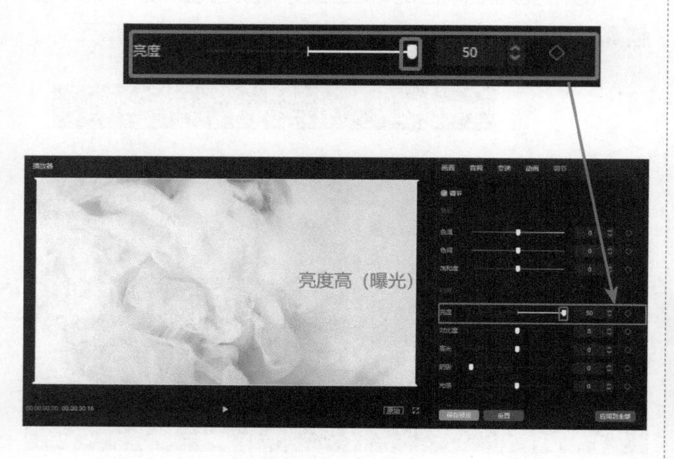

图11-12　功能区调节亮度（2）

对比度是指最高亮度和最低亮度之间的比值，数值越大，对比就越明显，明暗差异就越明显。功能区调节对比度如图11-13和图11-14所示。

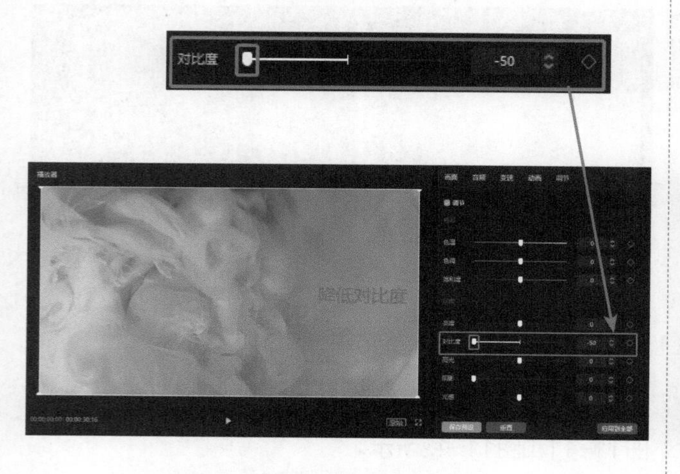

图11-13　功能区调节对比度（1）

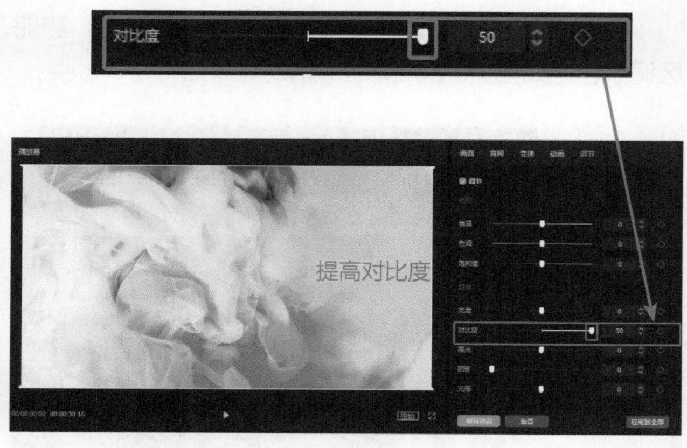

图11-14　功能区调节对比度（2）

高光是指高光部分的亮度。功能区调节高光如图11-15和图11-16所示。

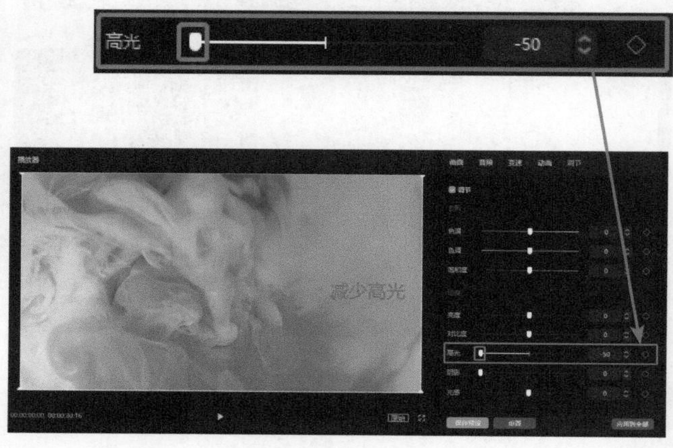

图11-15　功能区调节高光（1）

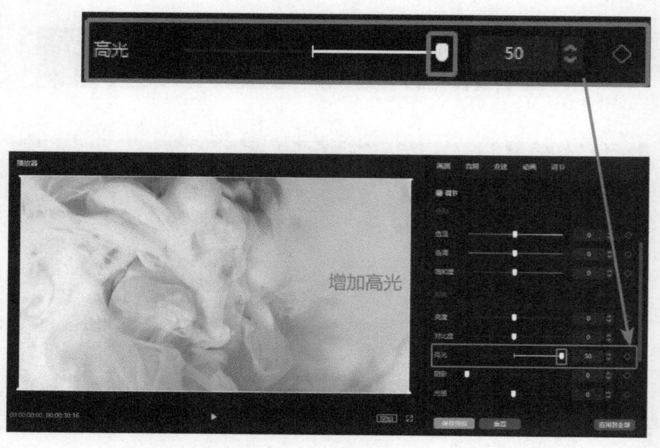

图11-16　功能区调节高光（2）

阴影是指素材画面暗部的亮度。功能区调节阴影如图11-17和图11-18所示。

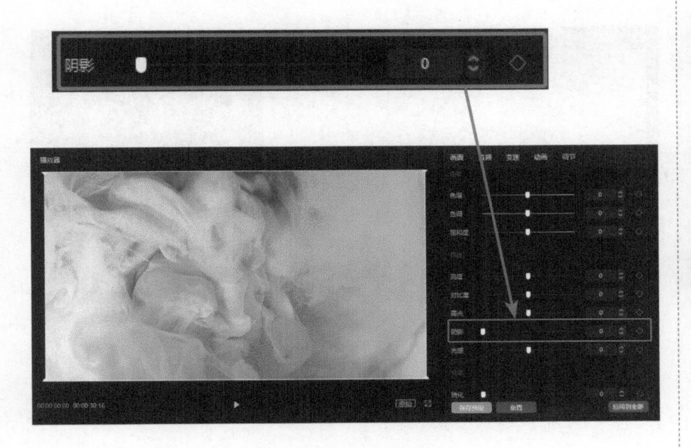

图11-17　功能区调节阴影（1）

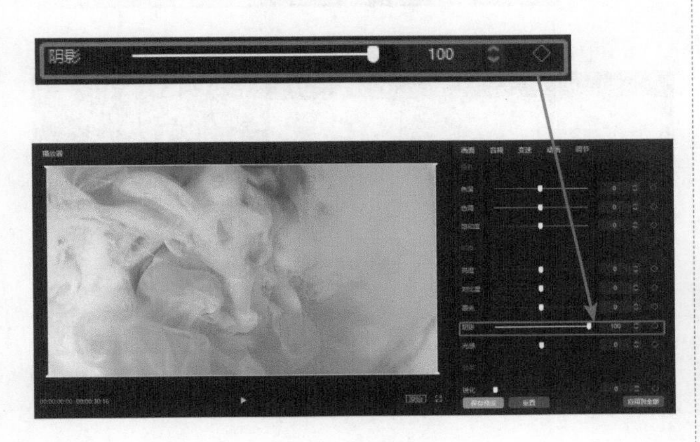

图11-18　功能区调节阴影（2）

光感可以增加素材画面的光感，一般不做调整。功能区调节光感如图11-19和图11-20所示。

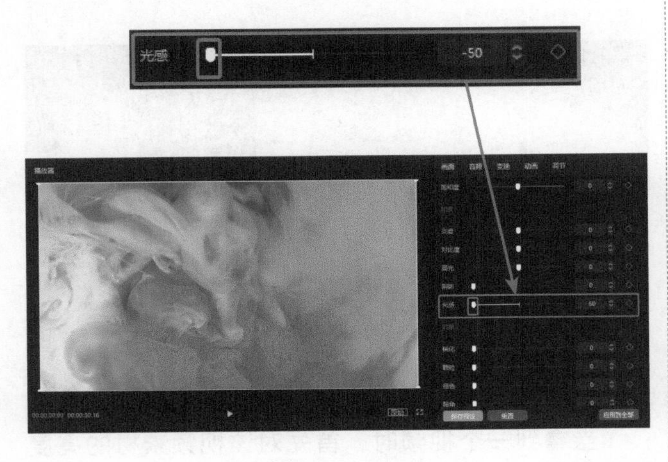

图11-19　功能区调节光感（1）

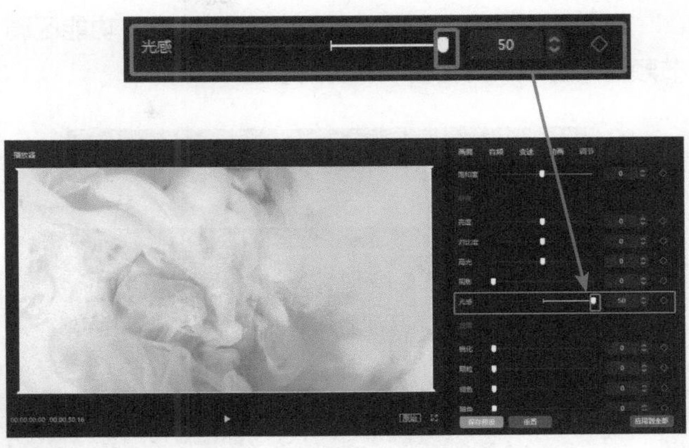

图11-20　功能区调节光感（2）

锐化可以增加清晰度，一般不做调整，在图片里使用较多，在视频中使用较少。功能区调节锐化如图11-21和图11-22所示。

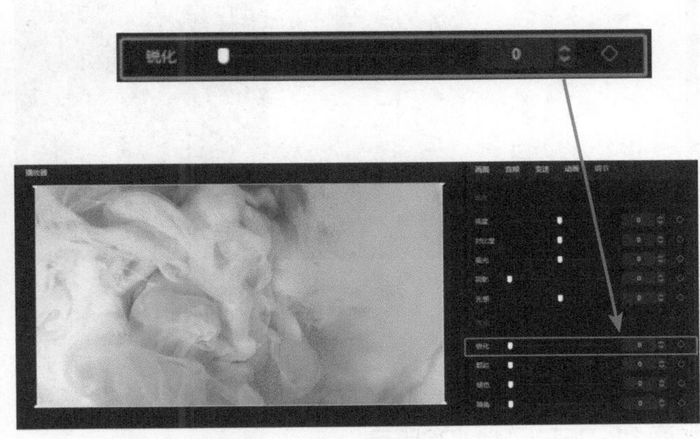

图11-21　功能区调节锐化（1）

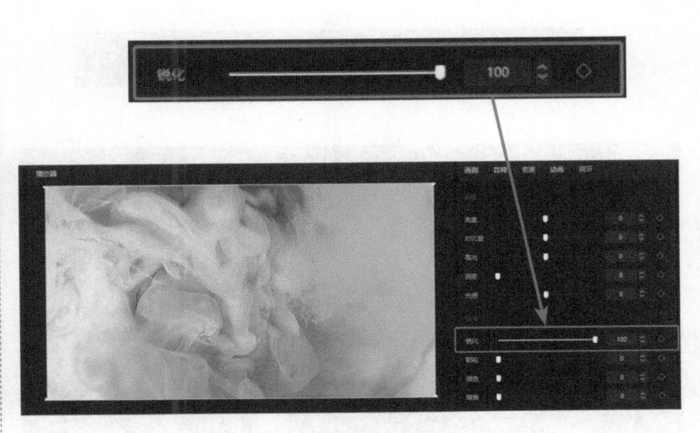

图11-22　功能区调节锐化（2）

颗粒可以给素材画面中添加一些颗粒感。功能区调节颗粒如图11-23和图11-24所示。

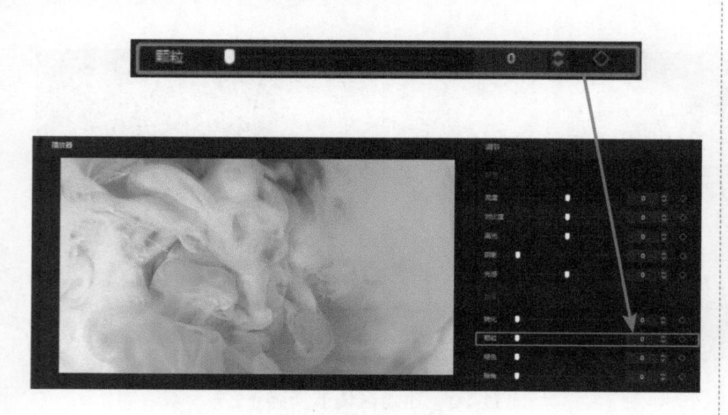

图11-23　功能区调节颗粒（1）

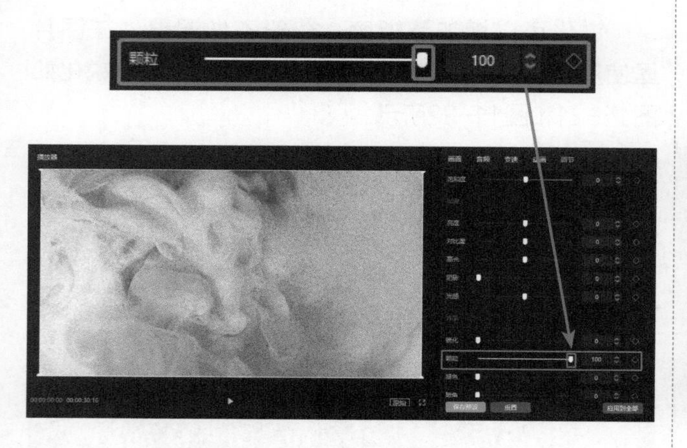

图11-24　功能区调节颗粒（2）

褪色会褪去一些素材画面的颜色。功能区调节褪色如图11-25和图11-26所示。

暗角可以把素材画面的边角调暗。功能区调节暗角如图11-27和图11-28所示。

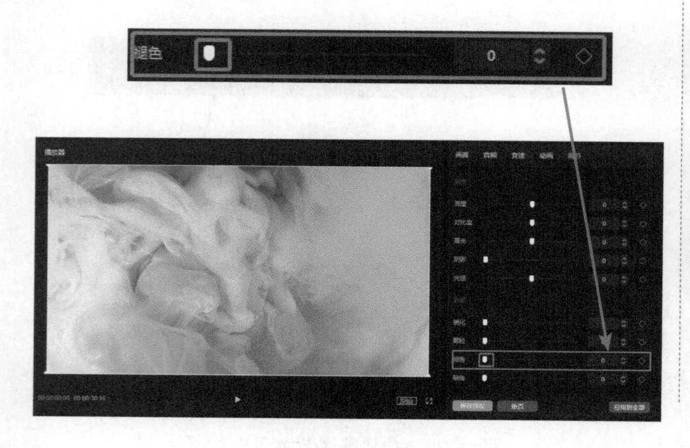

图11-25　功能区调节褪色（1）

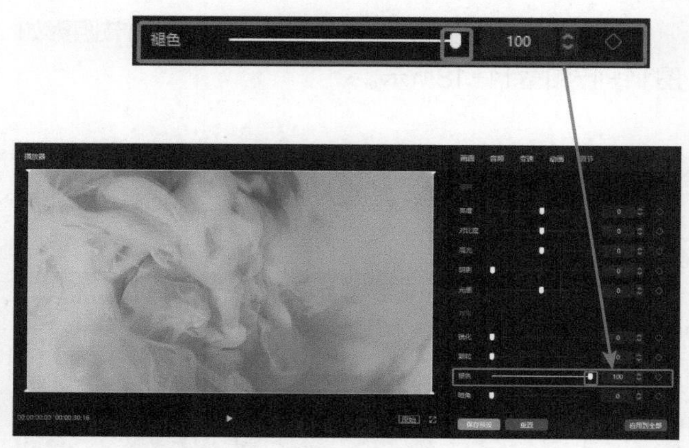

图11-26　功能区调节褪色（2）

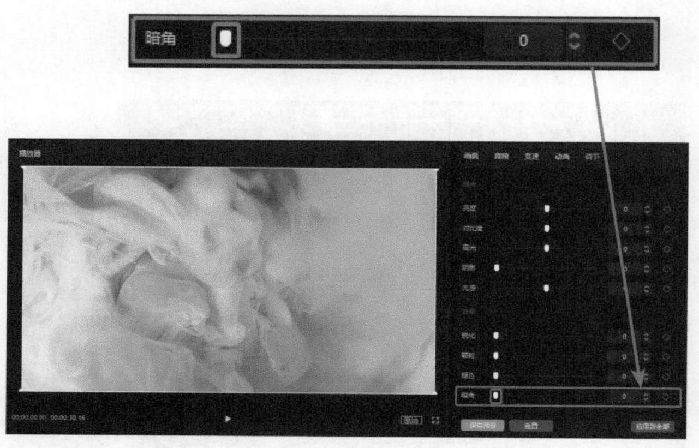

图11-27　功能区调节暗角（1）

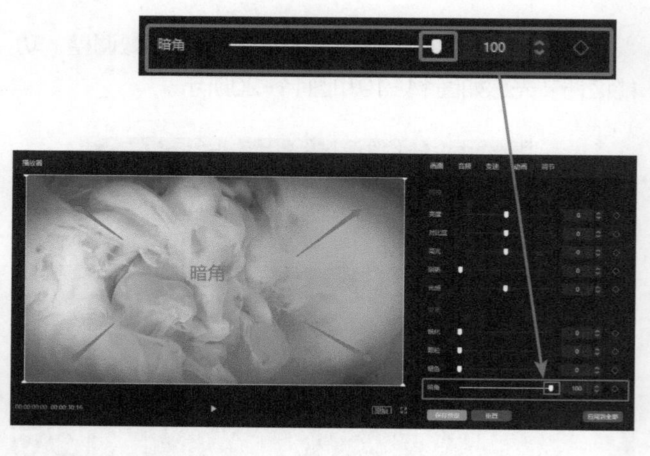

图11-28　功能区调节暗角（2）

当拿到一个视频时，首先对该视频素材的亮度进行调整，然后对色温进行微调。功能区调节色温如图11-29所示。色温微调图11-30所示。

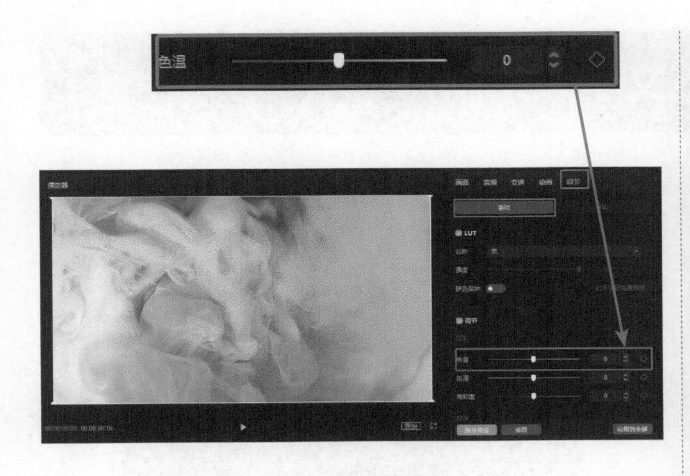

图11-29　功能区调节色温

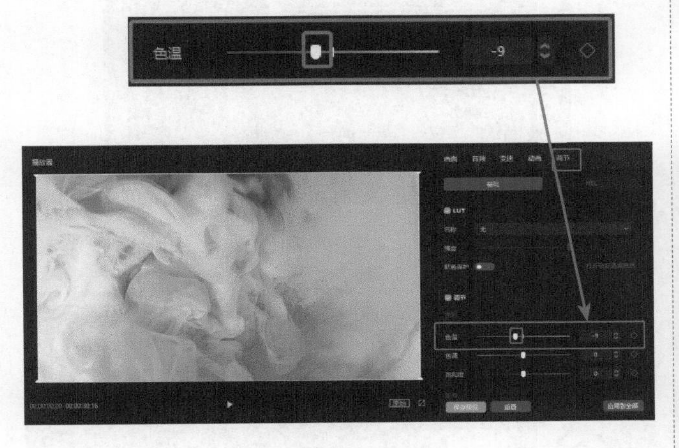

图11-30　色温微调

这样调整比较费时费力，而且很难获得想要的效果，因此通常可以先到素材区的滤镜中找一些适合自己风格的滤镜素材并添加进来，然后利用调节轨道进行微调。滤镜调色及调节轨道微调如图11-31和图11-32所示。

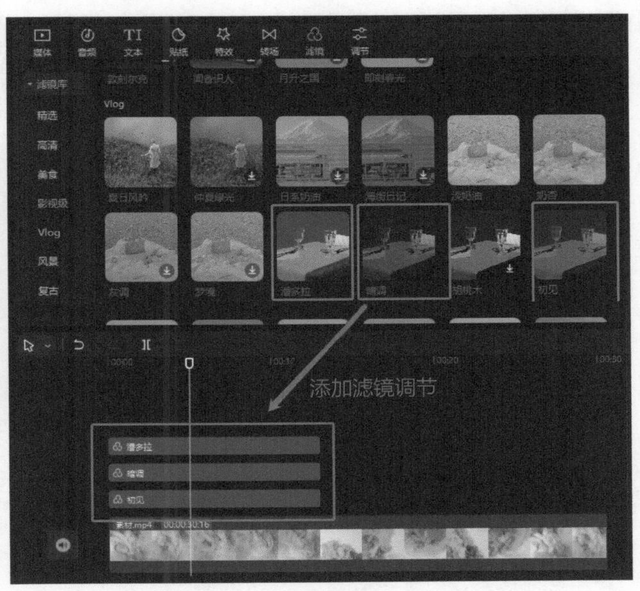

图11-31　滤镜调色

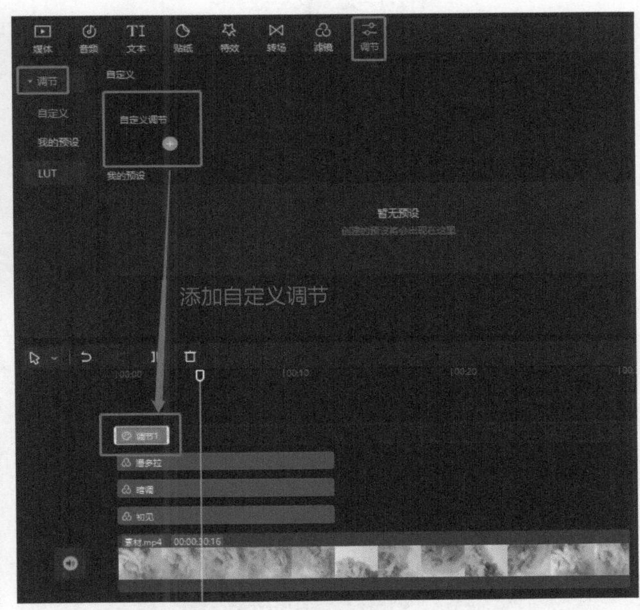

图11-32　调节轨道微调

第12课　遮罩文字效果制作

本课程主要介绍文字编辑及如何制作遮罩文字的效果。

12.1 案例效果

遮罩文字效果图如图12-1所示。

图12-1　遮罩文字效果图

12.2 字体的基础编辑

首先打开剪映，在素材区的文本中添加一个默认文本到轨道上，选中该文本后，在右上角功能区的“编辑”选项中输入需要的内容（见图12-2），在下面的“字体”中可以对文本字体进行变更（见图12-3）。

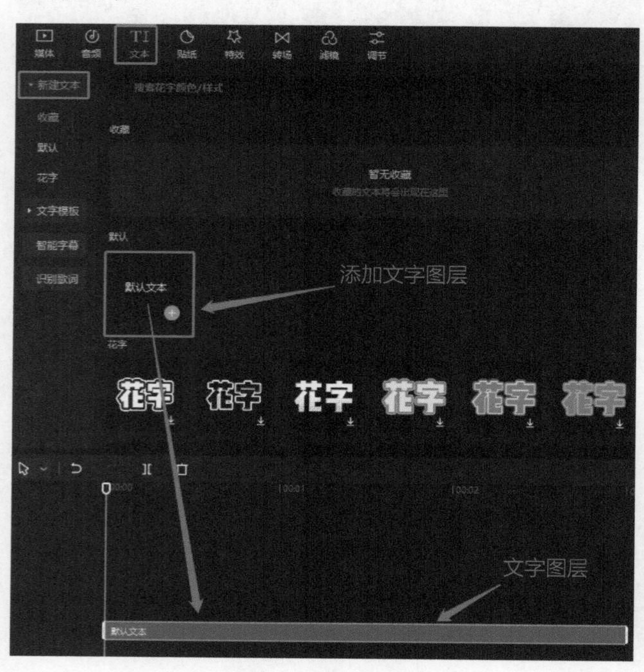

图12-2　文本内容编辑

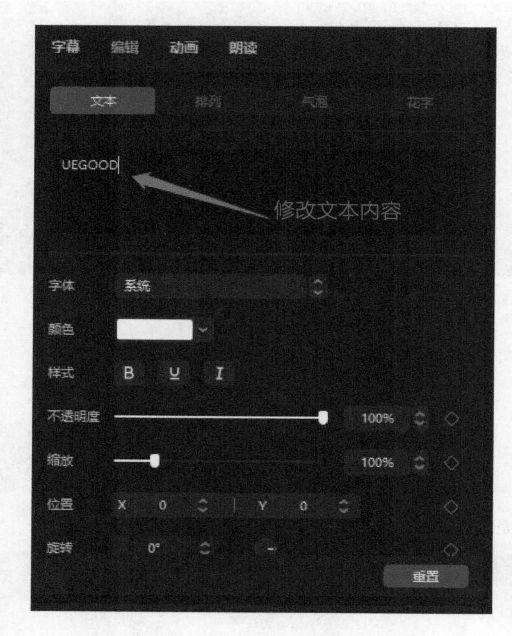

图12-2　文本内容编辑（续）

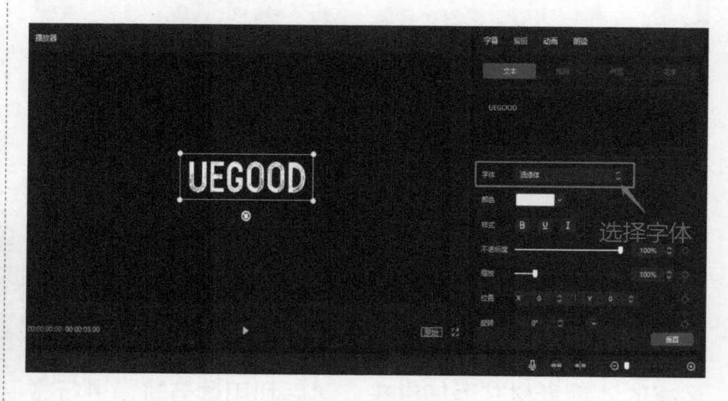

图12-3　文本字体更换

“字体”的下面是“颜色”，可以对文本字体的颜色进行变更，单击右边的小三角可以展开色彩板。文本字体颜色更改如图12-4所示。

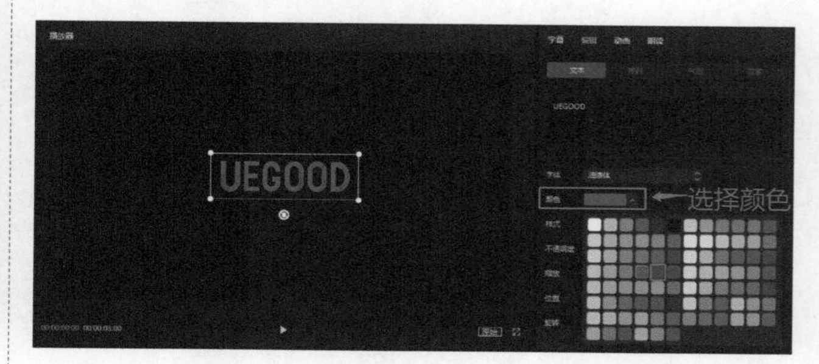

图12-4　文本字体颜色更改

“颜色”的下面是“样式”，可以加粗字体、在字体下面加下画线、倾斜字体。文本效果更改如图12-5～图12-7所示。

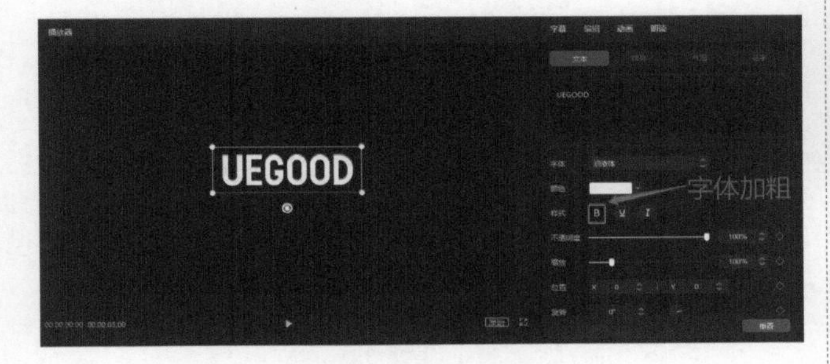

图12-5 加粗字体

图12-6 在字体下面加下画线

图12-7 倾斜字体

可以添加所有的样式，也可以选择其中的一种或两种。文本样式选择添加如图12-8所示。

图12-8 文本样式选择添加

“样式”的下面是“不透明度”，可以对字体的不透明度进行调整。文本不透明度调整如图12-9所示。

图12-9 文本不透明度调整

“不透明度”的下面是“缩放”，可以对字体的大小进行变更。文本大小调整如图12-10和图12-11所示。

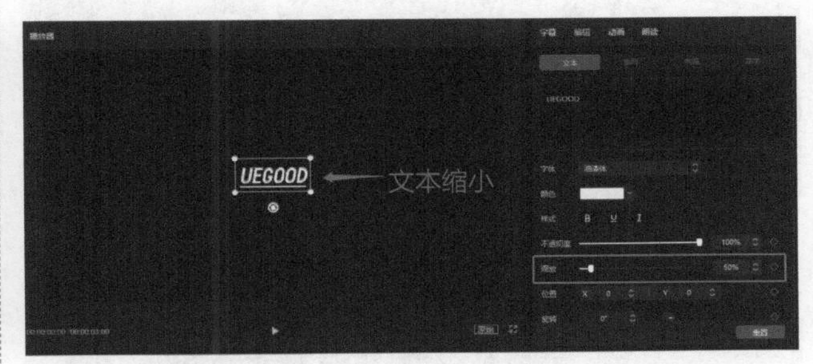

图12-10 文本缩小

图12-11 文本放大

“缩放”的下面是“位置”，调整X的参数可以将字体左右移动，调整Y的参数可以将字体上下移动。可以通过手动直接输入调整参数，也可以单击右边的向上或向下的小三角进行调整。文本位置移动如图12-12～图12-15所示。

图12-12 X输入正数字体向右移动

图12-13　X输入负数字体向左移动

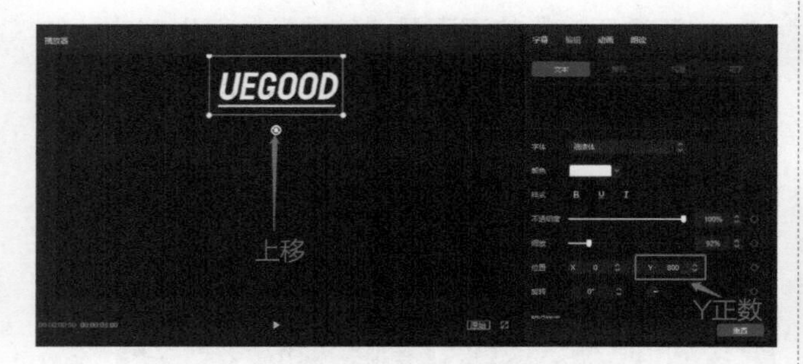

图12-14　Y输入正数字体向上移动

图12-15　Y输入负数字体向下移动

“位置”的下面是“旋转”，可以变更字体旋转角度，可以手动输入参数进行旋转，也可以单击向上或向下的小三角进行旋转，还可以按住最右边的旋转钮进行旋转。文本旋转如图12-16所示。

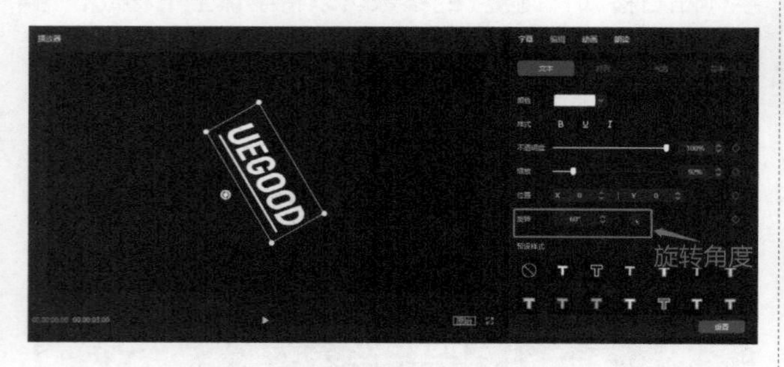

图12-16　文本旋转

“旋转”的下面是“预设样式”，可以给字体添加一些花字样式。如果想要自己添加一些字体样式，可以通过下面的“描边”“边框”“阴影”功能实现。文本花字样式调整如图12-17和图12-18所示。

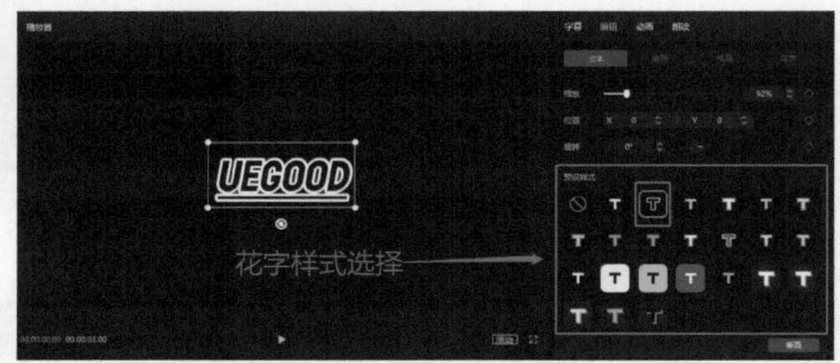

图12-17　文本花字样式调整

图12-18　文本自定义花字样式调整

如果对之前调整的效果不满意，可以单击右下角的“重置”按钮，就可以把之前调整的所有效果重置。文本效果重置如图12-19所示。

图12-19　文本效果重置

12.3 遮罩动态字幕

首先添加一个默认文本，在右上角的功能区将字体颜色改成黑色，将字体加粗，调整一下大小；然后在素材区的媒体素材库中找到“黑白场”，添加一个白场进入轨道。文本添加白场如图12-20所示。

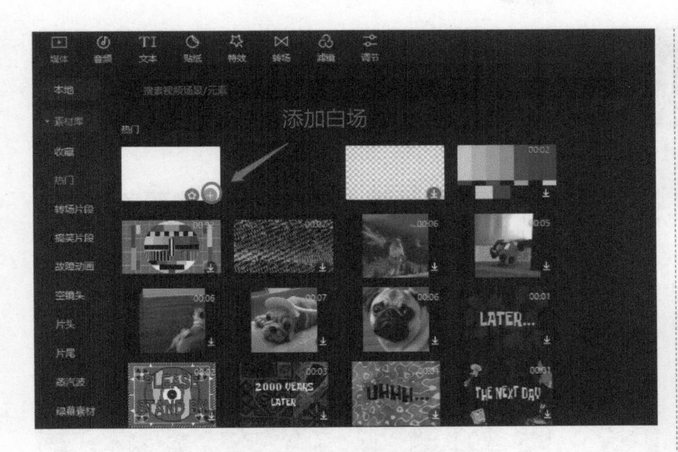

图12-20 文本添加白场

调整后，单击右上角的“导出”按钮。剪映导出界面如图12-21和图12-22所示。

图12-21 剪映导出界面（1）

图12-22 剪映导出界面（2）

将轨道上现有的素材删除并导入刚刚导出的素材。素材删除如图12-23所示。导入并添加素材如图12-24所示。

将一些效果素材添加到轨道上并放置在字幕素材的下方，在“画面”面板中选择“基础”，在“混合模式”中选择“滤色”。混合模式调整如图12-25所示。

图12-23 素材删除

图12-24 导入并添加素材

图12-25 混合模式调整

这时，可以对字幕素材进行分割，给每段素材添加动画效果。动画效果添加如图12-26所示。

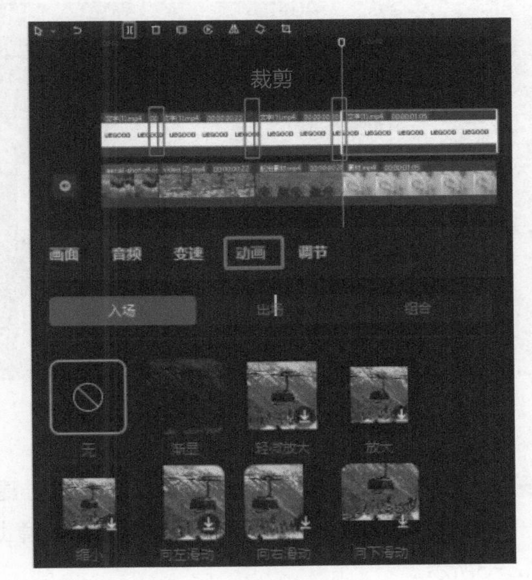

图12-26 动画效果添加

第13课　文字扫光效果制作

本课程主要介绍剪映的文字功能，以及如何利用蒙版和关键帧动画制作炫酷的文字扫光视频。

13.1 案例效果

文字扫光效果图如图13-1所示。

图13-1　文字扫光效果图

13.2 动画制作

制作步骤：

第1步： 打开剪映，在主界面单击“开始创作”，进入剪辑界面。在素材区执行“媒体”→“素材库”→“黑白场”命令，找到黑白场素材中的黑场，将黑场添加到轨道上，如图13-2所示。

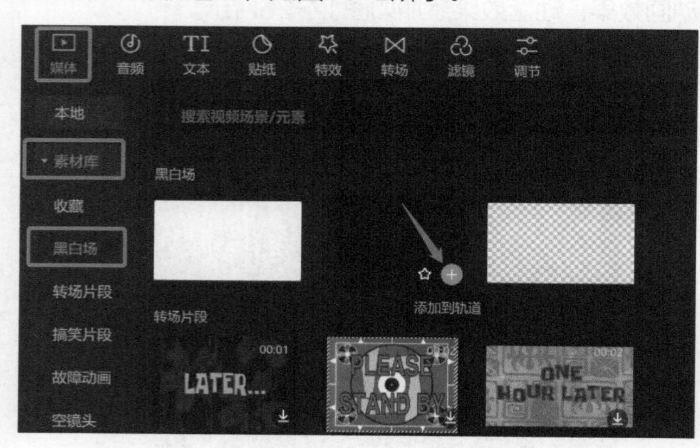

图13-2　添加黑场

第2步： 在素材区执行“文本”→“新建文本”→“默认”命令，将“默认文本”添加到轨道上，如图13-3所示。

第3步： 在功能区输入文字，将字体颜色改为白色，并选择倾斜样式。调节后，在播放器界面将文字大小及位置调整好，如图13-4所示。

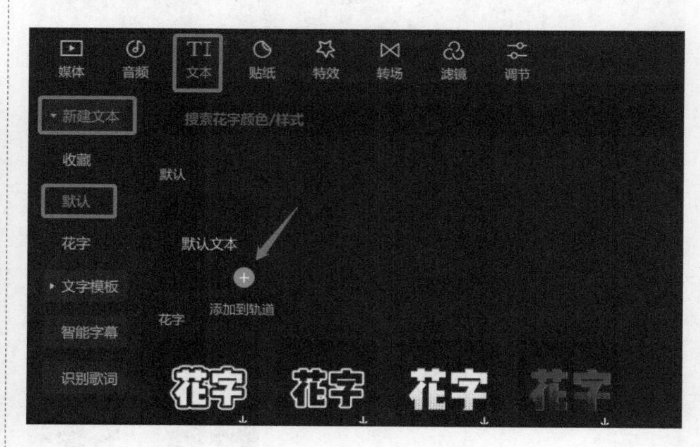

图13-3　添加默认文本

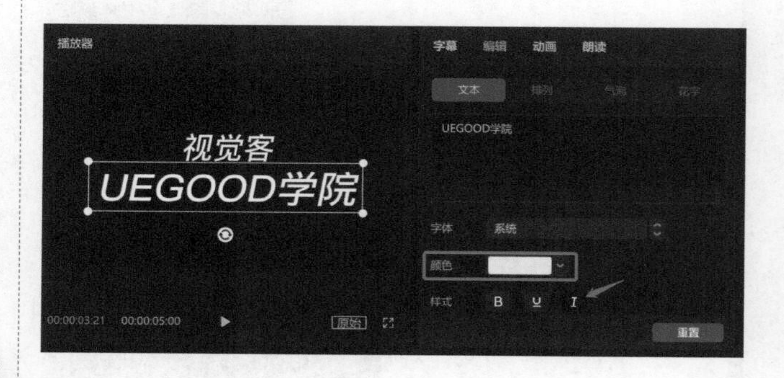

图13-4　调整文字

第4步： 在轨道上将文字时间与黑场时间对齐，保证文字和黑场时长相同，打开自动吸附开关，有蓝线提示，如图13-5所示。

图13-5　调整文字轨道时长

第5步： 将该视频导出，命名为白色文字。

第6步： 导出视频后，关闭导出窗口，再次回到编辑界面，选择文字轨道，在功能区将全部文字的颜色改为灰色，如图13-6所示。

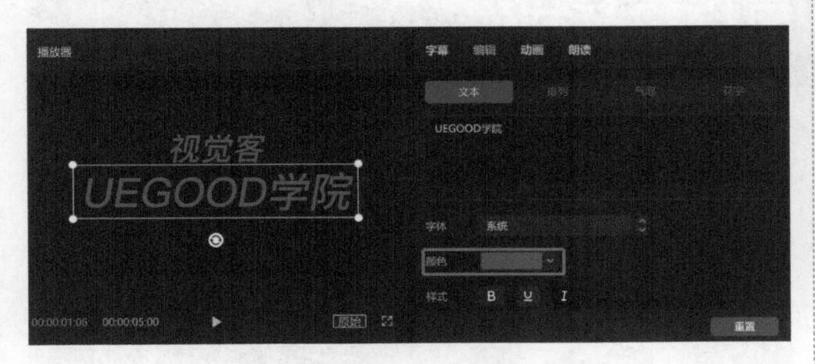

图13-6　修改文字颜色

第7步： 修改完字体颜色后，将视频导出，命名为灰色文字。

第8步： 将轨道上的视频及文字删除或新建一个草稿，导入刚才导出的两段文字视频，并将两段视频添加到轨道上，如图13-7所示；轨道上的白色文字视频放在灰色文字视频上方，并将两段视频对齐，如图13-8所示。

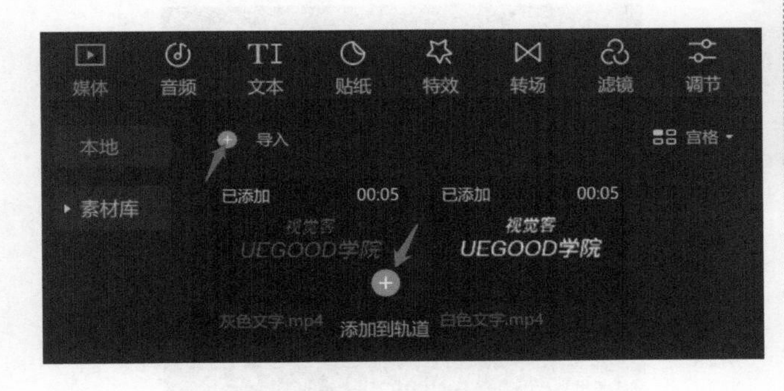

图13-7　导入白色文字和灰色文字

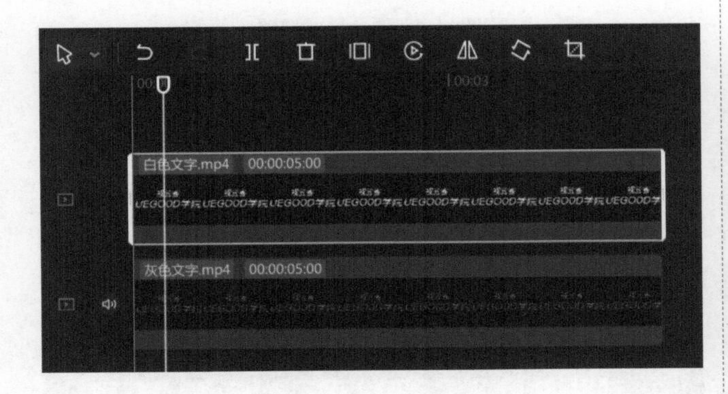

图13-8　调整并对齐轨道

第9步： 轨道选择白色文字，在功能区“蒙版”选项中选择“镜面”蒙版，选择完毕后，在播放器界面旋转蒙版并拖动蒙版两侧白点改变蒙版宽度，如图13-9所示。

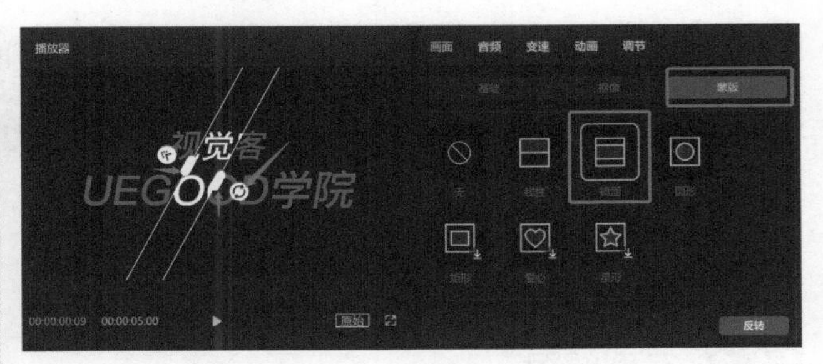

图13-9　添加并调整蒙版

第10步： 将白色预览轴移至轨道0秒位置，在播放器界面把蒙版移至最左端，在功能区面板蒙版下方将蒙版Y轴数值改为0，位置调整完毕，添加关键帧，如图13-10所示。

图13-10　添加蒙版关键帧（1）

第11步： 将轨道白色预览轴移至视频结尾，在播放器界面将最左端的蒙版移至最右端，同时将Y轴数值调为0（Y轴数值前后相同可保证蒙版动画为平行运动，数值也可以不为0），调节后，系统会自动添加关键帧，无须手动添加，如图13-11所示。

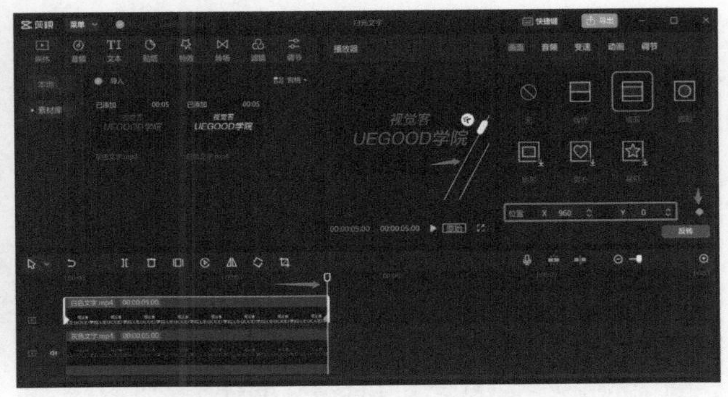

图13-11　添加蒙版关键帧（2）

第12步： 在播放器界面预览整体效果，无问题后，导出视频即可。

第14课　剪影风格视频制作

本课程主要介绍混合模式、滤镜的运用和特效、音频的添加等功能。

14.1 案例效果

剪影效果图如图14-1所示。

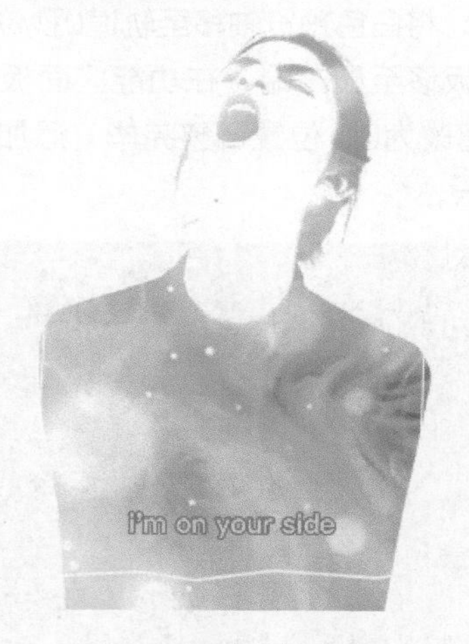

图14-1　剪影效果图

14.2 剪影风格视频

打开剪映，在素材区选择“媒体”，在“本地”中导入素材（最好是黑白照片）。导入视频素材并添加到轨道上，如果素材大小对应不上，可以选中图片，直接拖曳图片边框调整图片大小，也可以通过右上方的功能区对图片大小进行调整。添加图片素材如图14-2所示。放大素材如图14-3所示。

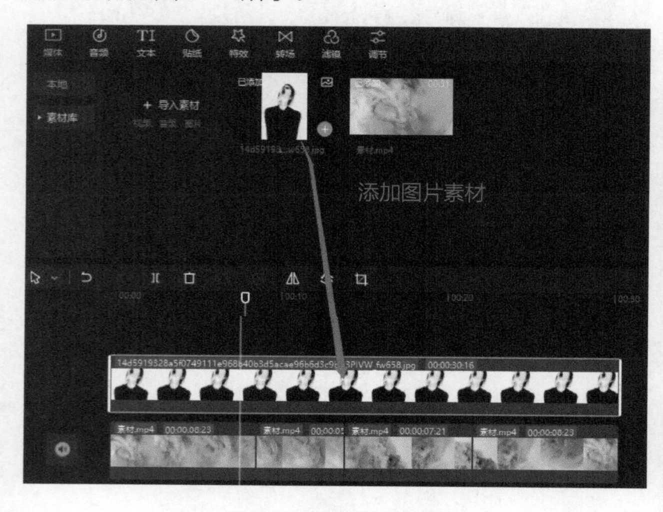

图14-2　添加图片素材

图14-3　放大素材

调整好图片的大小后，选中图片，在右上方功能区“画面”的“基础”面板中找到“混合模式”，选择“滤色”，如图14-4所示。

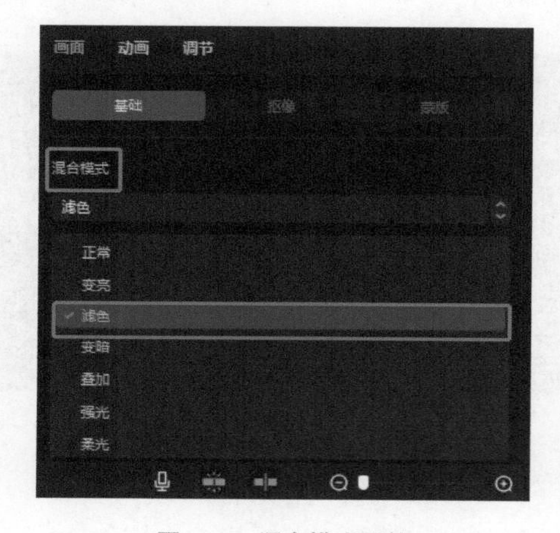

图14-4　混合模式调整

添加滤镜。选择素材区中的“滤镜”，在“滤镜库”中选择“白皙”滤镜并添加到轨道上，如图14-5所示。

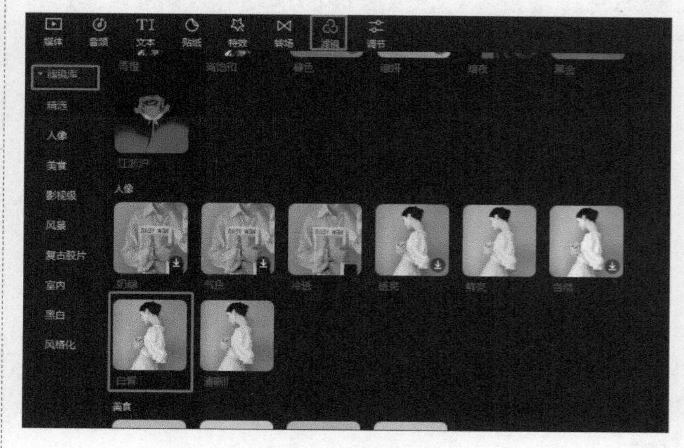

图14-5　添加滤镜

还可以在素材区选择“特效”，在“氛围”中选择“光斑飘落”，在“边框”中选择“白色线框”，将其添加到轨道上。特效添加如图14-6和图14-7所示。

图14-6　特效添加（1）

图14-7　特效添加（2）

再从素材区的“音频”中，找个合适的音乐并添加到轨道后，在“文本”中的“识别歌词”中选中音乐素材并单击“开始识别”按钮。音乐添加如图14-8所示。歌词识别如图14-9所示。

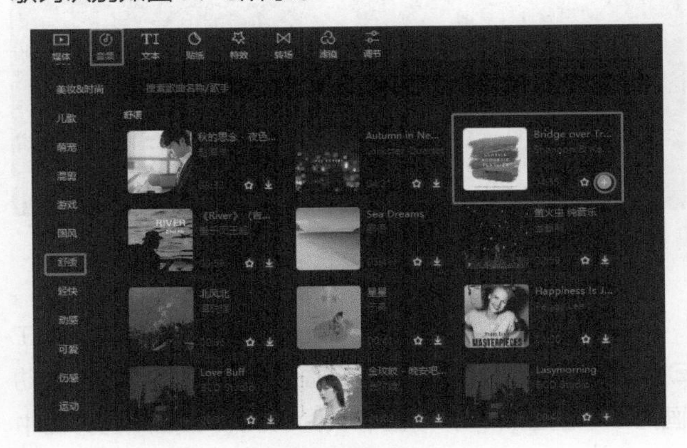

图14-8　音乐添加

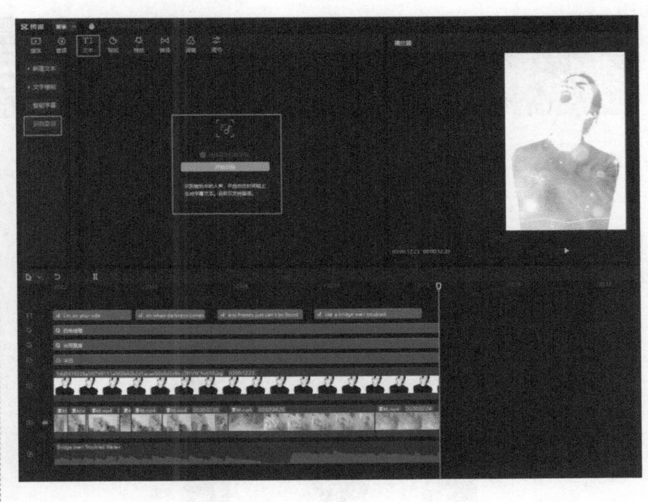

图14-9　歌词识别

如果觉得歌词字幕不是很明显，则可以在右上角功能区的“编辑”中进行调整。字幕添加效果如图14-10所示。

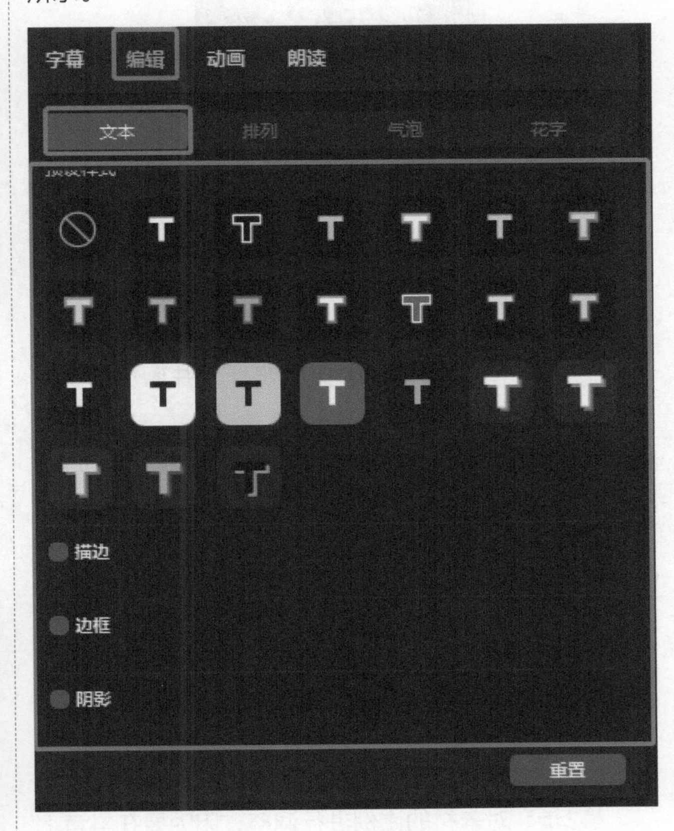

图14-10　字幕添加效果

第15课　片尾关注专属头像制作

本课程介绍如何制作片尾关注专属头像。

15.1 案例效果

片尾关注专属头像效果图如图15-1所示。

图15-1　片尾关注专属头像效果图

15.2 视频制作

素材：事前准备好要处理的头像照片以及特效（特效可在随书附赠的素材中获取）。

制作步骤：

第1步：导入准备好的头像照片，并添加到轨道上，如图15-2所示。

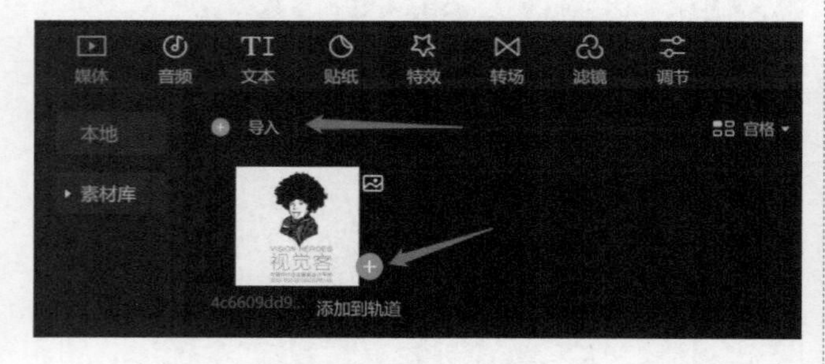

图15-2　导入并添加图片

第2步：对素材的比例进行调整，因为要在抖音上发布，所以选择的比例为9：16，如图15-3所示。

第3步：对图片素材添加蒙版。本课程中使用的为“圆形”蒙版，将蒙版调整到与图片素材大小相一致，如图15-4所示。

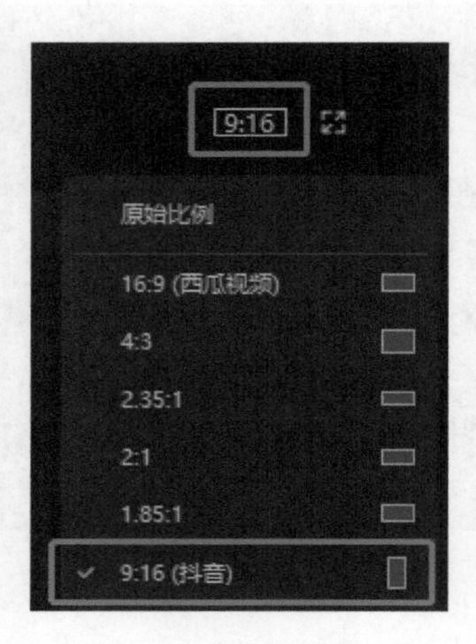

图15-3　修改视频比例

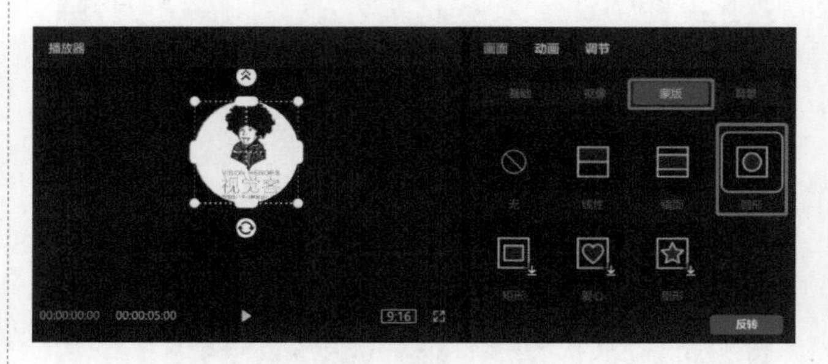

图15-4　添加圆形蒙版

第4步：导入准备好的特效素材，单击“混合模式”，本课程中使用的模式为“滤色”，将特效素材大小调整得与图片大小相吻合，确保特效的播放长度与图片素材一致，如图15-5所示。

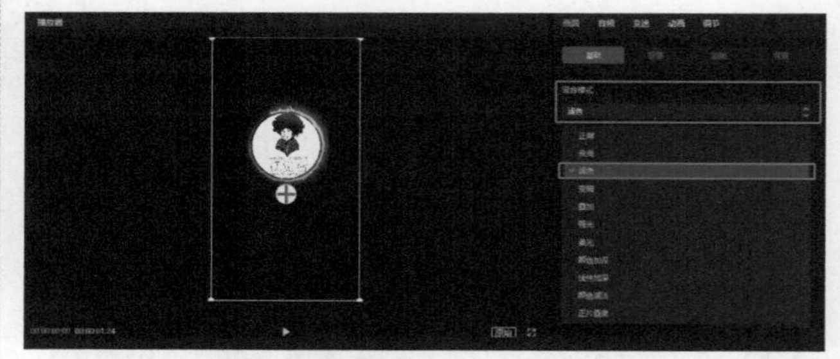

图15-5　添加并调整特效素材

第5步：添加想要的文字，使用“花字”样式，并在动画中给文字添加一个入场动画，案例中使用的入场动画为“螺旋上升”，动画时长为0.6s。在播放器界面中将文字移动到视频下方，轨道上调整文字出现时间，案例文字显示时间为头像出现“√”时，如图15-6所示。

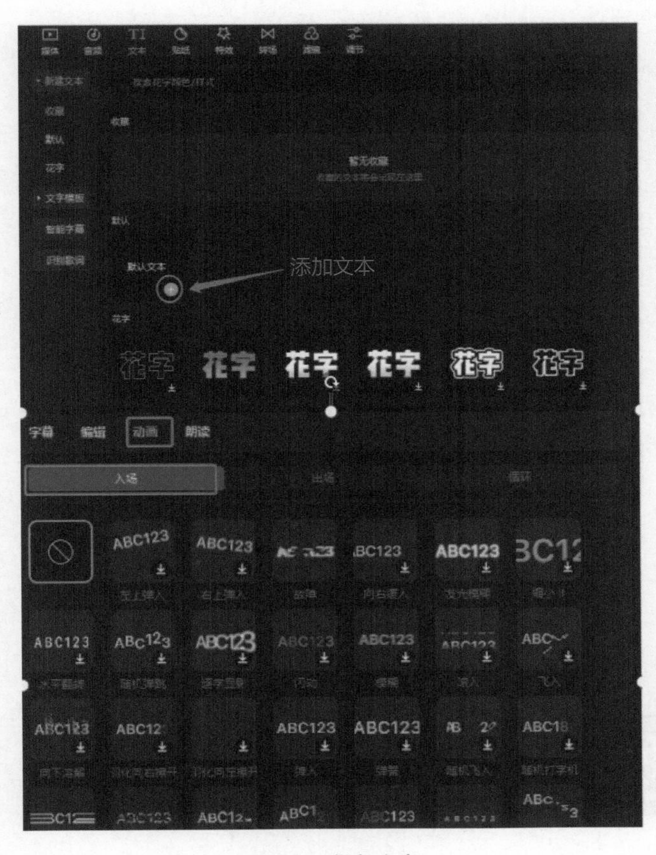

图15-6 添加文本

第6步： 当导入的视频有音频时，轨道上视频下方会显示音频区域。该案例中导入的特效素材有音频，如果想更换音频，可在轨道上选中特效素材后，右键选择分离音频，将分离出来的音频删除后，再在音频素材区添加喜欢的音频，如图15-7所示。

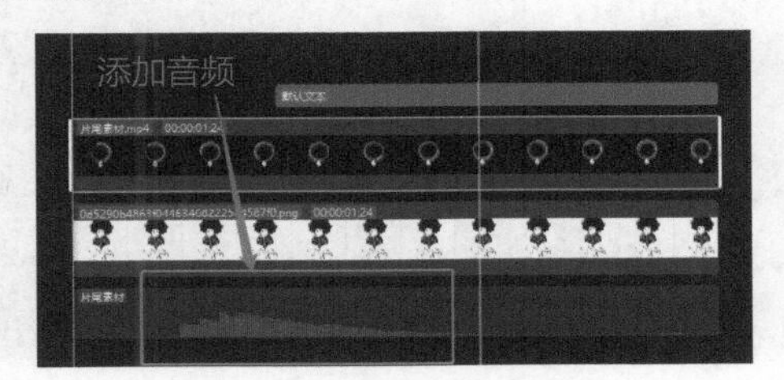

图15-7 添加或更换音频

第7步： 在播放器界面预览视频，视频无问题后导出，导出视频清晰度为1080p，帧率为60fps，其余选项不变。

15.3 举一反三

1. 可以制作会动的动态头像。

2. 给自己的头像添加一些可爱的或者搞怪的贴纸特效。

第16课 动感效果制作

本课程主要介绍三屏的运用和特效的添加等功能。

16.1 案例效果

动感效果图如图16-1所示。

图16-1 动感效果图

16.2 动感三联屏

首先在素材区执行“媒体”→“本地”命令，导入准备好的视频素材，并将其添加到轨道上，如图16-2所示。

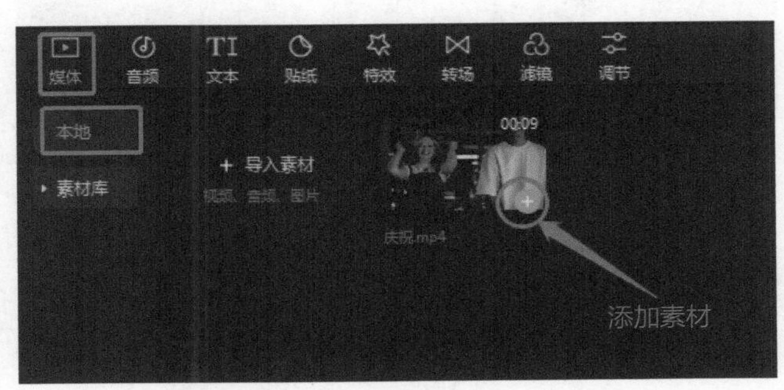

图16-2 导入并添加素材

将屏幕尺寸改成9：16。为了增加动感效果，需要在素材区执行“特效”→“分屏”命令，找到“三屏”，并添加到轨道上，如图16-3所示。

图16-3　三屏添加调整

在“特效”的“基础”里添加一个“开幕”特效到轨道上，在“特效”的“动感”中使用相应特效，可以进一步增加动感效果。特效添加运用如图16-4所示。

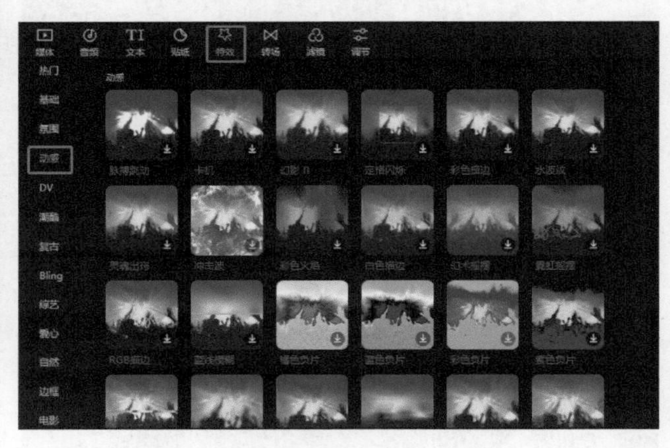

图16-4　特效添加运用

第17课　分屏定格效果制作

本课程主要介绍分屏定格等功能。

17.1 案例效果

分屏定格效果图如图17-1所示。

图17-1　分屏定格效果图

17.2 视频制作

制作步骤：

第1步：导入一段视频素材并添加到轨道上，将该视频分割成四段，如图17-2所示。

第2步：将分割后的视频素材分别放入不同的轨道后，单击轨道上的素材，在播放器面板上进行缩放，再进行微调。视频素材分割如图17-3所示。

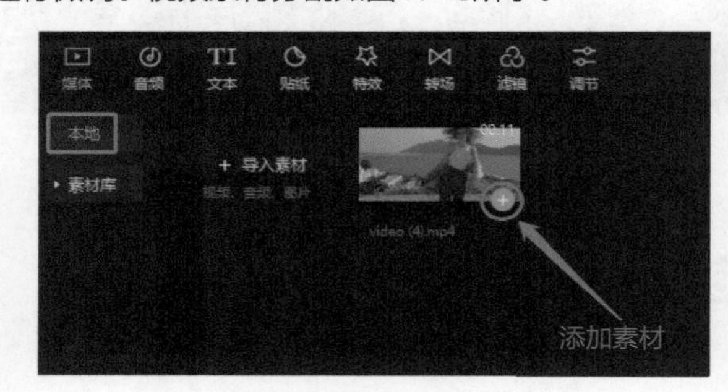

图17-2　导入并添加素材

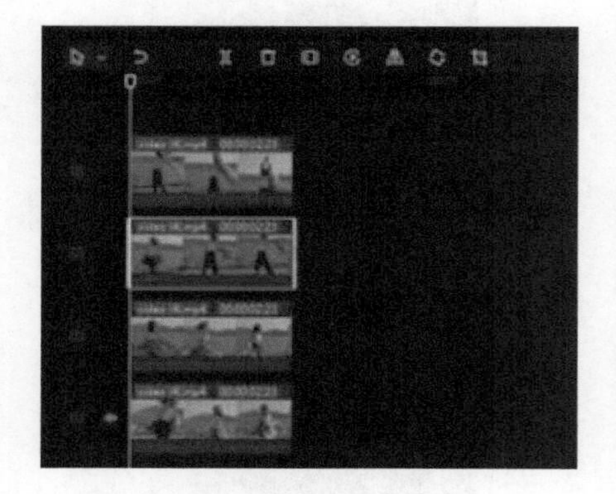

图17-3　视频素材分割

图17-3　视频素材分割（续）

第3步：按视频排列顺序定格。选中第一段视频素材，将预览针拖曳到相应的位置，单击工具栏中的定格按钮，定格为3s后，将定格3s后多余的部分删除。视频素材定格如图17-4所示。

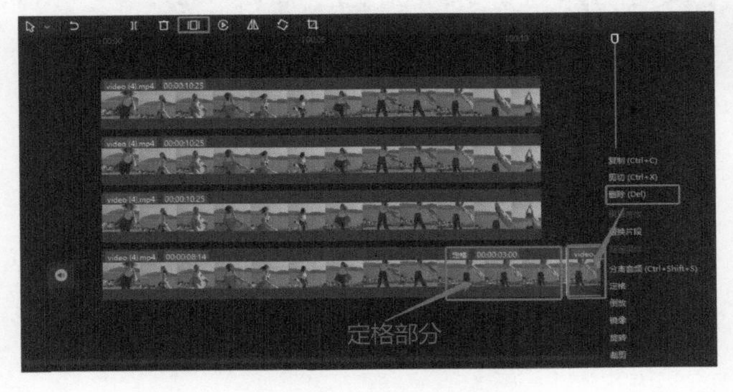

图17-4　视频素材定格

第4步：选中第二段视频素材，在最前端单击定格按钮，定格时长为3s。定格后，在视频素材的后面再做一个定格，定格时长为3s，并与第一段视频对齐，和第一段视频素材一样，删除多余的素材。定格后，多余素材的删除如图17-5所示。

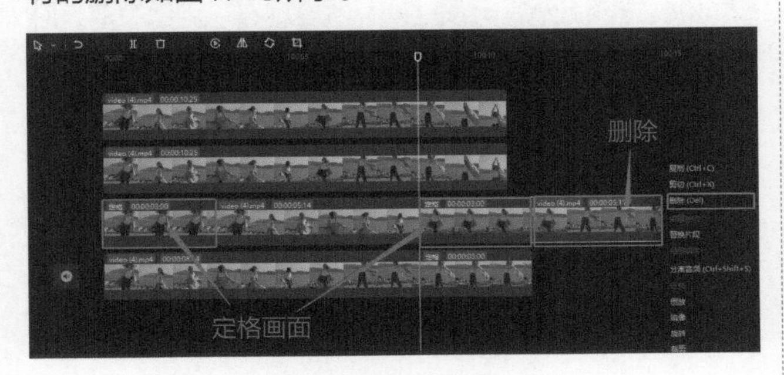

图17-5　定格后多余素材的删除（1）

第5步：在第三段视频素材最前端做一个定格后，将定格后的视频素材与下面第二段的视频素材定格对齐，对齐后，在第三段视频素材的后面再做一个定格，并将后面多余的视频素材删除。定格后多余素材的删除如图17-6所示。

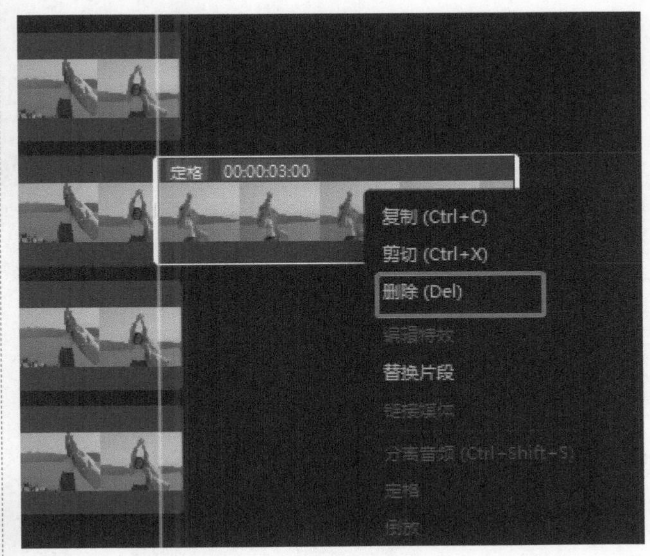

图17-6　定格后多余素材的删除（2）

第6步：第四段的视频素材在最前端做一个定格后，将定格后的视频素材和第三段视频素材的定格对齐，第四段视频素材后面就不需要做定格了，只需要将多余的视频进行分割与删除。定格后多余素材的删除如图17-7所示。

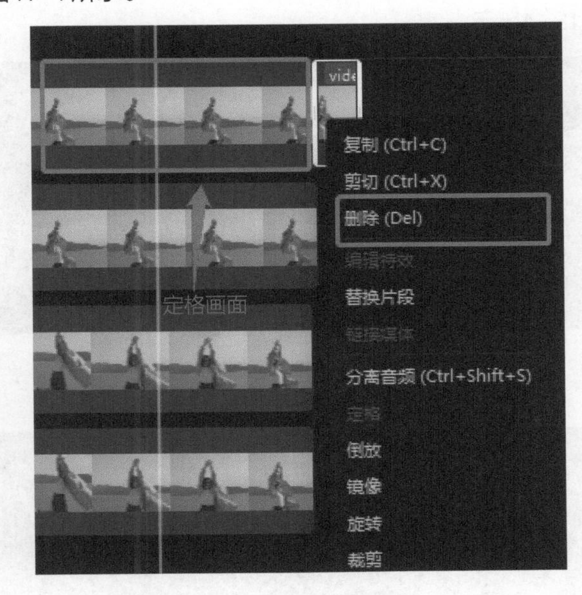

图17-7　定格后多余素材的删除（3）

第18课　动作残影效果制作

本课程主要介绍复制、粘贴、不透明度、层级等功能。

18.1 案例效果

动作残影效果图如图18-1所示。

图18-1　动作残影效果图

18.2 复制4个视频

导入准备好的视频素材并添加到轨道上。选中视频素材，复制出4段，可以用鼠标右键单击该视频素材进行复制，在需要粘贴的位置右键粘贴；也可以直接使用快捷键“Ctrl+C”和“Ctrl+V”进行复制和粘贴。导入并添加素材如图18-2所示。素材复制和粘贴如图18-3和图18-4所示。

图18-2　导入并添加素材

图18-3　素材复制

图18-4　素材粘贴

重复上述操作，复制出4段。复制多个素材如图18-5所示。

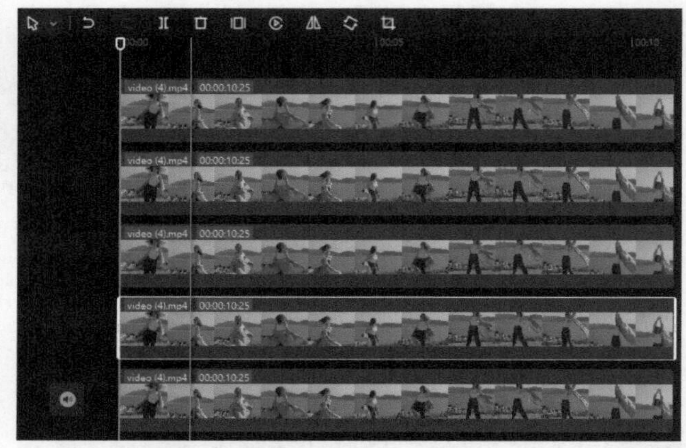

图18-5　复制多个素材

18.3 开始时间

复制后，拖动右边时间线到最大后，拖曳4段视频素材，将开始时间分别对应时间2f、4f、6f、8f。调整素材时间位置如图18-6所示。

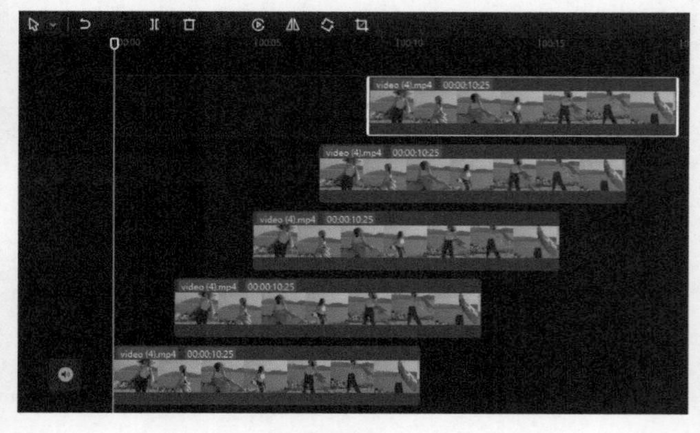

图18-6　调整素材时间位置

18.4 不透明度

调整后，选中视频素材，在右上角功能区的“画面”中找到“不透明度”，依次对4段视频进行不透明度参数的设置：第一个视频素材不透明度为80%，第二个视频素材不透明度为60%，第三个视频素材不透明度为40%,最顶部的视频素材不透明度为20%，如图18-7所示。

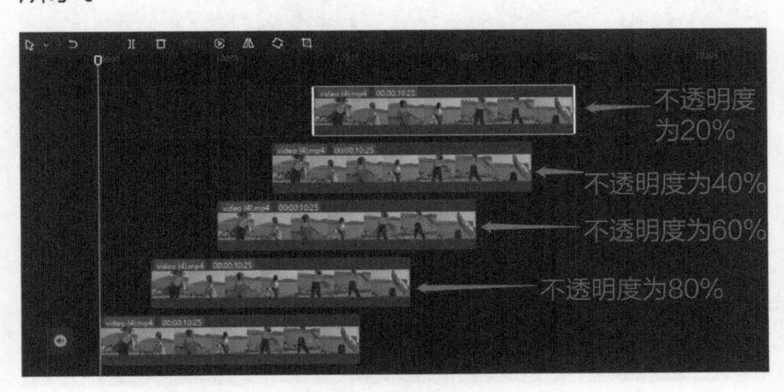

图18-7 不透明度设置

18.5 层级

下面我们要修改一下视频素材的层级。层级的数值越大，它显示的优先级就越高，一般要将不透明度较低的视频素材的层级设置得较高，即不透明度为20%的视频素材的层级设置为4，不透明度为40%的视频素材的层级设置为3，不透明度为60%的视频素材的层级设置为2，不透明度为80%的视频素材的层级设置为1，如图18-8所示。

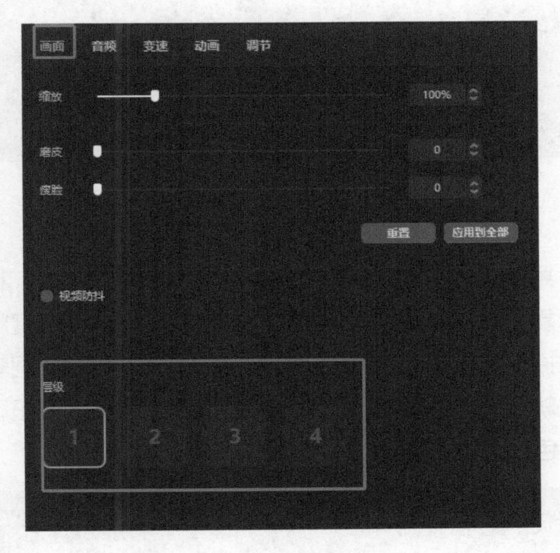

图18-8 层级设置

第19课 季节转换效果制作

本课程介绍如何利用剪映中的特效及滤镜功能来变换视频画面中的季节。

19.1 案例效果

如图19-1所示，将一段秋天的视频添加滤镜和特效后，得到冬季效果图，如图19-2所示。

图19-1 秋季视频素材

图19-2 季节转换效果图

19.2 视频制作

素材：事前准备好要处理的视频素材，画面中需要有移动的物体。案例素材可在随书附赠素材中获取。

制作步骤：

第1步： 导入准备好视频素材并添加到轨道上，如图19-3所示。

图19-3 导入并添加素材

第2步： 在轨道上复制视频素材，选中视频，右键选择复制（快捷键“Ctrl+C”），在上方轨道右键粘贴（快捷键“Ctrl+V”），将复制的素材放至画中画轨道（主轨道上方视频轨道），并对齐（打开吸附按钮，出现蓝色线为对齐提示），如图19-4所示。

图19-4 复制并调整素材

第3步： 在素材区执行“滤镜”→“滤镜库”命令，在“黑白”中选择“默片”滤镜，如图19-5所示。

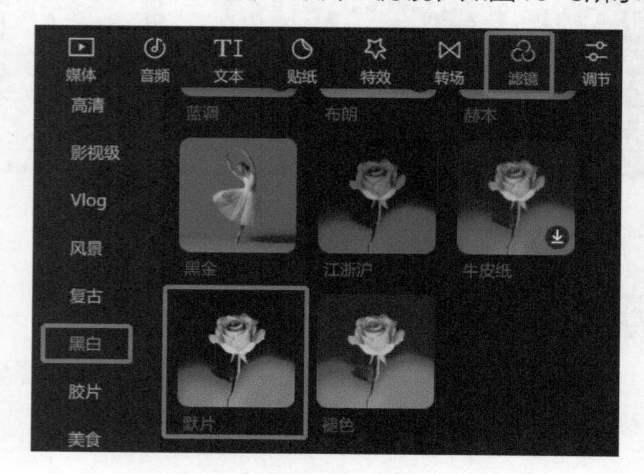

图19-5 添加滤镜

第4步： 用鼠标左键按住“默片”滤镜并拖动到上方视频轨道上，当轨道上画面颜色变暗时松开鼠标即可（注：滤镜拖动到指定轨道，滤镜效果只作用于该轨道，如果直接添加滤镜，滤镜效果将作用于轨道上的所有视频），如图19-6所示。

图19-6 将“默片”滤镜添加至指定轨道

第5步： 将白色预览轴移动至0秒位置，选中画中画轨道视频，在功能区蒙版中选择“线性”蒙版，将蒙版旋转合适角度后放至画面右下方（旋转角度和蒙版开始位置依据画面物体移动方向和物体移动开始位置），拖动羽化按钮给蒙版加点羽化效果，让画面过渡更加自然。调整完毕后添加关键帧，如图19-7所示。

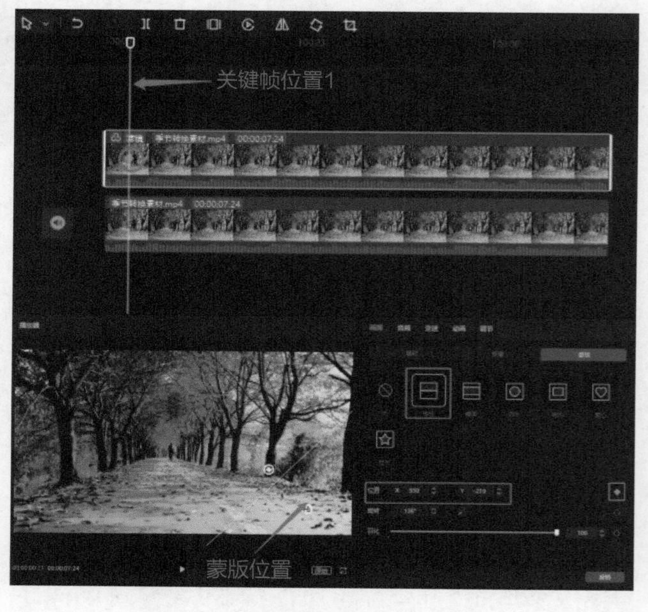

图19-7 添加蒙版关键帧动画（1）

第6步： 拖动白色预览轴预览视频，当人物处于画面中心位置时，再次选择“线性”蒙版，将蒙版移动至人物位置，此时位置改变，自动添加关键帧，如图19-8所示。

图19-8　添加蒙版关键帧动画（2）

第7步：拖动白色预览轴，在人物快到末尾的位置，将蒙版移动至画面外。系统自动添加关键帧，如图19-9所示。

图19-9　添加蒙版关键帧动画（3）

第8步：在素材区执行“特效”→“特效效果”命令，在“自然”中选择“大雪纷飞”特效，将特效拖动到画中画轨道，营造冬天下雪的氛围感，如图19-10所示。

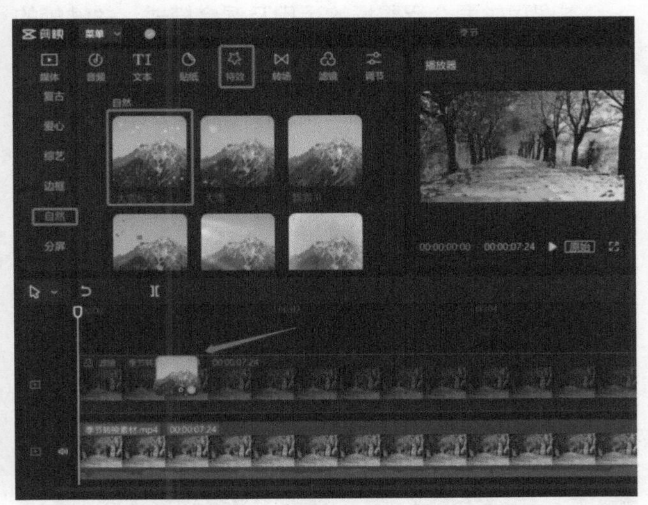

图19-10　添加“大雪纷飞”特效

第9步：在播放器界面进行预览，视频没有问题后即可导出。

19.3 举一反三

1. 使用不同的滤镜和调色将视频修改成不同的季节。

2. 利用滤镜和特效改变视频天气。

第20课 遮罩文字坠落效果制作

本课程主要介绍黑场的运用及混合模式、关键帧的使用。

20.1 案例效果

遮罩文字坠落效果图如图20-1所示。

图20-1 遮罩文字坠落效果图

20.2 视频制作

制作步骤：

第1步： 在素材库中导入一个黑场并添加到轨道上，如图20-2所示。

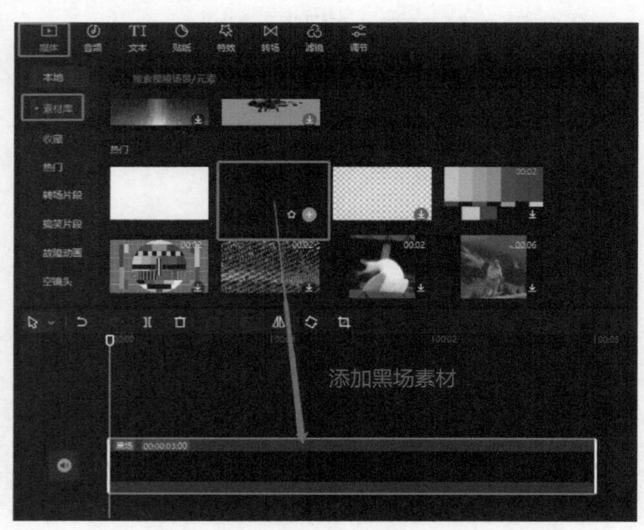

图20-2 添加黑场

第2步： 将素材区中的一个文本添加到轨道上，并在右上方的功能区更改文本内容。修改文本内容如图20-3所示。

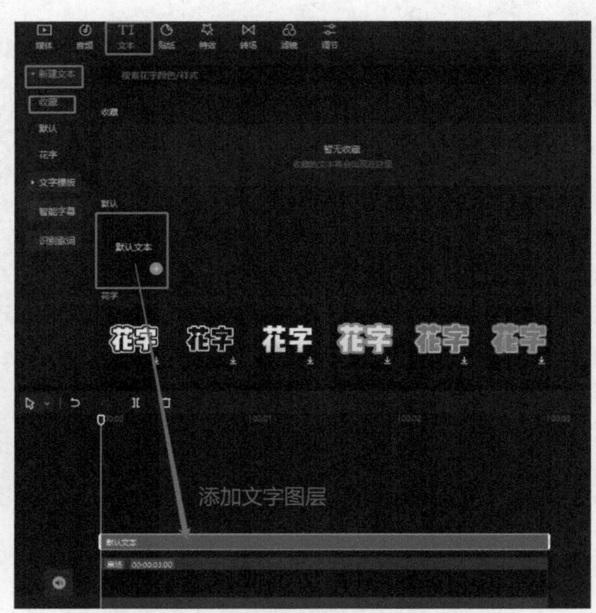

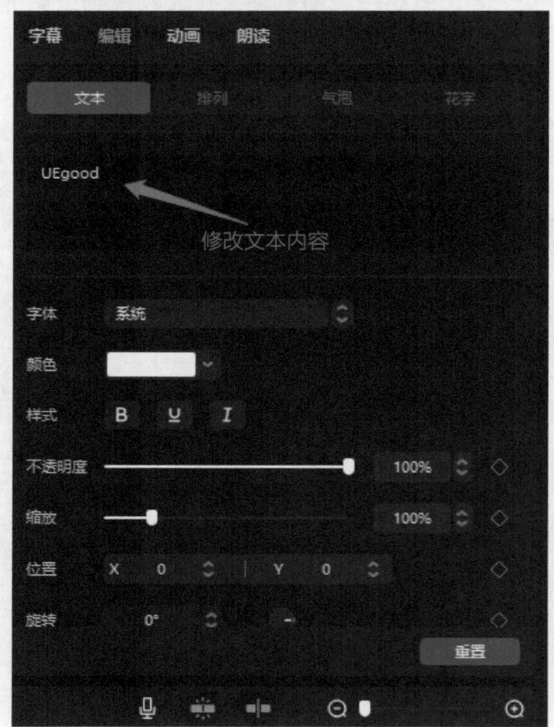

图20-3 修改文本内容

第3步： 更改文本内容后，单击右上角“导出”按钮将视频导出。素材导出如图20-4所示。“导出”界面如图20-5所示。

图20-4　素材导出

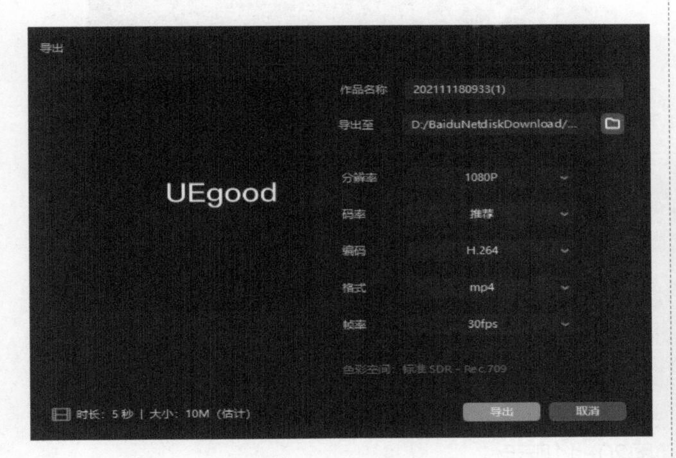

图20-5　"导出"界面

第4步：将刚刚导出的视频再重新导入剪映，并将这个文本视频和准备好的视频素材一起添加到轨道上。导入并添加素材如图20-6所示。

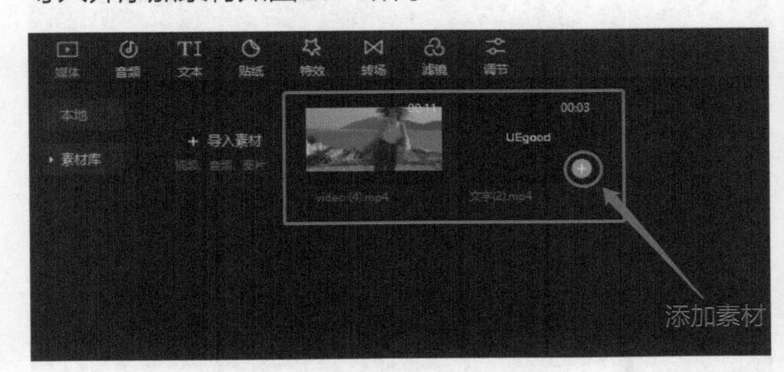

图20-6　导入并添加素材

第5步：复制文本视频，如图20-7所示。

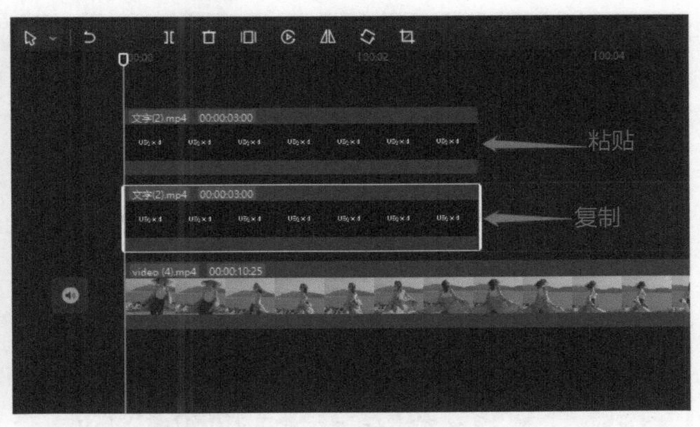

图20-7　素材复制

第6步：选中下面的文本视频，在功能区的"画面"中找到"混合模式"，选择"正片叠底"。混合模式调整如图20-8所示。

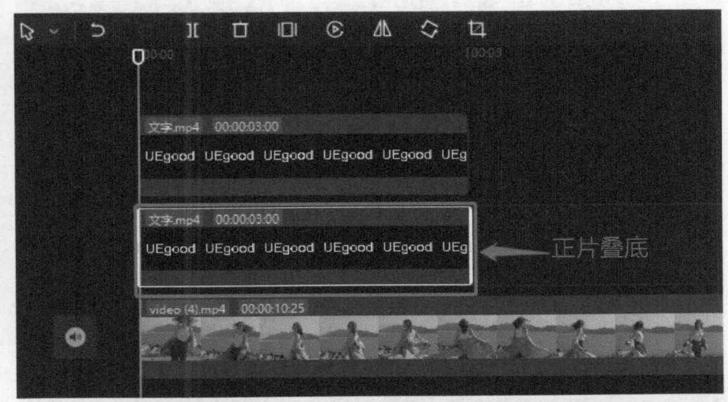

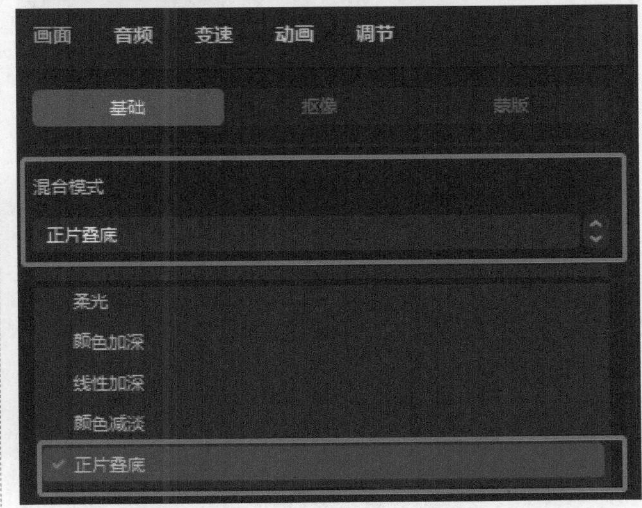

图20-8　混合模式调整（1）

第7步：再选中上面的文本视频，"混合模式"选择"滤色"。混合模式调整如图20-9所示。

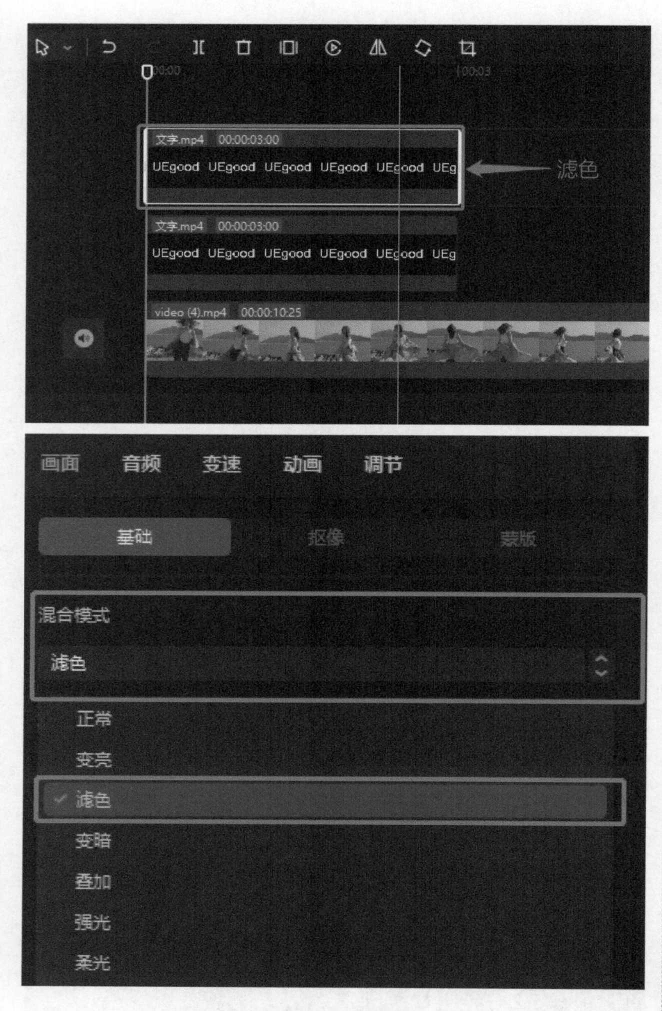

图20-9　混合模式调整（2）

第8步： 选中上面的文本视频，拖曳预览针到相应的位置上，在功能区选择“画面”选项，设置“位置”和“旋转”参数后，打上关键帧，如图20-10所示。

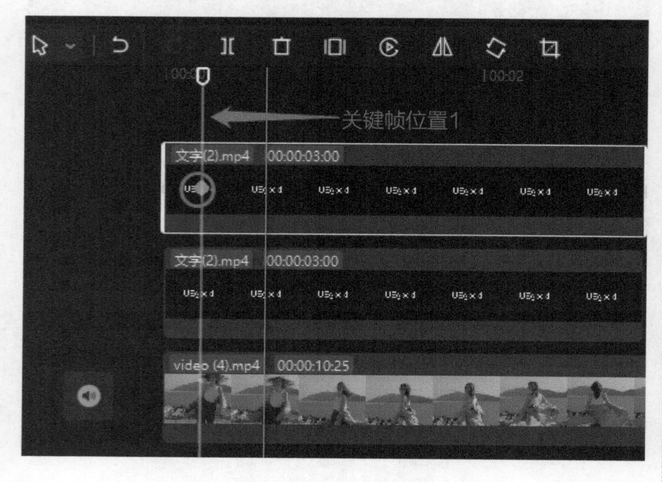

图20-10　打上关键帧

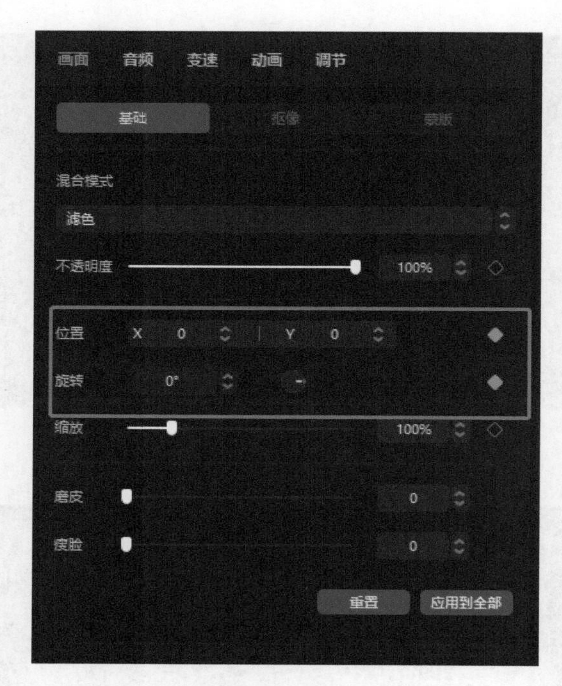

图20-10　打上关键帧（续）

第9步： 将预览针向后面移动一段位置，将文字稍微向下拉一点再旋转25°，可以在预览区直接通过鼠标拖曳，也可以在右上角功能区的“画面”面板中，通过调整“位置”“旋转”参数进行操作。关键帧运用如图20-11所示。

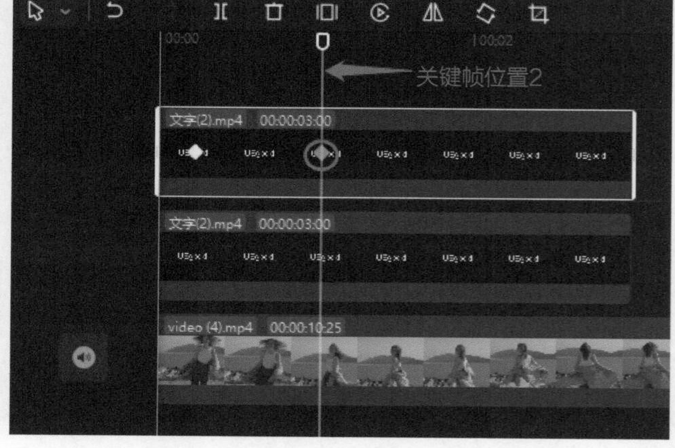

图20-11　关键帧运用

第10步： 将预览针向后移动一段距离，向下将文字直接拖曳到画面外。拖曳时，注意X的参数要为0并要将文字对齐。运用关键帧移动素材如图20-12所示。

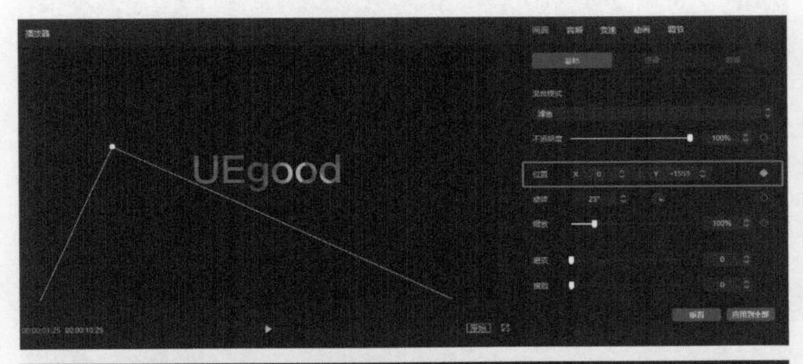

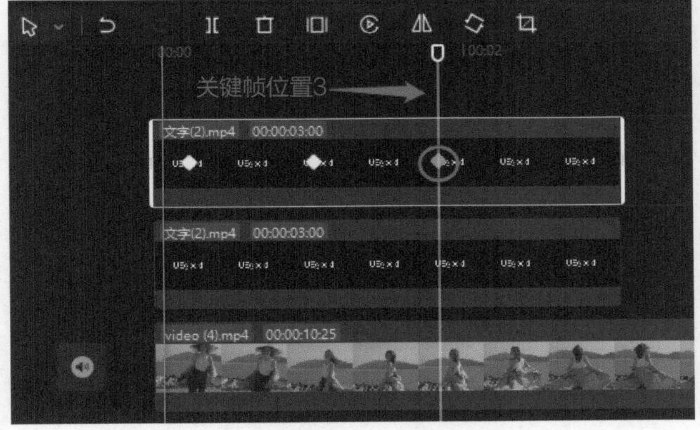

图20-12 运用关键帧移动素材

第11步： 选中下面的文字视频，在当前位置打一个缩放的关键帧。运用关键帧缩放素材如图20-13所示。

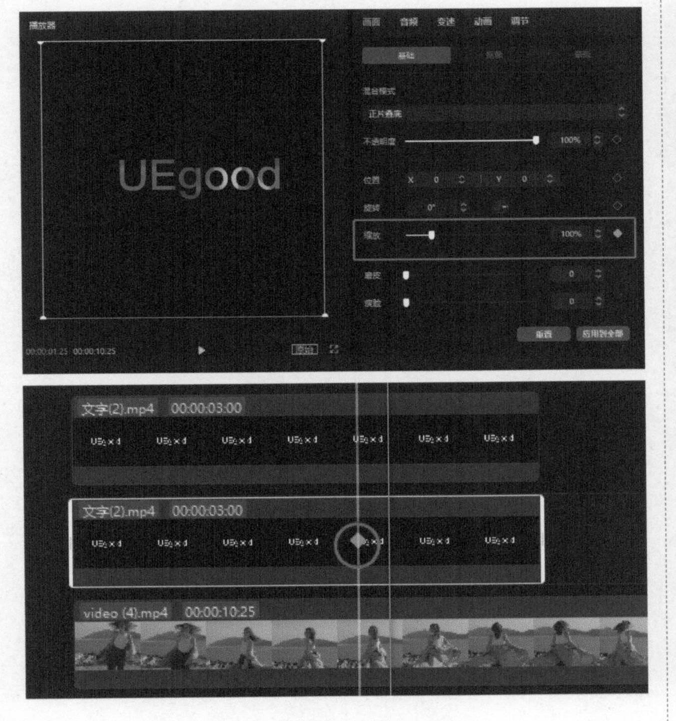

图20-13 运用关键帧缩放素材

第12步： 将预览针向后移动一段距离，将“缩放”调节至最大，再打上个不透明度的关键帧。运用关键帧调整素材不透明度如图20-14所示。

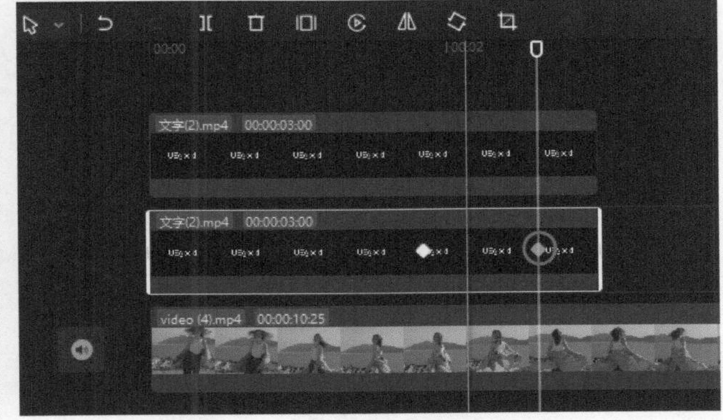

图20-14 运用关键帧调整素材不透明度

第13步： 回到前一帧，将“不透明度”调节至最大。运用关键帧调整素材不透明度如图20-15所示。

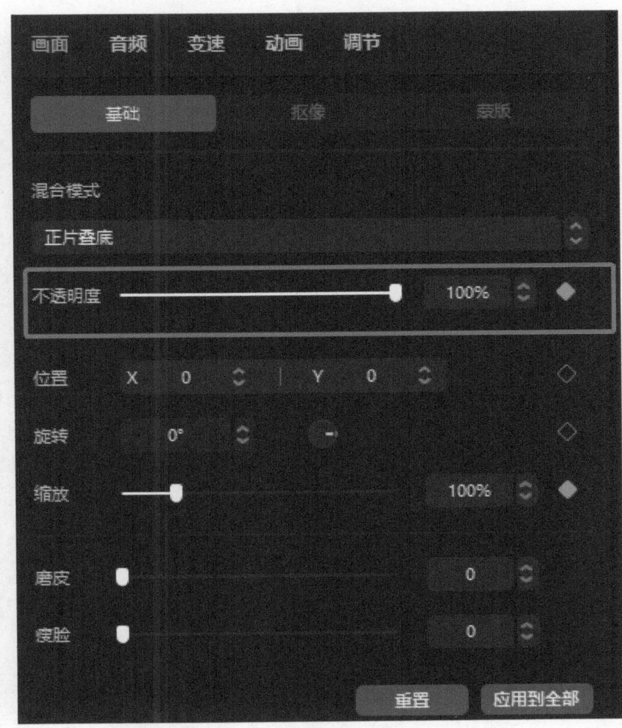

图20-15 运用关键帧调整素材不透明度

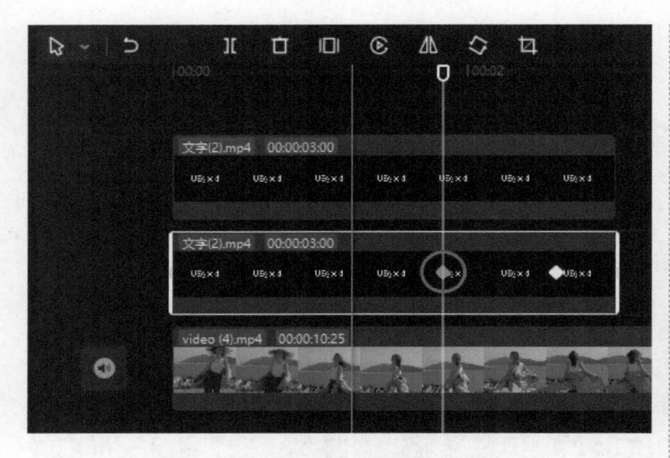

图20-15　运用关键帧调整素材不透明度（续）

第14步：在素材区执行“音频”→“音效素材”命令，找一些有坠落效果的音效并添加到轨道上，如图20-16所示。

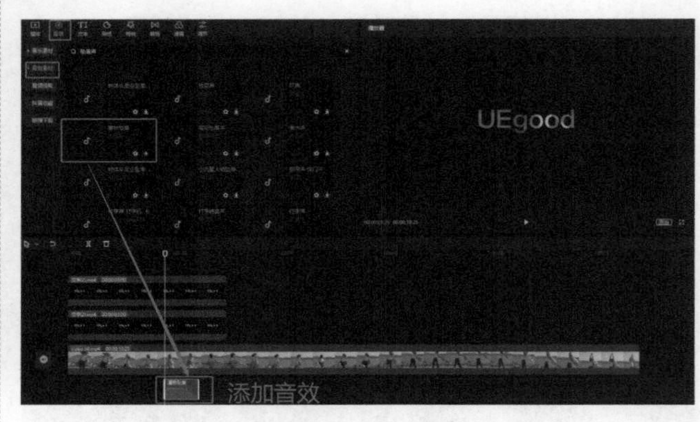

图20-16　音效添加

第3部分

如何制作日常类热门短视频

★ 第21课　图片卡点
★ 第22课　视频定格拍照的效果
★ 第23课　办公室情景
★ 第24课　快乐美女小姐姐
★ 第25课　单身汪
★ 第26课　我有闺蜜
★ 第27课　一个人看书
★ 第28课　跑出大片的感觉
★ 第29课　身心疲惫
★ 第30课　音乐变装EGM
★ 第31课　如何进行副驾驶拍摄
★ 第32课　生日祝福
★ 第33课　怎么拍放假回家的你
★ 第34课　高速行车延时摄影
★ 第35课　回顾过去的一年
★ 第36课　花丛中微拍摄
★ 第37课　小草效果
★ 第38课　水中倒影
★ 第39课　水中拍摄
★ 第40课　倒放
★ 第41课　小叶子生长记
★ 第42课　故乡火车站
★ 第43课　秀一秀饭店
★ 第44课　流水拍摄
★ 第45课　指点江山

第21课　图片卡点

本课程介绍如何制作抖音中热门的图片卡点视频。

21.1 案例效果

图片卡点效果图如图21-1所示。

图21-1　图片卡点效果图

21.2 视频制作

素材：10～15张拍摄的照片。

制作步骤：

第1步：将准备好的图片导入剪映，并全部添加到轨道上，也可从文件夹中直接拖动到轨道上，如图21-2所示。

图21-2　导入并添加素材

第2步：在视频开始轨道上添加一个片头，可自己寻找片头素材，也可添加素材库中的素材，如图21-3所示。

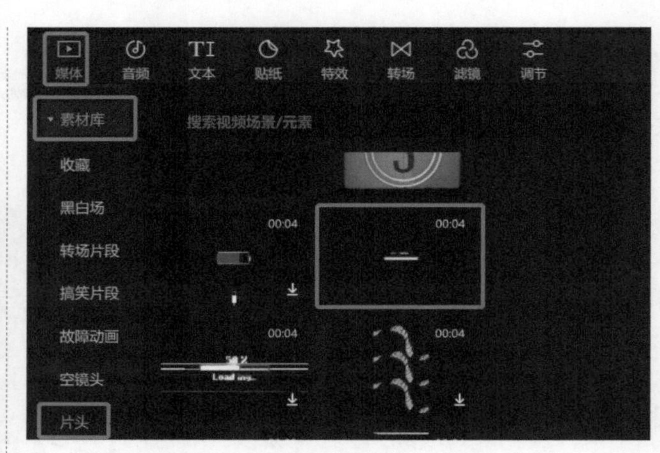

图21-3　添加视频片头

第3步：在片头和两张图片之间添加一个转场效果，调整转场时长，如果想要所有转场都使用一个转场效果，添加一个转场后在功能区单击“应用到全部”按钮即可，如图21-4所示。

图21-4　添加转场

第4步：在音乐素材中找到卡点音乐，并添加到轨道上，如图21-5所示。

图21-5　添加卡点音乐

第5步： 在轨道上选中音乐轨道，单击自动踩点按钮选择“踩节拍Ⅰ”（注：图片较少时选择“踩节拍Ⅰ”，图片较多时选择“踩节拍Ⅱ”），如图21-6所示。

图21-6　音乐踩点功能

第6步： 开启自动踩点后，音乐轨道上出现许多小黄点，打开吸附按钮，将片头时长与第二个小黄点对齐，将第一张图片时长与音乐轨道第三个小黄点对齐，以此类推，将所有图片与踩点对齐，一张图片的时长为两个小黄点之间的时长，如图21-7所示。

图21-7　对齐音乐踩点

第7步： 选择音频轨道。将音频轨道多出的音乐时长分割后删除，如图21-8所示。

图21-8　裁剪多余音频

第8步： 将制作好的片尾加入视频轨道末尾，并将视频比例改成抖音适配比例9：16，如图21-9所示。

图21-9　修改视频比例

第9步： 将背景改为自己喜欢的样式，本案例选择“模糊”，并单击“应用到全部”按钮，如图21-10所示。

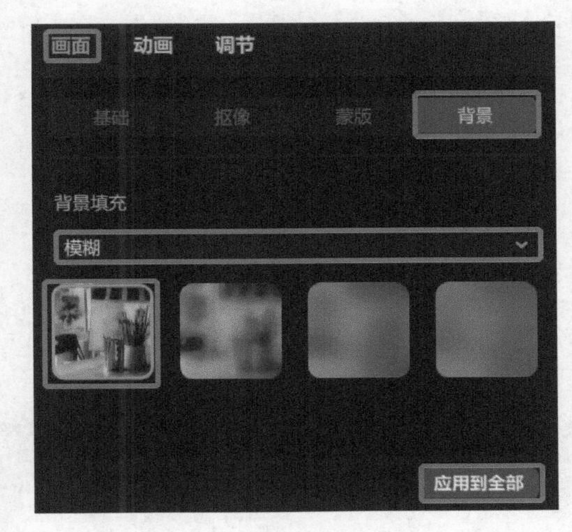

图21-10　修改背景样式

第10步： 将视频导出，制作完成。

21.3 举一反三

将自己旅游的照片做成卡点视频。

第22课　视频定格拍照的效果

本课程介绍如何制作定格拍照效果。

22.1 案例效果

定格拍照效果图如图22-1所示。

图22-1　定格拍照效果图

22.2 视频制作

素材：准备一段需要制作定格效果的视频素材。本课程视频素材可在随书附赠素材中获取。

制作步骤：

第1步： 导入一段视频素材并添加到轨道上。在素材区执行“音频”→“音乐素材”命令，在音乐素材中找一段应景的音频素材并添加到轨道上；选中添加的音频素材，在上方工具栏里单击自动踩点按钮，如图22-2所示。如果不想使用剪映中自带的音频素材，也可以导入自己的音频素材，但需要手动踩点。

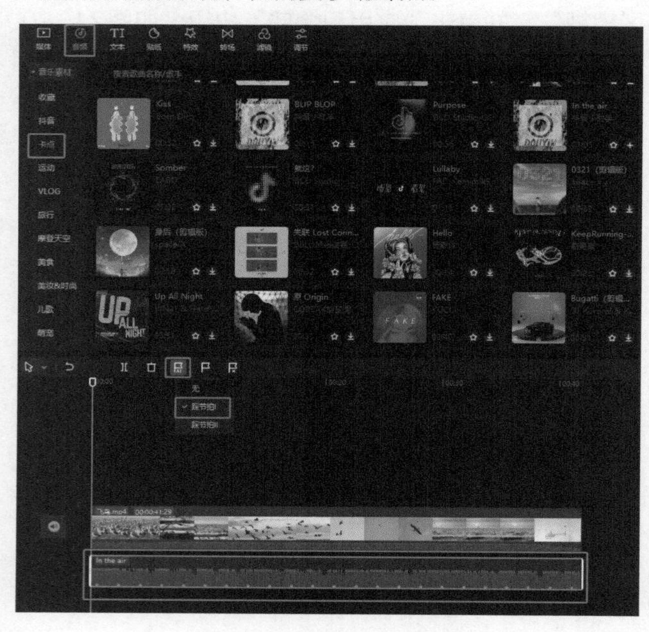

图22-2 添加音频并踩点

第2步： 找到要做定格特效的位置，将预览轴拖曳到该位置上，单击上方工具栏中的定格按钮，就会出现一段3s的定格效果，如图22-3所示。

图22-3 定格画面

第3步： 在“音效素材”中选择“机械”并添加一个拍照音效，如图22-4所示。

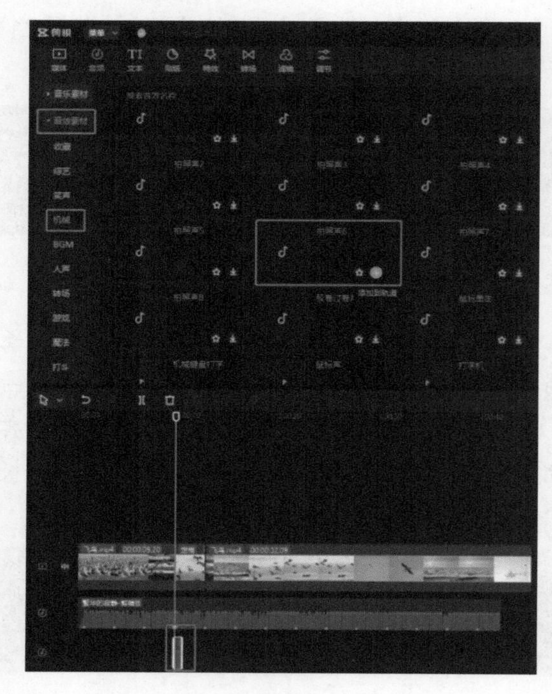

图22-4 添加拍照音效

第4步： 选中要定格的视频，在素材区执行“转场”→“转场效果”命令，在“基础转场”中选择“闪白”，并添加到轨道上，如图22-5所示；拍照声和闪光灯的时间需要对齐，如图22-6所示。

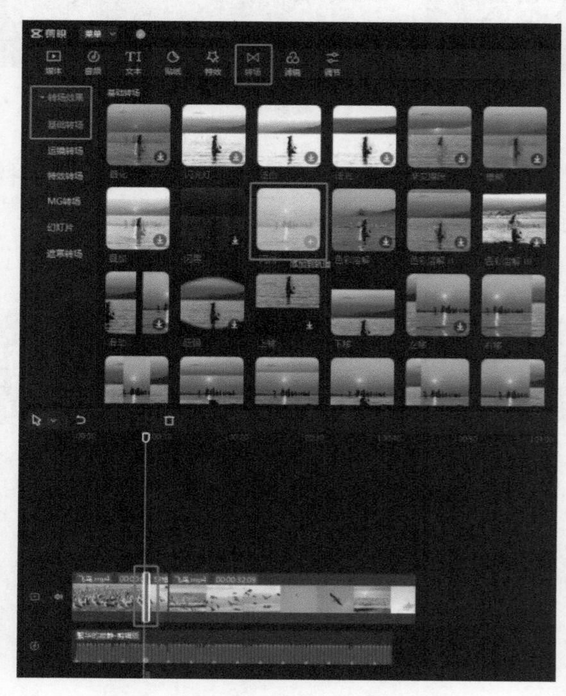

图22-5 添加“闪白”转场效果

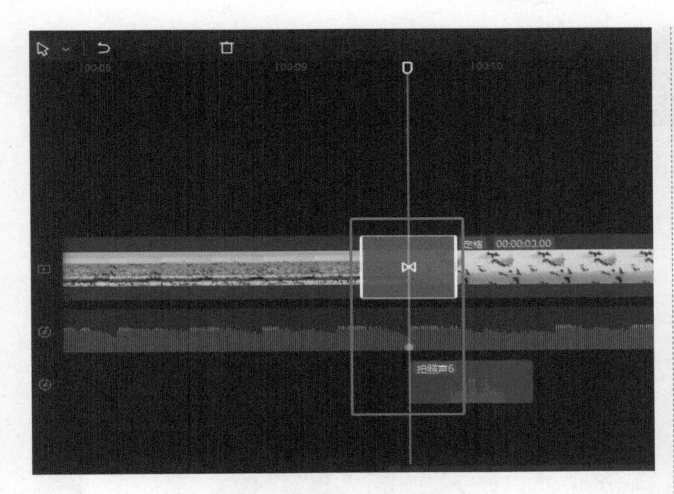

图22-6　对齐转场与音效

第5步：在素材区执行“滤镜”→“滤镜库”命令，在“高清”中选择“清晰”滤镜，并添加到轨道上，将清晰素材轨拖曳至定格特效并与之对齐，如图22-7所示。

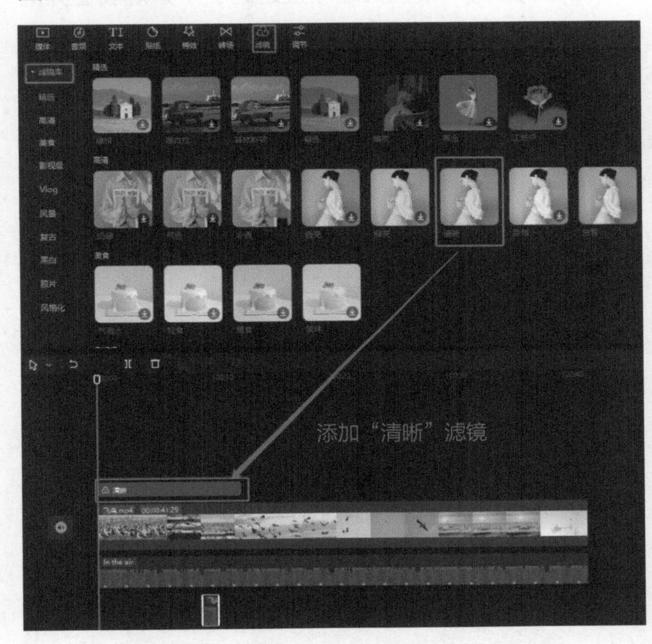

图22-7　添加“清晰”滤镜

第6步：在素材区执行“特效”→“特效效果”命令，在“基础”中选择“变清晰”特效，并添加到轨道上，在轨道上把变清晰特色素材轨拖曳到定格效果的上方，如图22-8所示。

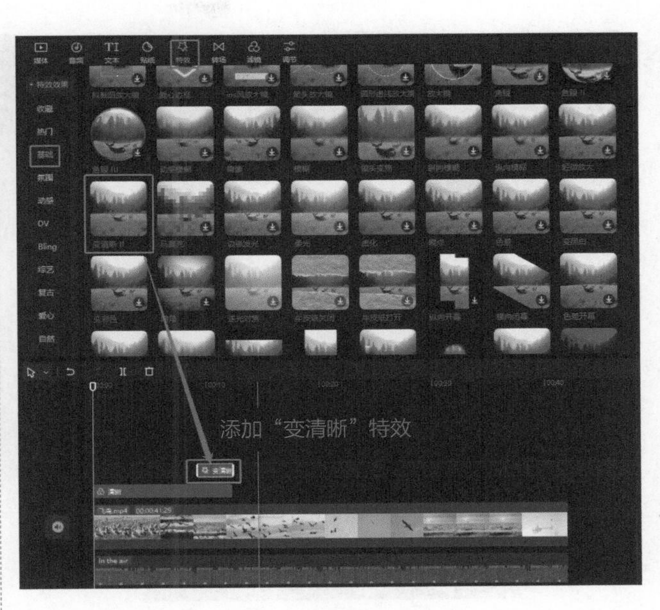

图22-8　添加“变清晰”特效

第7步：在“边框”中选择“取景框”，并添加到轨道上，再把添加的“取景框”特效素材放到“变清晰”特效素材的后面，如图22-9所示。

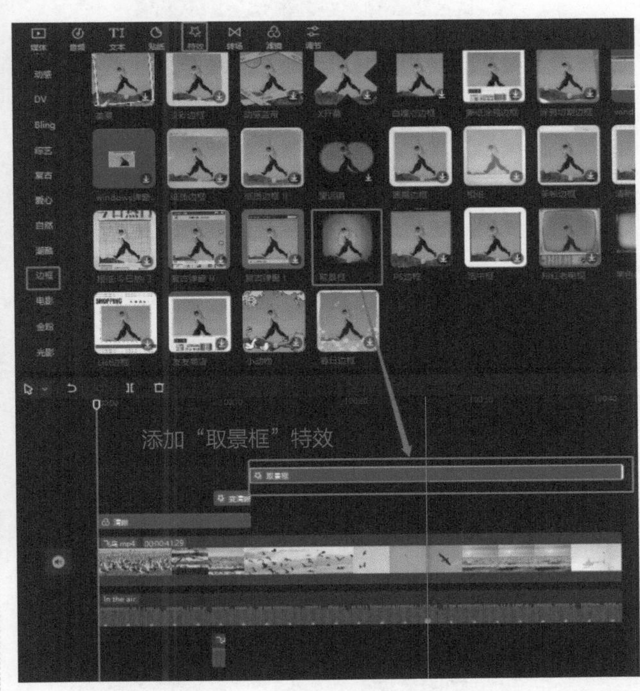

图22-9　添加“取景框”特效

第8步：导出视频，制作完成。

第23课　办公室情景

本课程主要介绍多镜头转换、歌曲字幕导入、三屏效果、录像带的效果等技巧。

23.1 案例效果

办公室情景纪录片效果图如图23-1所示。

图23-1　办公室情景记录片效果图

23.2 拍摄

拍摄步骤：

（1）镜头从左往右拍摄一段一个人在电脑前办公的视频，如图23-2所示。

图23-2　办公的视频

（2）拍摄一段镜头逐渐拉近的打字的视频，如图23-3所示。

图23-3　打字的视频

（3）拍摄一段镜头逐渐拉近的一个人观看屋外的视频，如图23-4所示。

图23-4　观看屋外的视频

（4）拍摄一段镜头逐渐拉近的写字的视频，如图23-5所示。

图23-5　写字的视频

（5）拍摄一段镜头从下往上的静物视频，如图23-6所示。

图23-6　静物视频

注意事项：

以上拍摄的内容仅供参考，创作者可以根据自己构思的内容来拍摄。要点就是尽可能多角度地拍摄，镜头不要太单一。

23.3 视频制作

制作步骤：

第1步：依次导入拍摄好的视频素材并添加到轨道上，如图23-7所示。

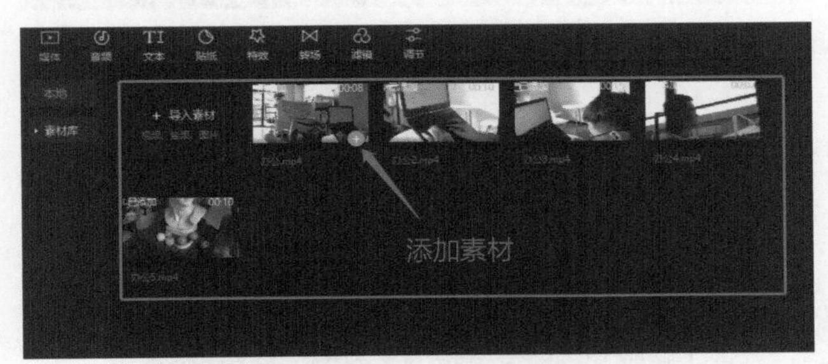

图23-7　导入并添加素材

第2步：选中视频素材，把多余的部分删除，如图23-8所示。

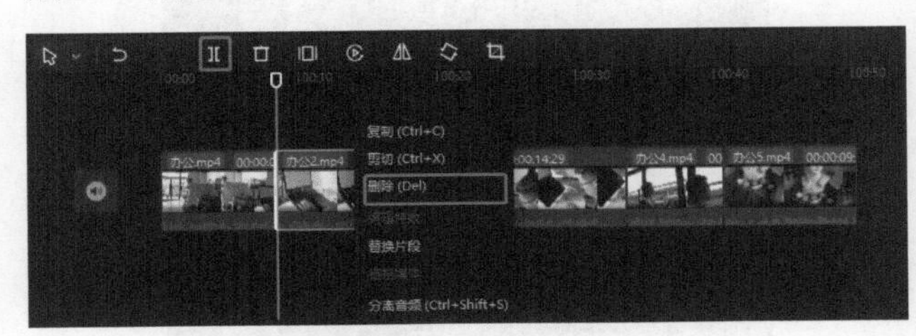

图23-8　视频的分割与删除

第3步：在每个视频之间添加转场。在素材区执行“转场”→“转场效果”命令，在“基础转场”中选择“叠化”，在右上角的功能区可以调整转场时长。转场添加如图23-9所示。

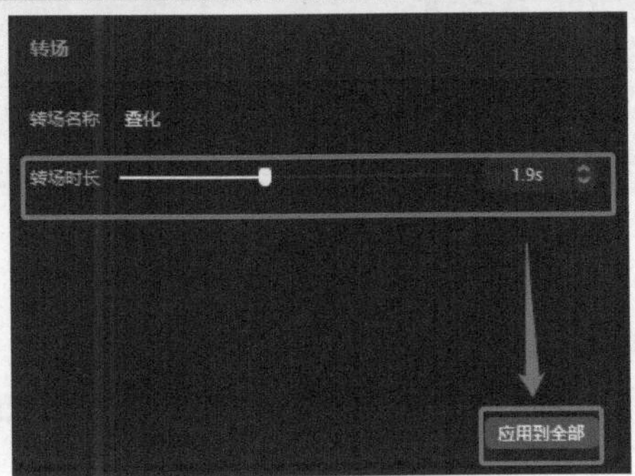

图23-9　转场添加

第4步：在素材区执行“特效”→“特效效果”命令，在“基础”中选择“开幕”，单击加号添加到轨道上，再在“基础”中选择“粒子模糊”，单击加号添加到轨道上。添加特效如图23-10所示。

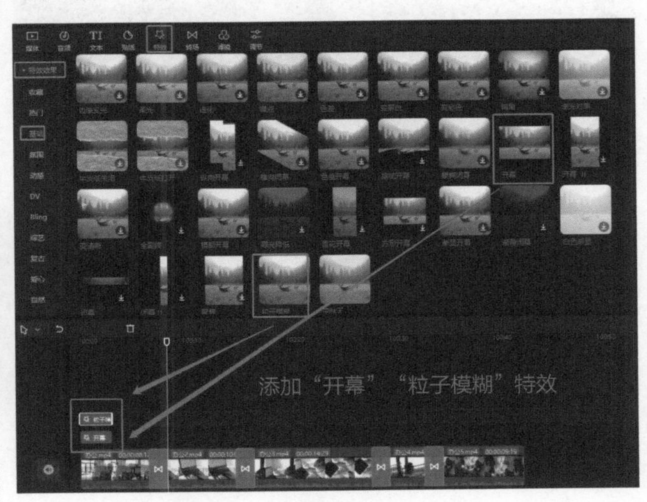

图23-10　添加特效（1）

第5步：在视频结束的位置添加特效。在素材区执行“特效”→“特效效果”命令，在“基础”中选择“闭幕”，单击加号添加到轨道上，再在“基础”中选择“渐隐闭幕”，单击加号添加到轨道上，如图23-11所示。

图23-11　添加特效（2）

第6步：在“复古”中选择“录像带Ⅲ”，单击加号添加到轨道上，拖曳两端与视频对齐。添加特效如图23-12所示。

图23-12　添加特效（3）

第7步：给视频添加滤镜。在素材区执行“滤镜”→“滤镜库”命令，在“影视级”中选择“闻香识人”，单击加号添加到轨道上，拖曳两端与视频对齐。添加滤镜如图23-13所示。

图23-13　添加滤镜

第8步：导出视频后，把刚导出的视频再导入剪映，并添加到轨道上。导出视频如图23-14所示。

图23-14　导出视频

第9步：在播放区的右下角找到画面比例，选择画面比例为9：16。调整画面比例如图23-15所示。

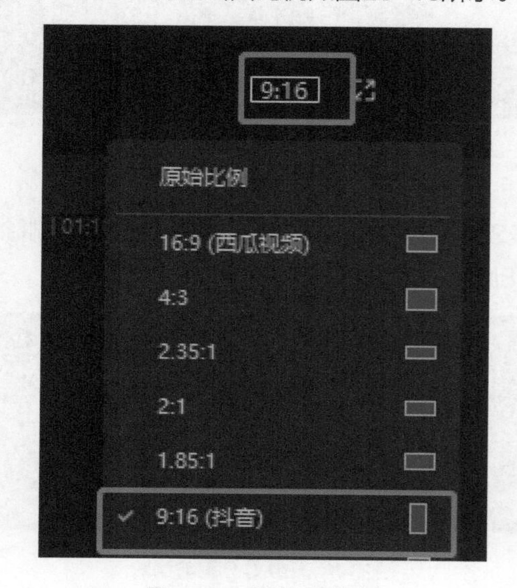

图23-15　调整画面比例

第10步：在素材区执行“特效”→“分屏”命令，选择“三屏”，单击加号添加到轨道上，拖曳两端和视频对齐。添加特效如图23-16所示。

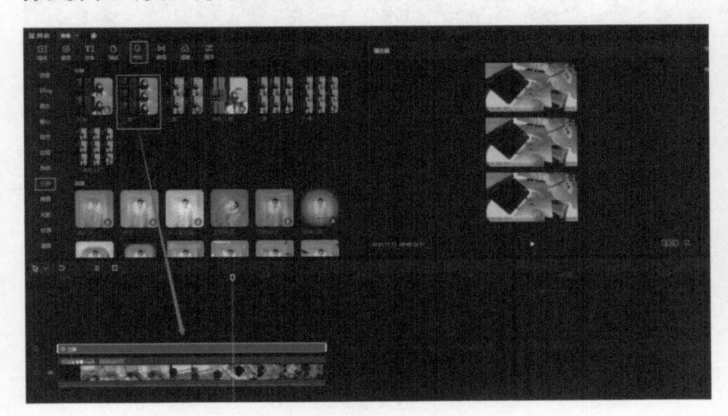

图23-16　添加特效

第11步：在音频中选择合适的音乐，并添加到轨道上。音乐添加如图23-17所示。

第12步：将分辨率和帧率调整至最大，导出视频即可。

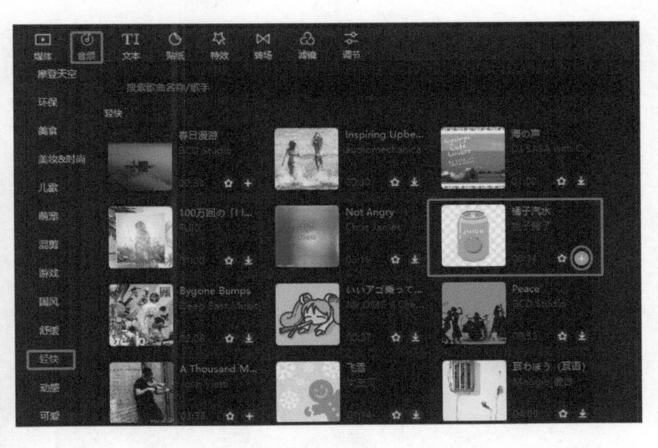

图23-17　音乐添加

23.4 举一反三

运用这个视频的创意思路和制作方法，可以制作类似的创意视频，下面的效果大家可以自己动手尝试。

制作几个三屏的浪漫/怀旧/纪录生活日常的视频吧，素材就在你的生活中！

第24课　快乐美女小姐姐

本课程主要介绍人物动态特效的制作技巧。

24.1 案例效果

人物动态特效处理前后如图24-1和图24-2所示。

图24-1　人物动态特效处理前

图24-2　人物动态特效处理后

24.2 拍摄

拍摄步骤：

固定好机位，拍一段人物跳舞的视频，如图24-3所示。

图24-3 人物跳舞的视频

注意事项：

事先准备好要拍摄的舞蹈，并尽量做到卡点。

24.3 视频制作

制作步骤：

第1步： 导入一个未处理的视频并添加到轨道上，如图24-4所示。

第2步： 对视频素材进行剪辑。因为要上传的短视频平台是抖音，所以比例选择“9：16”。调整画面比例如图24-5所示。

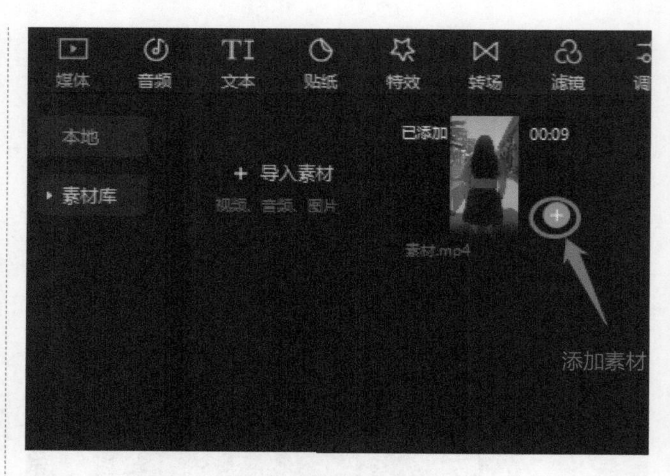

图24-4 导入并添加素材

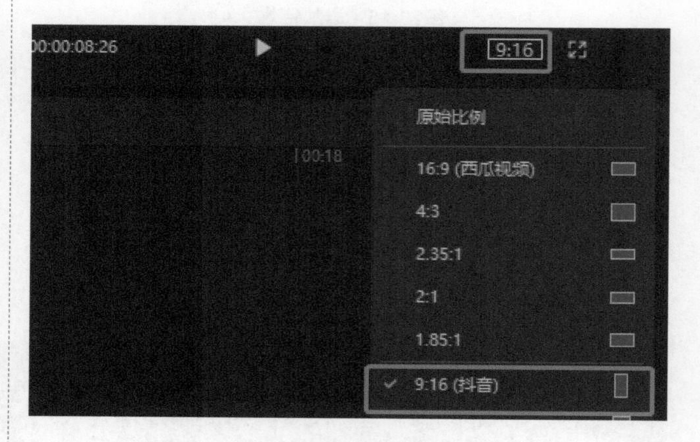

图24-5 调整画面比例

第3步： 添加滤镜。在素材区执行“滤镜”→“滤镜库”命令，在“影视级”中选择“初见”滤镜。注意：将滤镜长度拖曳至与视频素材相同。添加滤镜如图24-6所示。

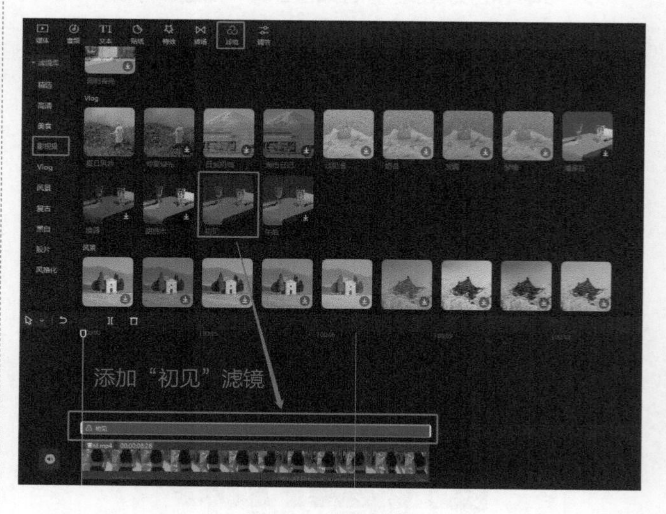

图24-6 添加滤镜

第4步：添加背景音乐。在素材区执行“音频”→“音乐素材”命令，选择“无价之姐”。添加音乐如图24-7所示。

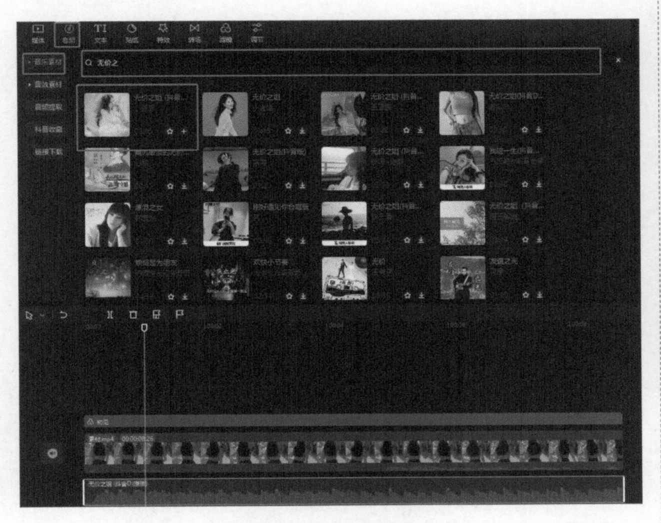

图24-7　添加音乐

第5步：对添加的背景音乐进行裁剪，选择想要的高潮部分。音乐裁剪如图24-8所示。

图24-8　音乐裁剪

第6步：对视频添加特效。在素材区执行“特效”→“特效效果”命令，在“动感”中选择“边缘加色II”和“变清晰”特效。添加特效如图24-9和图24-10所示。

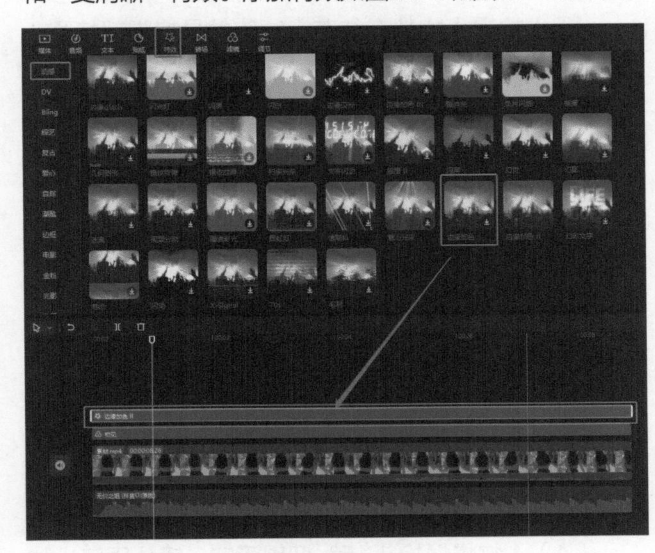

图24-9　添加特效（1）

图24-10　添加特效（2）

第7步：调整特效的位置。因为本课程的“变清晰”仅出现于片头，所以要调整该特效的时长。调整特效的位置如图24-11所示。

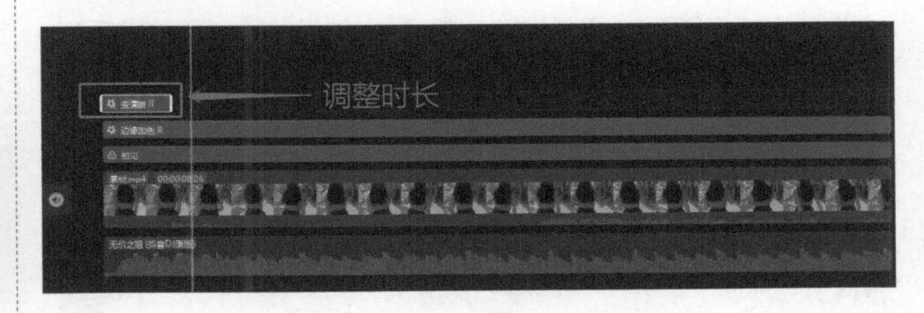

图24-11　调整特效的位置

第8步：将分辨率及帧率调整至最大，导出视频即可。

24.4 举一反三

1. 模仿游戏人物肢体动作。
2. 模拟第一视角打游戏。
3. 模拟一个比较快乐的氛围。

第25课　单身汪

本课程主要介绍多镜头转换、歌曲字幕导入、三屏效果等技巧。

25.1 案例效果

单身汪最终效果图如图25-1所示。

图25-1　单身汪效果图

25.2 拍摄

拍摄步骤：

（1）固定好机位，拍摄一段人从右往左走的视频，如图25-2所示。

图25-2　拍摄一段人从右往左走的视频

（2）拍摄一段人物从正前方走到镜头外的视频，主要是拍脚部特写，如果地上有落叶效果最好，如图25-3所示。

图25-3　拍摄脚部特写（1）

（3）拍摄人物从右往左走，依然是拍脚部特写，如图25-4所示。

图25-4　拍摄脚部特写（2）

（4）人物慢慢抬头45°仰望天空，镜头跟随人物视线慢慢转向天空，如图25-5所示。

图25-5　拍摄人物抬头仰望天空的特写

注意事项：

以上拍摄内容仅供参考，创作者可以根据自己构思的内容来拍摄。要点就是尽可能多角度地拍摄，镜头不要太单一。

25.3 视频制作

制作步骤：

第1步：将准备好的视频素材依次导入并添加到轨道上，如图25-6所示。

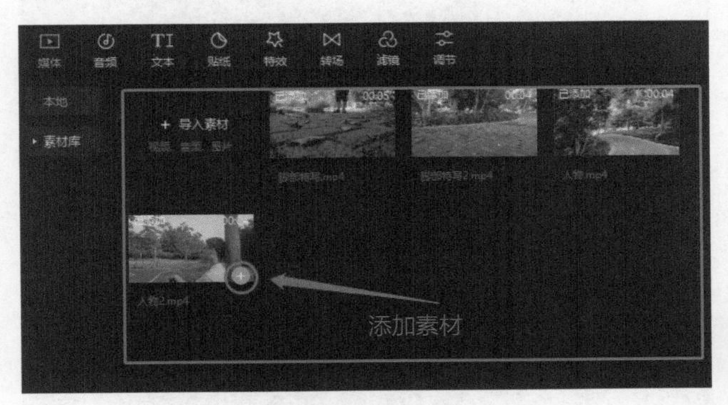

图25-6　导入并添加素材

第2步：选中视频素材，裁剪掉将多余的部分。选中视频，将预览针拖曳到多余部分的位置，单击工具栏中的分割按钮，选中多余的部分，单击鼠标右键在弹出的菜单中选择“删除”；也可选中多余的部分，单击快捷键“Delete”删除。其他几个视频素材可以使用同样的方法将多余的部分删除。视频的分割与删除如图25-7所示。

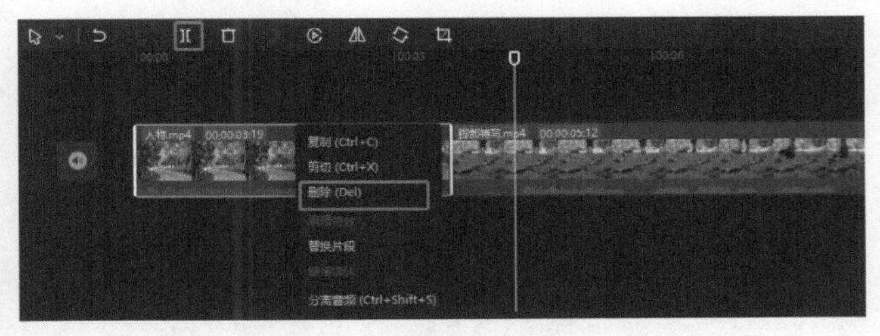

图25-7　视频的分割与删除

第3步：对视频素材进行变速。选中视频素材，在右上角的功能区选择“变速”，在“常规变速”里对其进行变速调整。用同样的方法对其他几个视频素材进行变速调整。视频变速如图25-8所示。

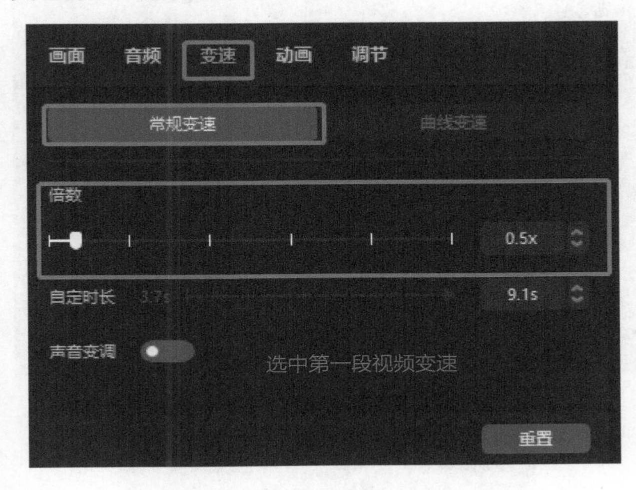

图25-8　视频变速

第4步：给视频添加滤镜。在素材区执行“滤镜”→“滤镜库”命令，在“Vlog”中选择“夏日风吟”，单击加号添加到轨道上，拖曳两端与视频前后对齐。添加滤镜如图25-9所示。

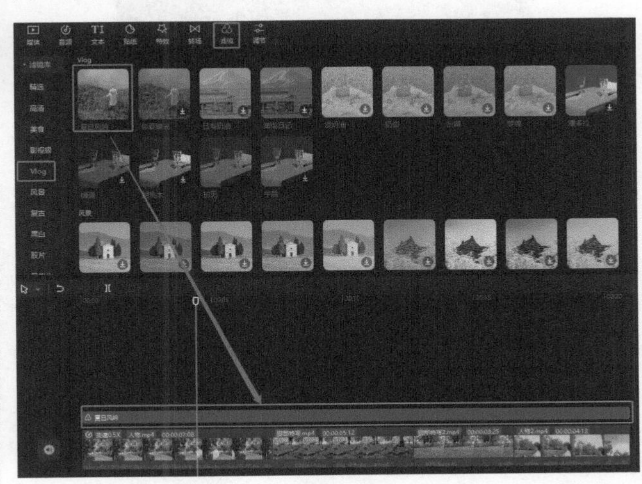

图25-9　添加滤镜

第5步：将预览针拖曳到两个视频素材之间，然后在素材区执行“转场”→“转场效果”命令，在“基础转场”中选择“叠化”，单击加号添加到轨道上。选中添加的叠化，在右上角的功能区，调整转场时长。其他视频素材的处理方法相同。添加转场如图25-10所示。

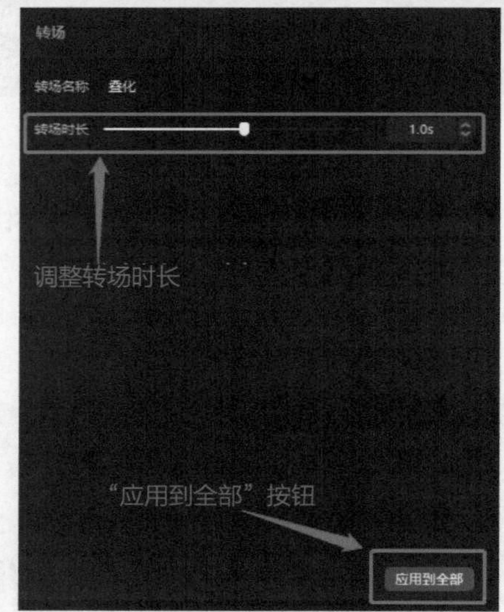

图25-10　添加转场

第6步：在素材区执行“音频”→“音乐素材”命令，选择合适的音乐，单击加号并添加到轨道上，也可以将自己下载的音乐导入。添加音乐如图25-11所示。导入音乐如图25-12所示。

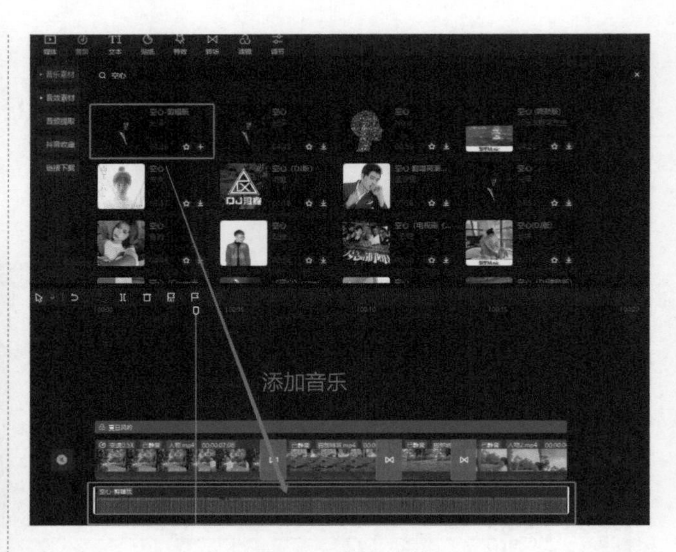

图25-11　添加音乐

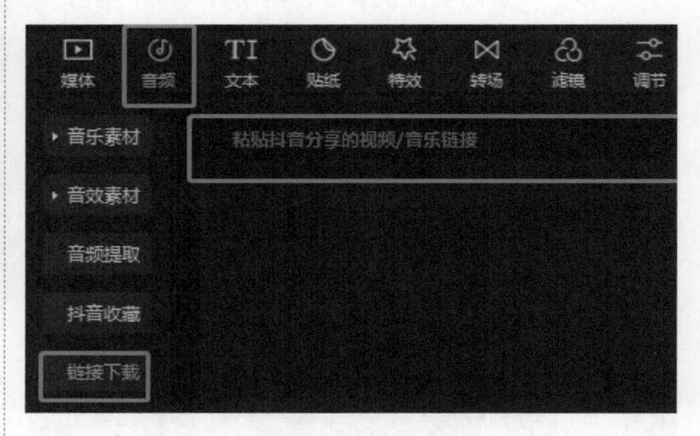

图25-12　导入音乐

第7步：选中音乐后，在素材区执行“文本”→“文字模板”→“识别歌词”命令，单击“开始识别”按钮。歌词识别如图25-13所示。

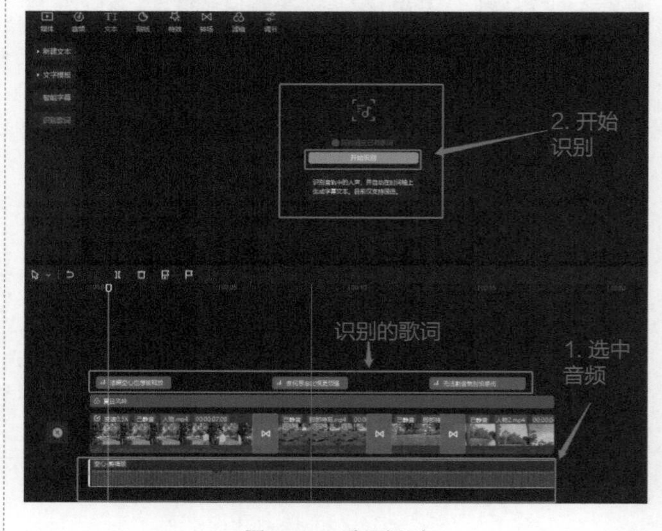

图25-13　歌词识别

第8步：在右上角的功能区选择“编辑”，在“文字”选项可对文字效果进行调整。调整后，单击右上角的“导出”按钮将视频导出，然后将刚导出的视频再导入剪映。歌词添加效果如图25-14所示。

图25-14　歌词添加效果

第9步：调整画面比例为9：16，如图25-15所示。

图25-15　调整画面比例

第10步：在素材区执行“特效”→“特效效果”命令，在“分屏”中，选择“三屏”，单击加号添加到轨道上，拖曳两端与视频前后对齐。添加特效如图25-16所示。

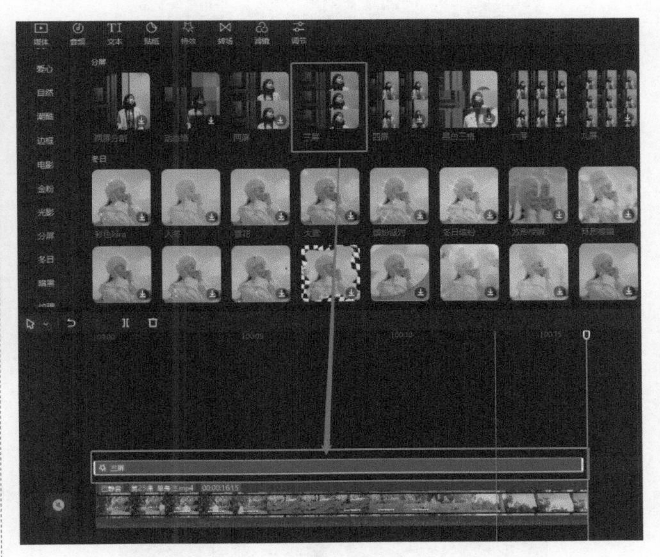

图25-16　添加特效

第11步：将分辨率及帧率调整至最大，导出视频即可。

25.4 举一反三

运用这个视频的创意思路和制作方法，可以制作类似的创意视频，下面的效果大家可以自己动手尝试。

制作几个三屏的浪漫/治愈/忧伤的视频吧，素材就在你的生活中！

第26课　我有闺蜜

本课程主要介绍慢镜头、歌曲字幕导入、三屏效果等技巧。

26.1 案例效果

慢镜头处理前后如图26-1和图26-2所示。

图26-1　慢镜头处理前

图26-2　慢镜头处理后

26.2 拍摄

拍摄步骤：

拍摄一段两个闺蜜走路的视频，如图26-3所示。

图26-3　两个闺蜜走路

注意事项：

拍摄时，两个闺蜜走路动作要缓慢。

26.3 视频制作

制作步骤：

第1步： 导入并添加拍摄好的视频，如图26-4所示。

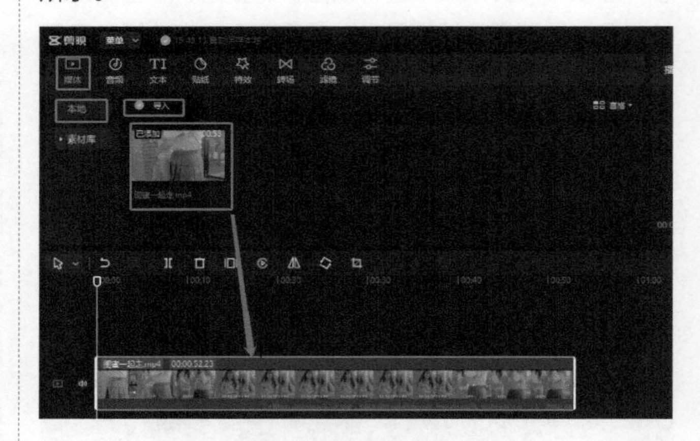

图26-4　导入并添加素材

第2步： 对视频素材进行变速，选择“常规变速”，倍速选择“0.5×”，如图26-5所示。

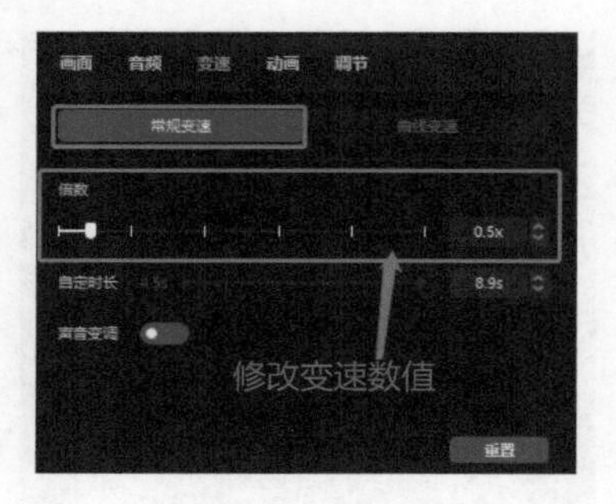

图26-5　视频变速

第3步： 在素材区执行“滤镜”→“滤镜库”命令，在“Vlog”中选择“京都”滤镜，对视频素材添加滤镜并调整至和视频一样的长度。添加滤镜如图26-6所示。

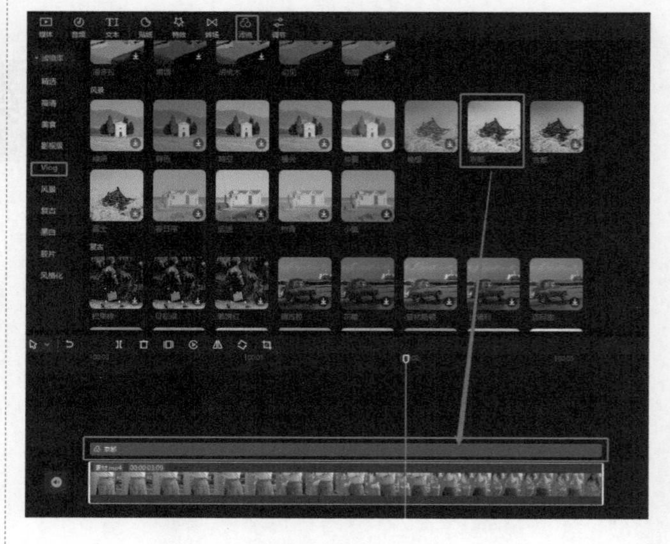

图26-6　添加滤镜

第4步： 关闭视频素材的原声，在素材区执行“音频”→“音乐素材”命令，选择添加合适的背景音乐。添加音乐如图26-7所示。

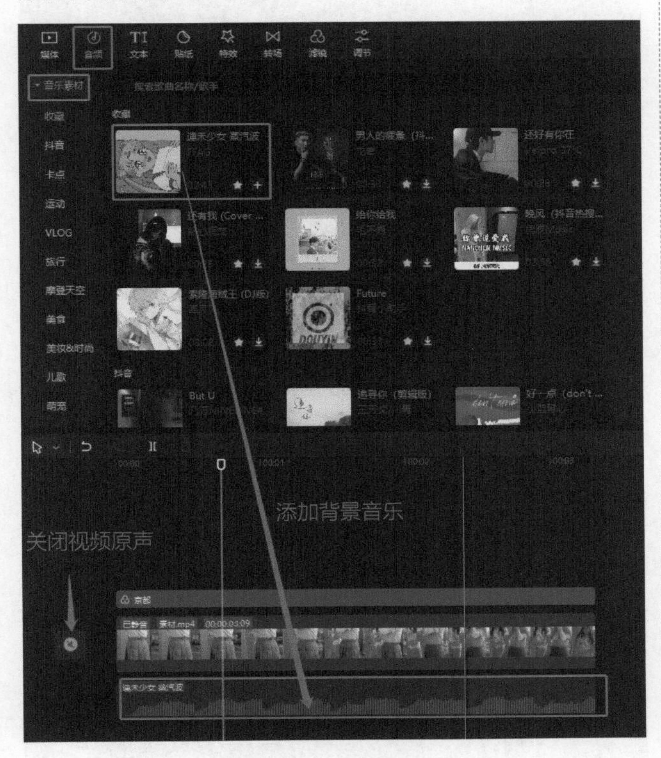

图26-7　添加音乐

第5步： 在QQ音乐中选择想要的音乐，单击“分享”中的“复制链接”，并在剪影中导入。注意：不要选择QQ音乐中的版权/独家音乐，那样会导致原音被抖音屏蔽。选择音乐如图26-8所示。分享复制链接如图26-9所示。链接下载添加音乐如图26-10所示。

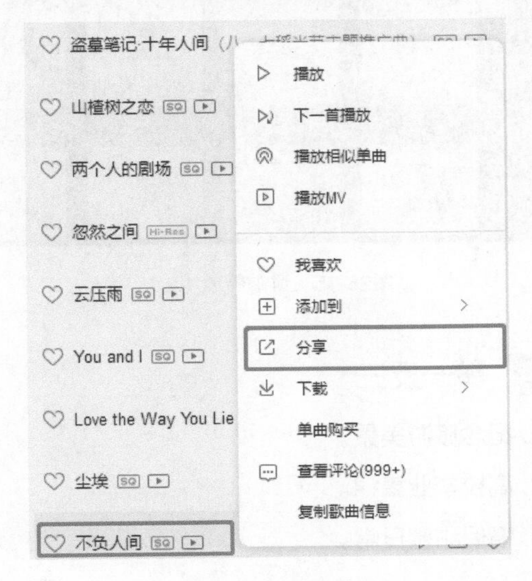

图26-8　选择音乐

图26-9　分享复制链接

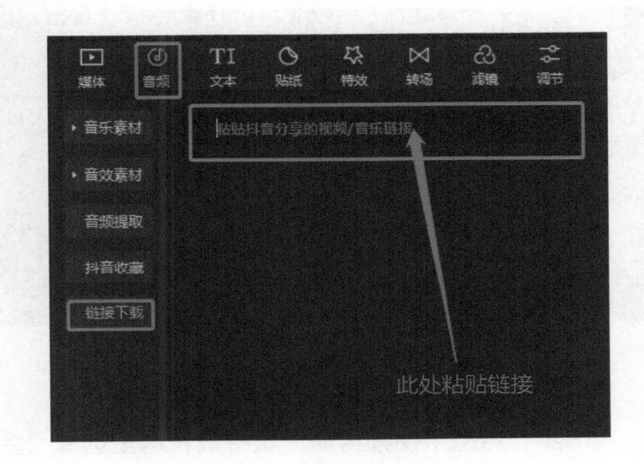

图26-10　链接下载添加音乐

第6步： 对视频添加背景音乐后，在素材区执行“文字”→“识别歌词”命令，单击“开始识别”按钮，即可快速导入歌词。识别歌词如图26-11所示。

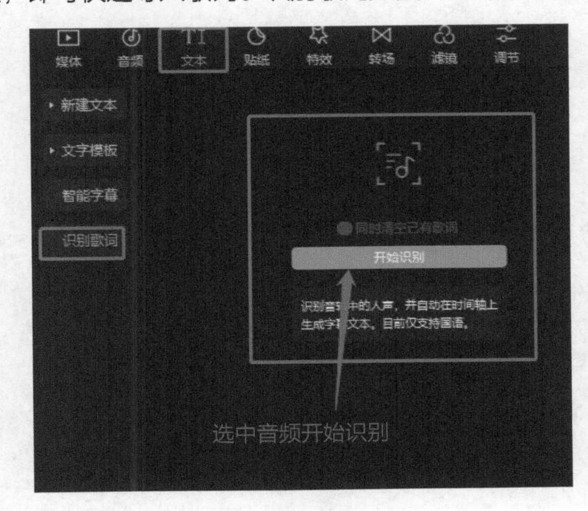

图26-11　识别歌词

第7步：因为本课程是少女心视频，所以可以进一步处理歌词字幕。选中歌词，选择“编辑”，在“花字”中选择一个可爱的字体后，再选择“动画”，进行字幕的动画处理。歌词字体添加效果如图26-12所示。歌词字幕添加动画如图26-13所示。

图26-12　歌词字体添加效果

图26-13　歌词字幕添加动画

第8步：对整个视频再加一层特效，这里选择“金粉”特效。为了制作之后的三屏效果，先将目前的视频导出。注意：导出时，为保证视频的观看质量，可以选择将分辨率和帧率调至最高。添加特效如图26-14所示。

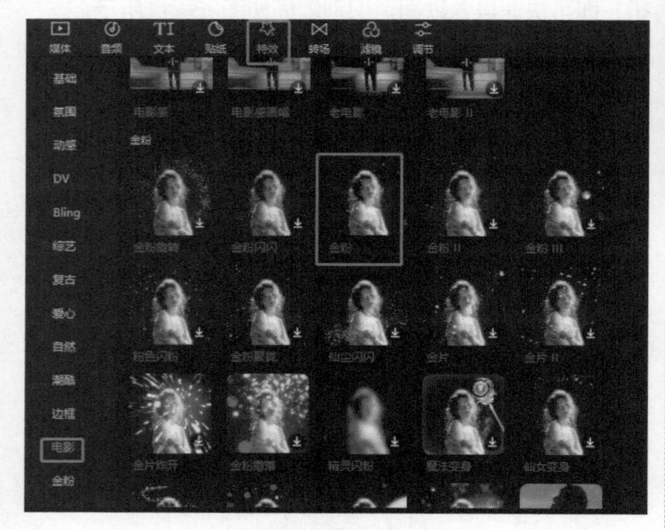

图26-14　添加特效（1）

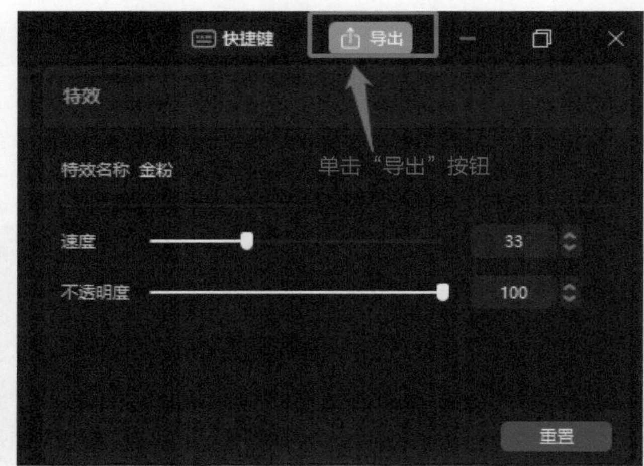

图26-14　添加特效（1）（续）

第9步：导入之前处理过的视频素材，执行“特效”→“特效效果”命令，在“分屏”中选择“三屏”特效，调整画面比例后，导出视频即可。注意事项同第8步。添加特效如图26-15所示。

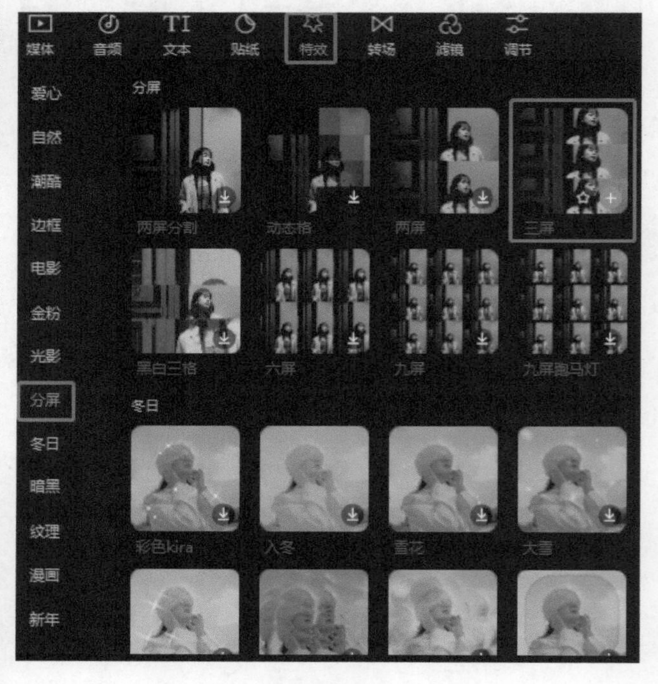

图26-15　添加特效（2）

26.4 举一反三

1. 纪念旅游美景。
2. 高校毕业集锦。
3. 情侣甜蜜日常。

第27课　一个人看书

本课程主要介绍剪辑功能。

27.1 案例效果

一个人看书效果图如图27-1所示。

图27-1　一个人看书效果图

27.2 拍摄

拍摄步骤：

（1）拍摄一段书本翻动的视频，控制好书页滑落的速度，如图27-2所示。

图27-2　书本翻动画面

（2）将书籍摊开，拍摄耳机掉落书籍的画面，如图27-3所示。

图27-3　耳机掉落画面

注意事项：

拍摄书页滑落时应一张一张滑落。

27.3 视频制作

制作步骤：

第1步：将拍摄的两段视频导入并添加到轨道上。书本翻动为第一段，耳机掉落为第二段，如图27-4所示。

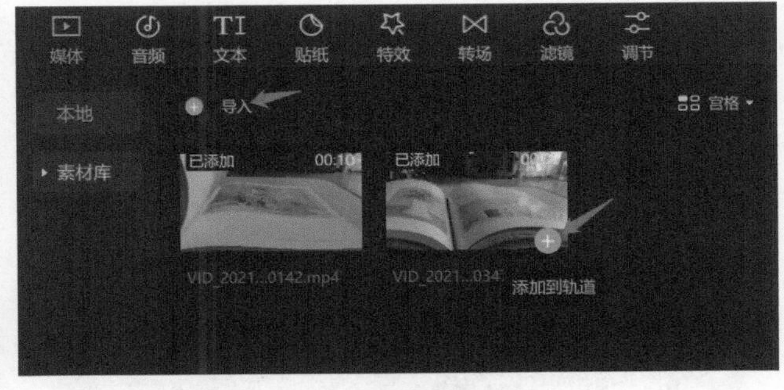

图27-4　导入并添加素材

第2步：对视频多余部分进行裁剪，如案例中对书本翻动前的画面与书籍翻阅完毕的画面进行分割与删除，如图27-5所示。

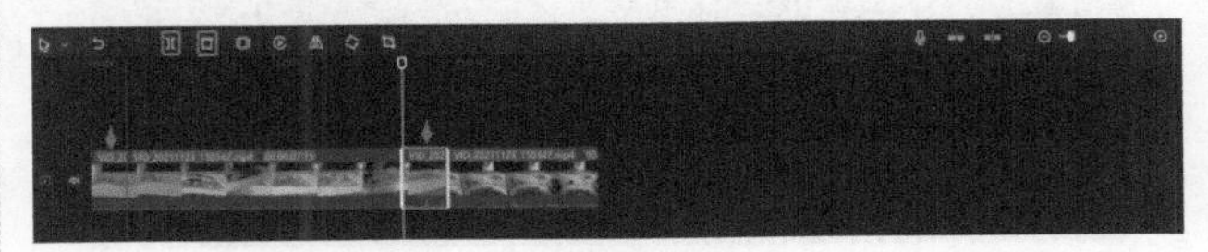

图27-5　裁剪视频

第3步： 对两段视频分别添加一个常规变速，第一段视频倍数为0.5倍，第二段视频倍数为0.2倍，如图27-6所示。

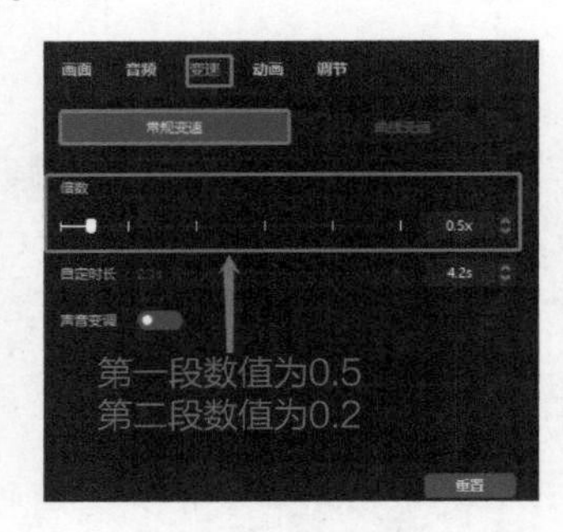

图27-6　视频变速

第4步： 在两段视频之间添加一个转场效果，并将转场的时长拉长。案例中选择“叠化”转场，如图27-7所示。

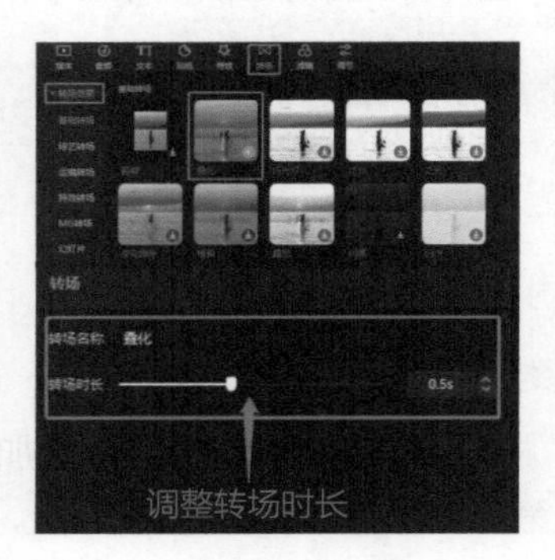

图27-7　添加转场

第5步： 根据环境选择合适的滤镜，如案例中适合清晰的滤镜，不宜选择颜色过重的滤镜，案例中选择“闻香识人”滤镜；添加滤镜后，将滤镜的时长与视频的时长对齐，如图27-8所示。

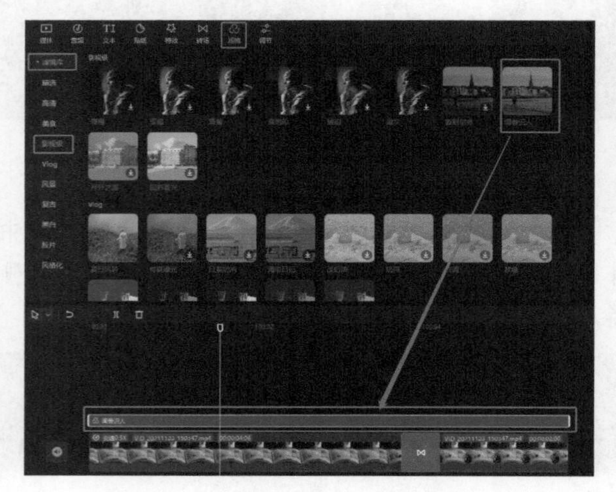

图27-8　添加“闻香识人”滤镜

第6步： 在播放器界面右下角找到视频比例，选择“9：16”；选中一段视频，在功能区选择喜欢的背景填充形式；选择完毕后，如有多段视频，则需单击“应用到全部”按钮，如图27-9所示。

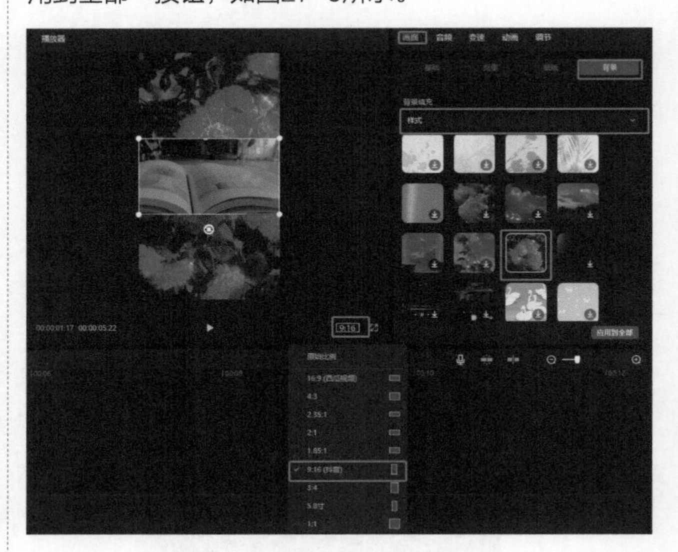

图27-9　修改视频比例与背景样式

第7步： 在音频界面搜索自己喜欢的音乐，给视频添加音乐。添加音乐后，将音乐多出视频时长的部分进行分割与删除。案例中添加的音乐为“还好有你在”，如图27-10所示。

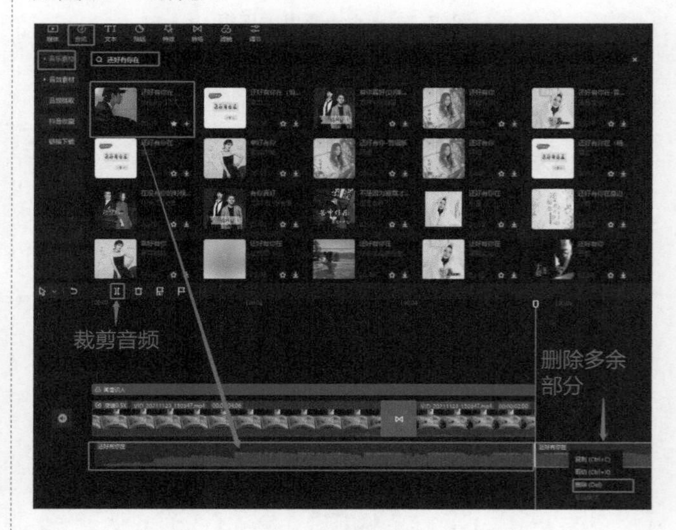

图27-10　添加并裁剪音频

第8步： 关闭视频原声，选中音乐，在素材区执行“文本”→“文字模板”→“识别歌词”命令，勾选“同时清空已有歌词”，单击“开始识别”按钮，如图27-11所示。

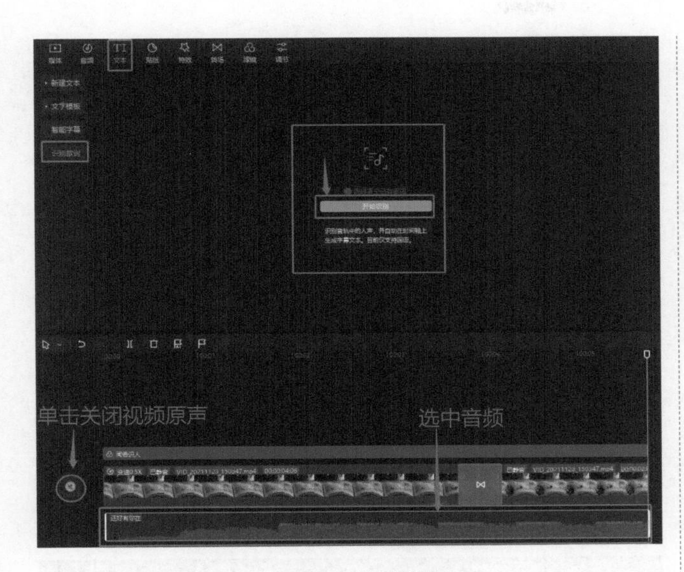

图27-11　歌词识别

第9步：歌词识别完毕后，在播放器界面或功能区调整文字的字体、大小和位置；调整完毕可以选择喜欢的花字；勾选“文本、排列、气泡、花字应用到全部歌词”，修改其中的一个文本，其余歌词也会随之更改，如图27-12所示。

第10步：分别给歌词添加入场动画，文本动画效果需一个一个地添加，并将动画时长拉长。案例文字入场动画选择“音符弹跳”，如图27-13所示。

第11步：导出视频，制作完成。

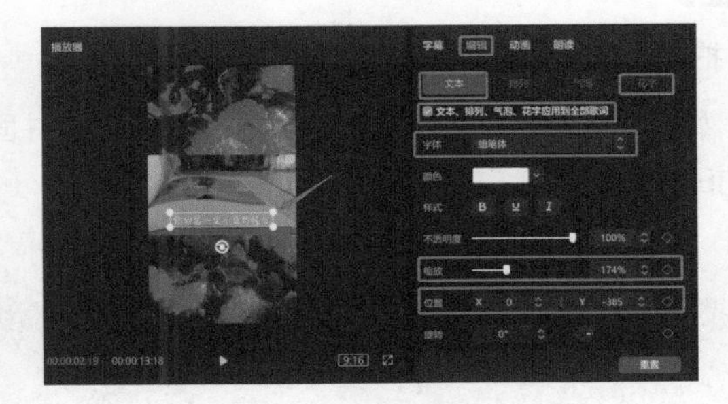

图27-12　修改歌词字体样式

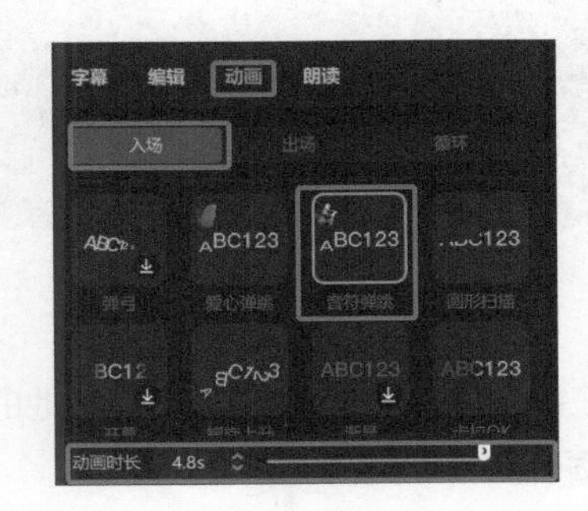

图27-13　添加文字动画

27.4 举一反三

下雨天从人物后面拍摄雨中撑伞的镜头，通过剪映进行变速后配上音乐与字幕。

第28课　跑出大片的感觉

本课程介绍如何把普通的跑步视频，通过剪辑变得更加炫酷。

28.1 案例效果

跑出大片效果图如图28-1所示。

图28-1　跑出大片效果图

图28-1　跑出大片效果图（续）

28.2 拍摄

拍摄步骤：

（1）找一个人少的马路，将相机贴近马路并固定住，拍摄马路镜头，如图28-2所示。

图28-2　马路画面镜头

（2）在镜头前撒一些树叶，树叶落地的同时人跨入镜头踩在落叶上，如图28-3所示。

图28-3　人物跨入镜头画面

（3）人物跑到镜头远处，拍摄结束，如图28-4所示。

图28-4　拍摄结束画面

注意事项：

（1）拍摄特写镜头时注意固定机位，避免产生视角移位。

（2）确定画面的整体构图，尽量将人物放置于画面中央。

28.3 视频制作

制作步骤：

第1步：将拍好的视频导入剪映，并添加到轨道上，如图28-5所示。

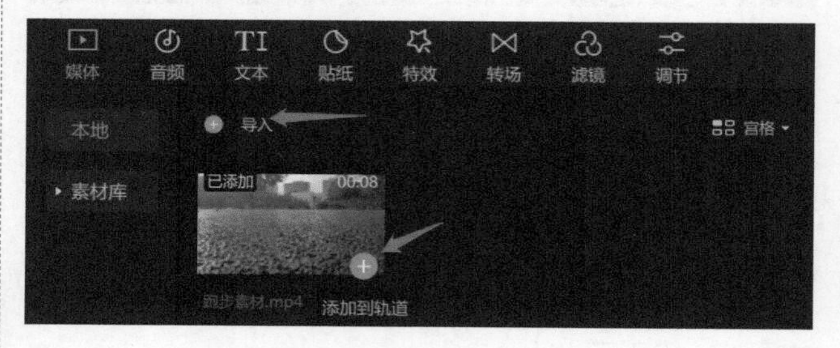

图28-5　导入并添加素材

第2步：将视频前端与后端多余部分进行分割与删除，如图28-6所示。

图28-6　裁剪视频

第3步：选中裁剪后的视频，在功能区的“变速”中选择“常规变速”，将倍数改成0.5倍，如图28-7所示。

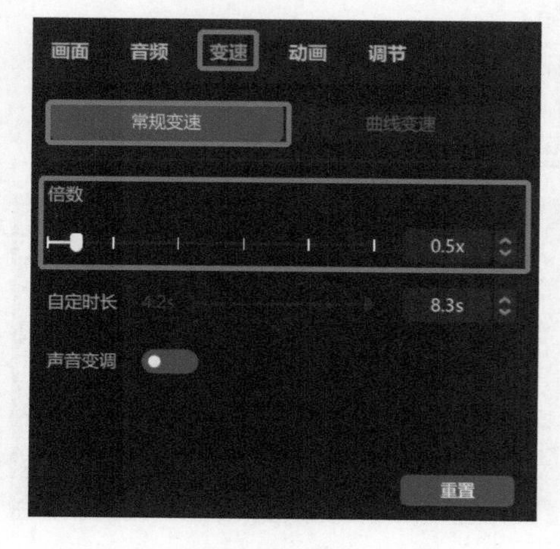

图28-7　视频变速

第4步：给视频添加一个合适的滤镜，如果滤镜颜色太重，调整滤镜的强度。案例的滤镜选择“红与蓝”，强度为67。添加滤镜后，将滤镜和视频时长对齐，如图28-8所示。

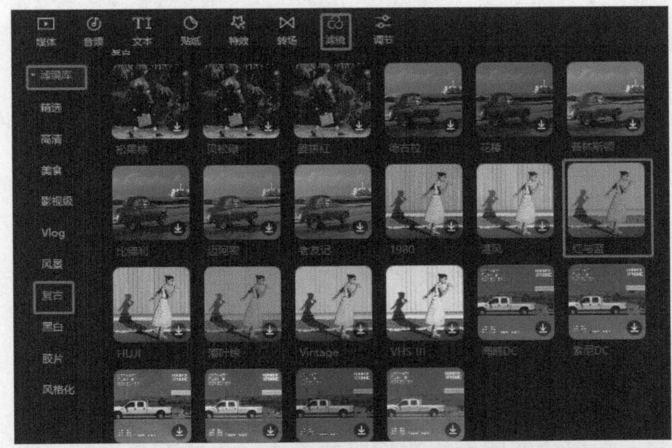

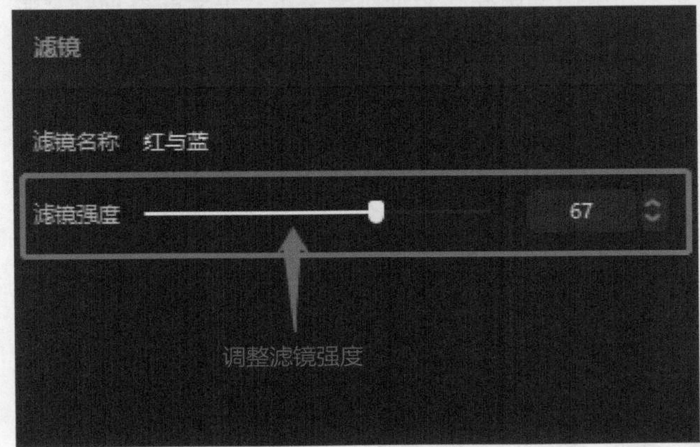

图28-8　添加并调整滤镜

第5步：添加喜欢的音乐，截取喜欢的片段，并将超出视频片段的音乐进行分割与删除。案例中添加的音乐为“只是太爱你”，如图28-9所示。

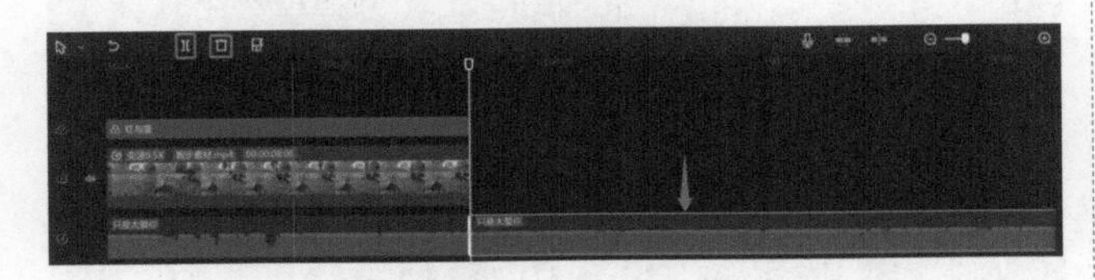

图28-9　添加并裁剪音频

第6步：调整音乐的淡入、淡出时长，并给视频添加歌词字幕，本课程使用的是文本功能的识别歌词功能（注：如剪辑中有其他歌词字幕，可勾选“同时清空已有歌词”选项，清除已有歌词。剪映2.4.0版本只支持中文歌歌词识别，英文字幕需手动添加），如图28-10所示。

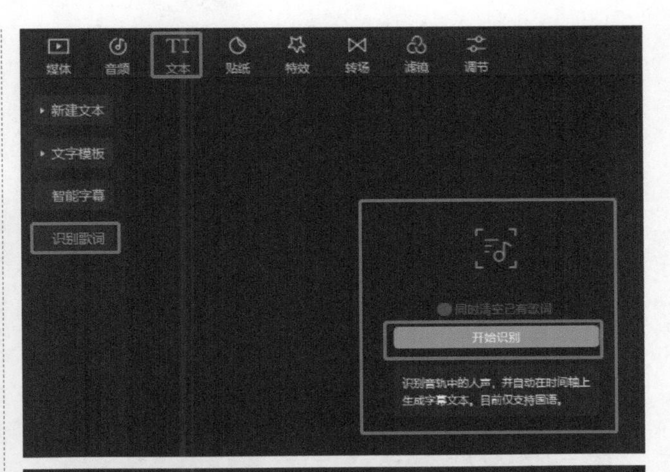

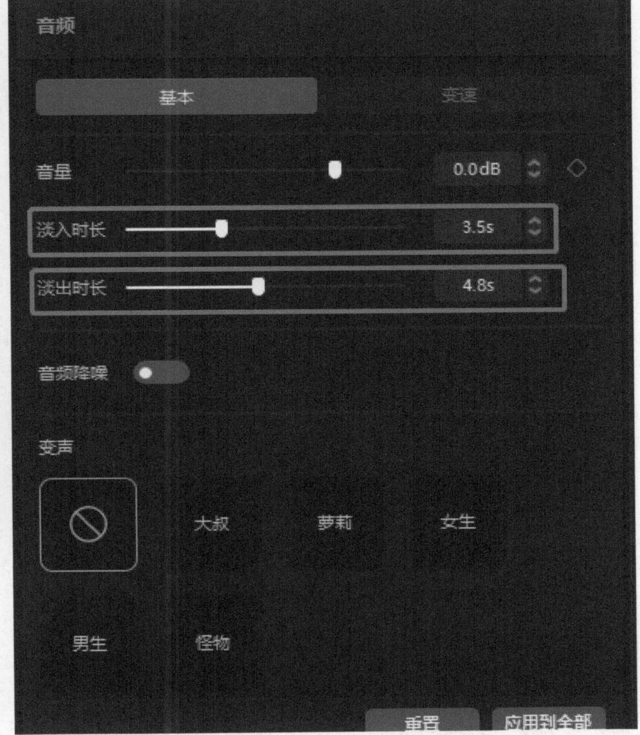

图28-10　添加歌词字幕

第7步：歌词识别后，检查歌词是否有错误。如果字幕无误，可在功能区修改字幕文字样式，播放器界面可预览样式，如图28-11所示。

图28-11　修改文字样式

第8步：给文字添加一个出场动画效果，案例中入场动画效果为“打字机Ⅰ”，并调整动画时长，如图28-12所示。

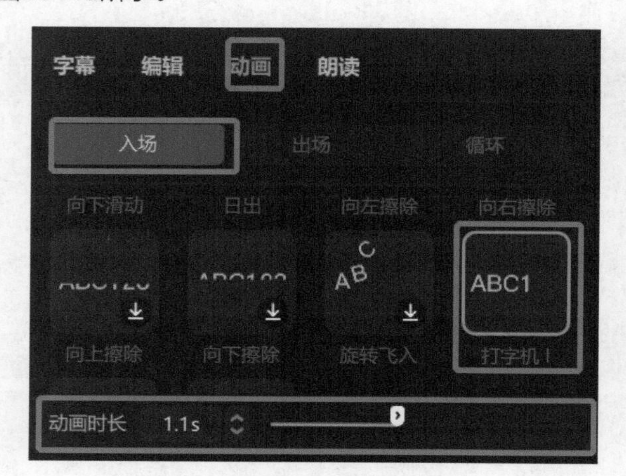

图28-12 添加文字动画

第9步：将视频比例调为抖音适配比例9：16，并将文字放到视频合适的位置，如图28-13所示。

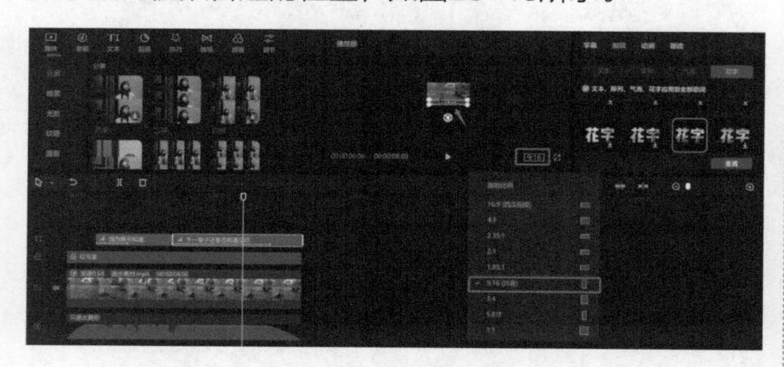

图28-13 调整视频比例与文字位置

第10步：将视频命名并导出，如图28-14所示。

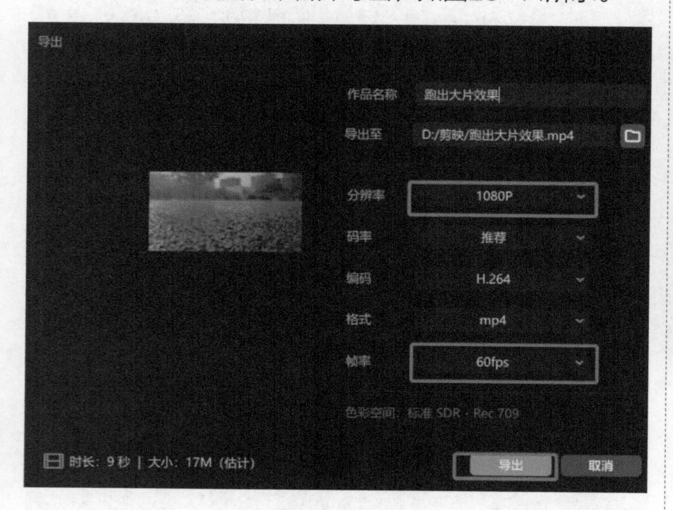

图28-14 导出视频

第11步：三分屏的两种方法。

方法一：导入做好的视频，执行“特效”→“特效效果”命令，在“分屏”中选择“三屏”特效，并将特效时长与视频时长对齐，如图28-15所示。

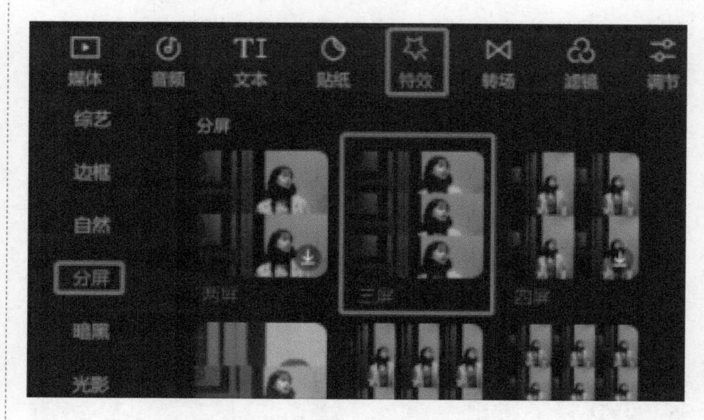

图28-15 添加“三屏”特效

方法二：将做好的视频复制成三份，并在轨道上对齐。在播放器界面修改视频的大小，上方两个视频“混合模式”选择“滤色”，并分上、中、下位置摆放，如图28-16所示。

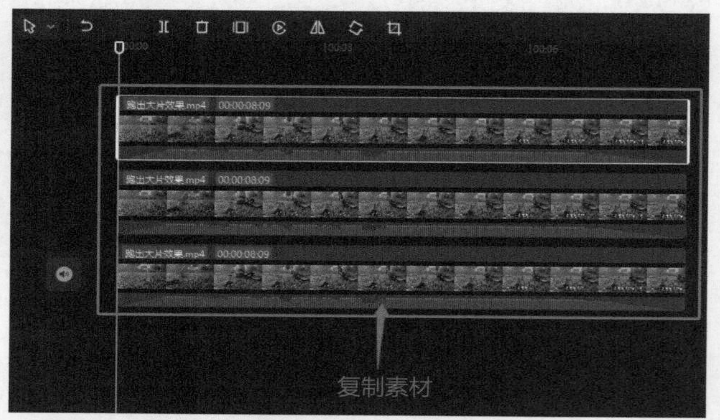

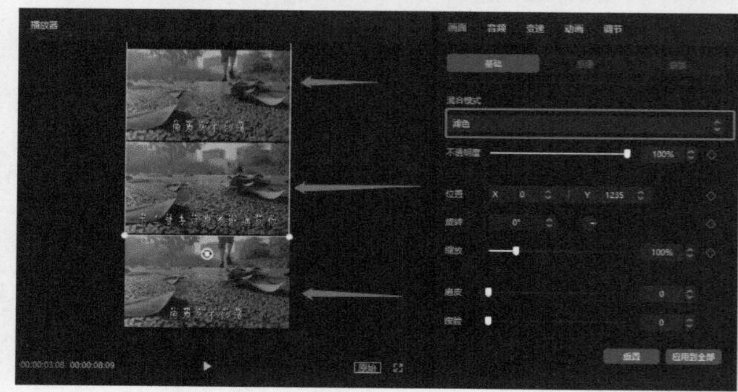

图28-16 修改视频位置制作三屏

第12步：将分屏好的视频导出，制作完成。

28.4 举一反三

清晨骑自行车上班，先拍一段车轮向前行驶的视频，后拍一段骑车背影的视频。

第29课 身心疲惫

本课程介绍如何制作充满疲惫感风格的视频。

29.1 案例效果

身心疲惫效果图如图29-1所示。

图29-1 身心疲惫效果图

29.2 拍摄

拍摄步骤：

（1）镜头贴近地面拍摄一段人物从远处向镜头位置走来的视频，镜头只拍摄人物的脚，如图29-2所示。

图29-2 贴近地面拍摄画面

（2）拍摄一段从人物侧脸开始，然后经过镜头，最后走向远处的视频，如图29-3所示。

图29-3 人物侧身画面

（3）拍摄一两段包含场景的空镜头，如图29-4所示。

图29-4 包含场景的空镜头

29.3 视频制作

制作步骤：

第1步：将拍摄的三段视频按拍摄顺序导入剪映，并添加到轨道上，如图29-5所示。

图29-5 导入并添加素材

第2步：将拍摄的三段视频进行裁剪，将多余部分进行分割与删除，如图29-6所示。

图29-6　裁剪视频

第3步：将三段视频分别添加一个常规变速，变速倍数为0.5倍，如图29-7所示。

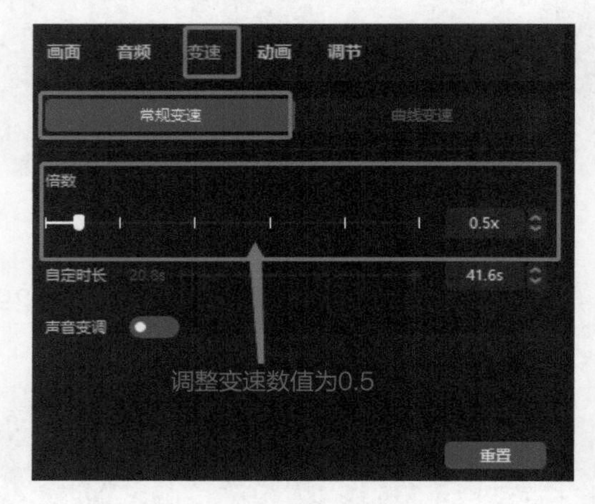

图29-7　视频变速

第4步：在两段视频之间添加转场效果，并调整转场的时长，如果想要所有转场都运用这个转场效果，可单击“应用到全部”按钮，案例所用转场效果为“叠化”，如图29-8所示。

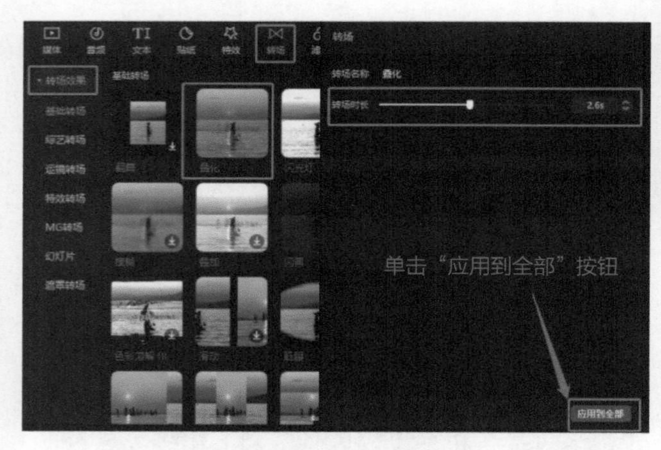

图29-8　添加转场

第5步：给视频添加一个符合视频意境的滤镜，并将滤镜的时长与视频时长对齐，案例所用滤镜为“江浙沪”，如图29-9所示。

图29-9　添加滤镜

第6步：关闭视频原声，添加一首适合视频风格的音乐，中文歌曲最佳，添加音乐后，将音乐时长多出视频时长的部分进行分割与删除，给视频所用音乐片段添加淡入、淡出的声音效果，案例所用音乐为“男人的疲惫”，如图29-10所示。

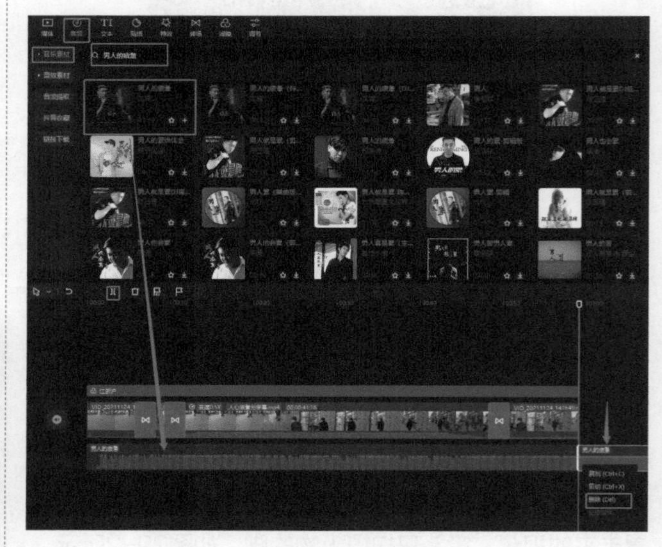

图29-10　添加并裁剪音频

第7步：将视频导出，导出后关闭此页面或单击菜单回到剪映首页，单击首页“开始创作”，新建一个草稿。

第8步：在新建草稿中将刚导出的视频导入并添加至轨道上，将视频比例调整为抖音适配比例9：16，执行“特效”→“特效效果”命令，在“分屏”中选择“两屏”特效，并将特效时长与视频时长对齐，如图29-11所示。

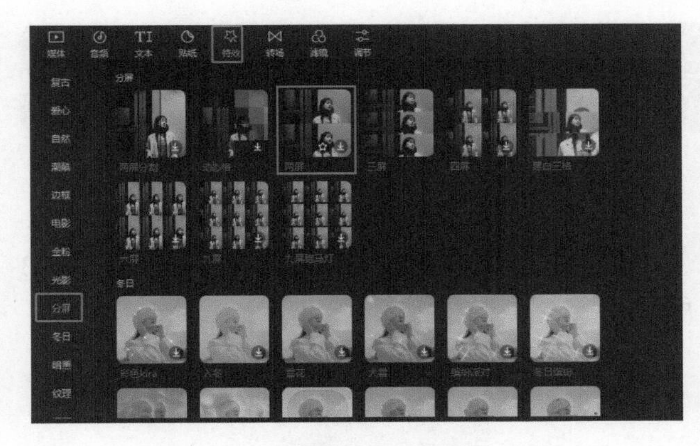

图29-11　导入视频并添加“两屏”特效

第9步： 在素材区执行“文本”→“文字模板”→“识别歌词”命令，单击“开始识别”按钮。剪映2.4.0版本仅支持中文歌曲识别，如添加的音乐为英文歌，则需要手动输入歌词，如图29-12所示。

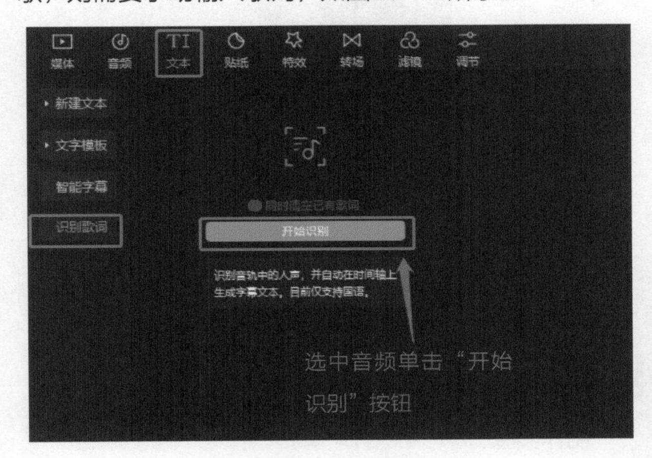

图29-12　歌词识别

第10步： 将识别的歌词在播放器界面或功能区调整到合适的位置，并调整歌词的字体与大小，设置自己喜欢的字体样式，也可以直接选择已经设置好的花字样式。歌词的文本编辑默认为“应用到全部”，只要修改其中一段歌词，其余歌词也会随之改变，如图29-13所示。

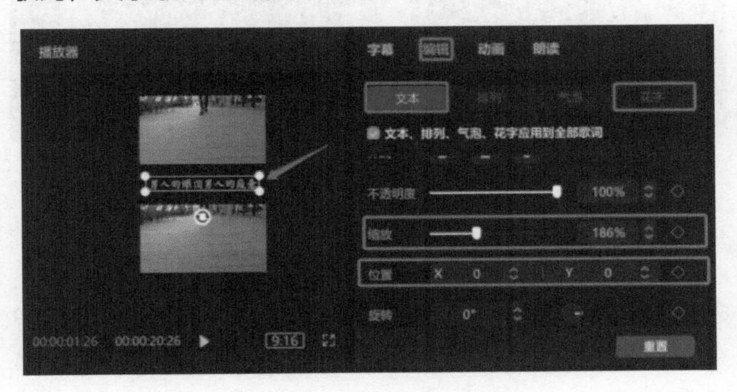

图29-13　调整歌词字体样式

第11步： 给歌词字幕添加一个入场动画，并将动画时长拉长，动画无法使用“应用到全部”，需要一个一个手动添加，案例所用动画为“开幕”，如图29-14所示。

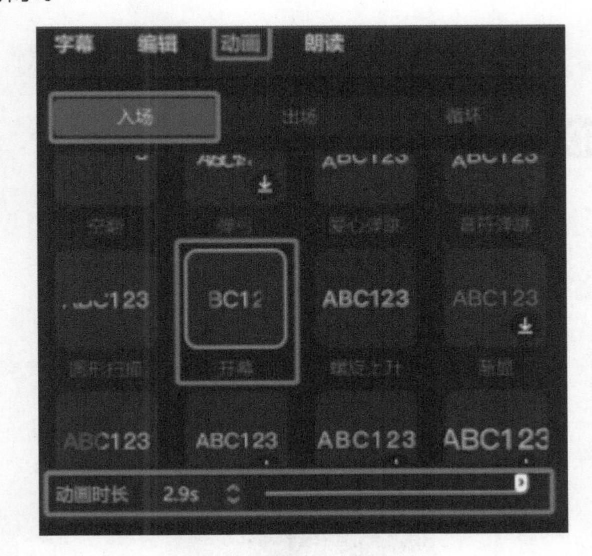

图29-14　添加文字动画

第12步： 添加喜欢的特效，并将特效时长与视频时长对齐，案例所用特效为“折痕”，如图29-15所示。

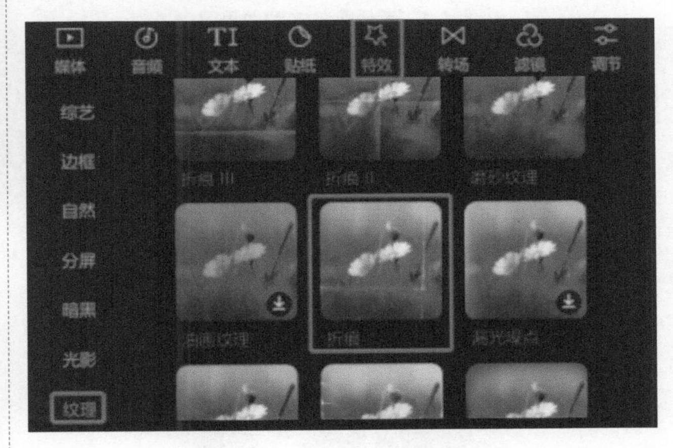

图29-15　添加“折痕”特效

第13步： 导出视频，制作完成。

29.4 举一反三

1. 下班开车回家，在地下车库的车里坐着，点燃一根香烟，抽完烟后微笑着回到家里。

2. 在过街天桥上，望着天桥下过往的车辆，身边的人行色匆匆。

第30课　音乐变装EGM

本课程介绍如何制作人物变装特效。

30.1 案例效果

音乐变装EGM效果图如图30-1所示。

图30-1　音乐变装EGM效果图

30.2 拍摄

拍摄步骤：

（1）拍摄一段没穿西装前的样子，如图30-2所示。

图30-2　变装前

（2）再拍摄一段穿上西装后的样子，如图30-3所示。

图30-3　变装后

注意事项：

事先准备好服装，拍摄时间隔不要太久。

30.3 视频制作

制作步骤：

第1步： 导入准备好的视频素材并添加到轨道上，如图30-4所示。

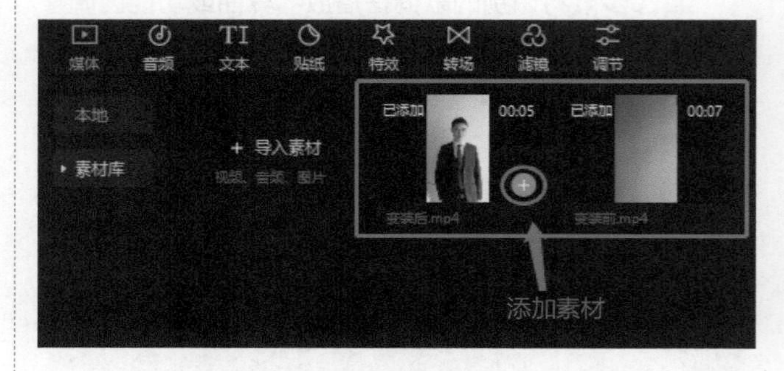

图30-4　导入并添加素材

第2步： 选中视频素材，拖曳预览针到要删除的多余位置上，单击工具栏中的分割按钮后，右键单击选中分割出的多余部分，选择“删除”选项；也可以选中多余的部分后，按快捷键“Delete”删除。其余视频可以参照上述方法进行分割与删除。视频的分割与删除如图30-5所示。

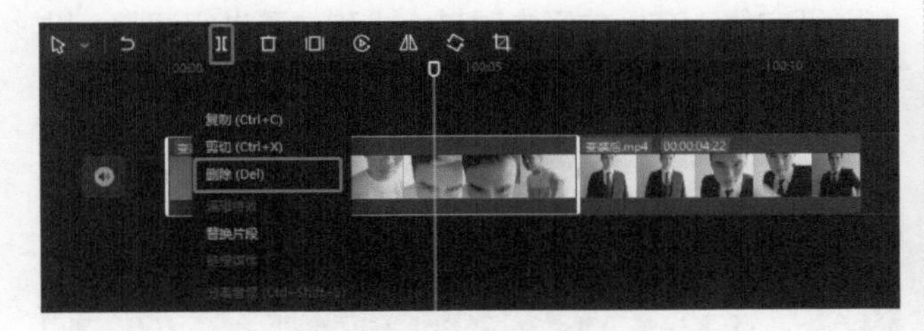

图30-5　视频的分割与删除

第3步：调整后，在素材区执行“滤镜”→“滤镜库”命令，在“Vlog”中选择“暗调”滤镜，单击加号添加到轨道上，拖曳两端与变装后的视频对齐。添加滤镜如图30-6所示。

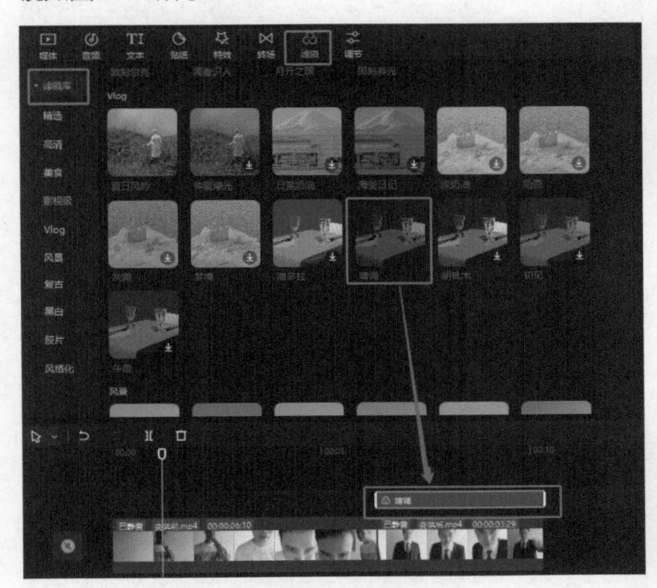

图30-6　添加滤镜

第4步：选中变装后的视频素材，在功能区“变速”面板的“常规变速”中调整速度。视频变速调整如图30-7所示。

图30-7　视频变速调整

第5步：在素材区执行“音频”→“音乐素材”命令，在“酷炫”中选择合适的音乐，单击加号添加到轨道上。添加音乐如图30-8所示。

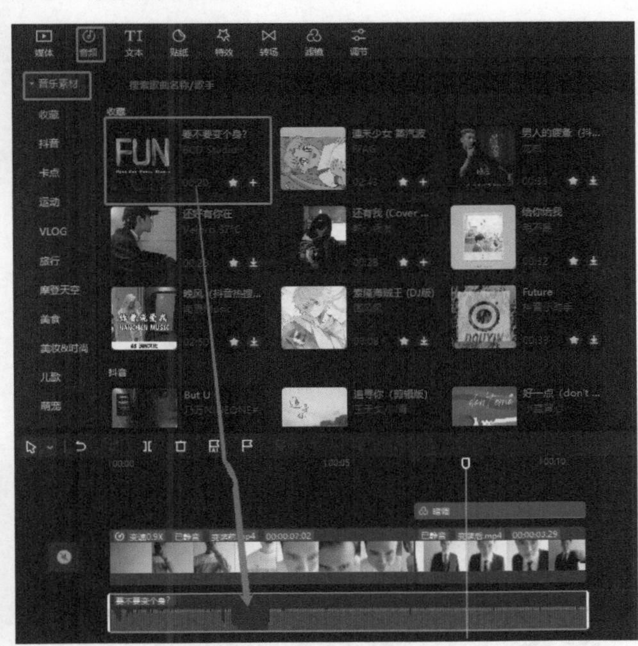

图30-8　添加音乐

第6步：在素材区执行“特效”→“特效效果”命令，在“氛围”中选择“星火炸开”特效，单击加号添加到轨道上，拖曳两端调整合适长度。添加特效如图30-9所示。

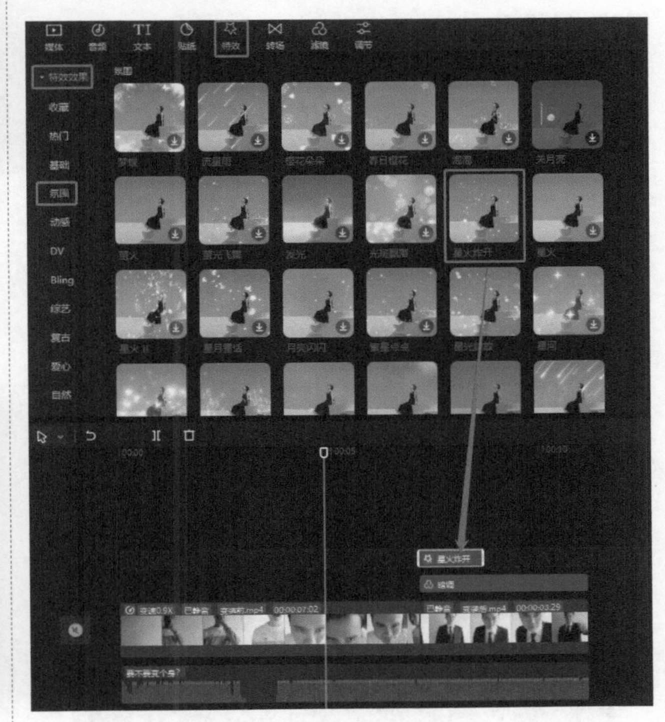

图30-9　添加特效（1）

第7步：在“动感”中选择“波纹色差”“边缘glitch”特效，单击加号添加到轨道上，拖曳两端到合适长度。添加特效如图30-10所示。

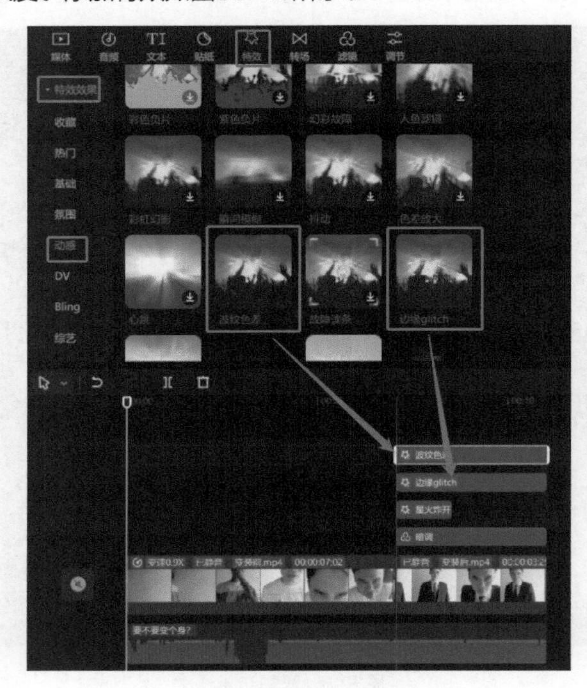

图30-10　添加特效（2）

第8步：在素材区执行“贴纸”→“贴纸素材”命令，在“潮酷字”中选择合适的贴纸效果，单击加号添加到轨道上，拖曳两端与变装后的视频对齐。添加贴纸如图30-11所示。

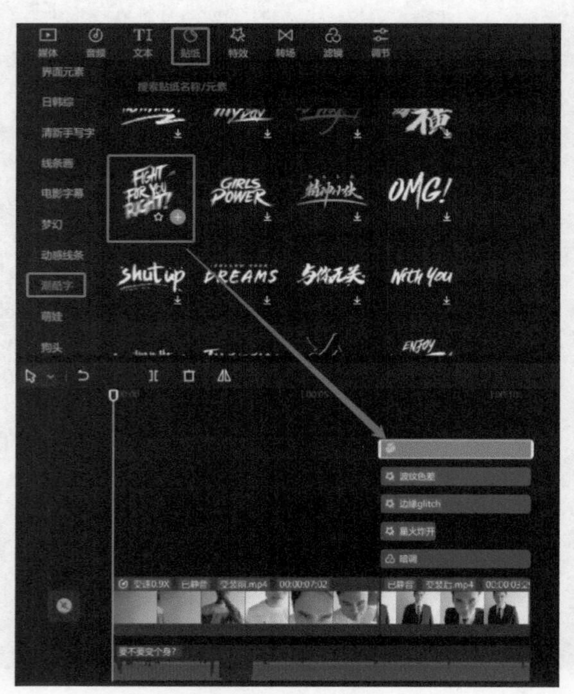

图30-11　添加贴纸

第9步：选中添加的贴纸字体，在功能区的“编辑”面板对贴纸字体的大小和位置进行调整，也可以选中贴纸字体，在播放区中对其大小和位置进行调整。贴纸大小和位置调整如图30-12所示。

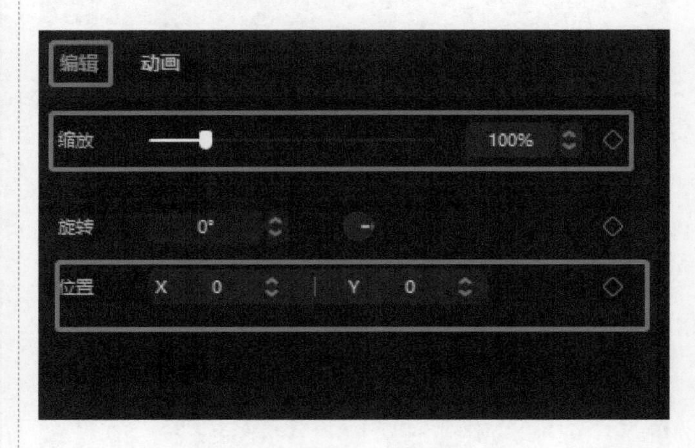

图30-12　贴纸大小和位置调整

第10步：调整完贴纸大小和位置后，在“动画”面板“循环”选项中选择“闪烁”，给贴纸字体添加一个“闪烁”动画效果，下面的调整条还可以调整动画效果的快慢。添加贴纸动画效果如图30-13所示。

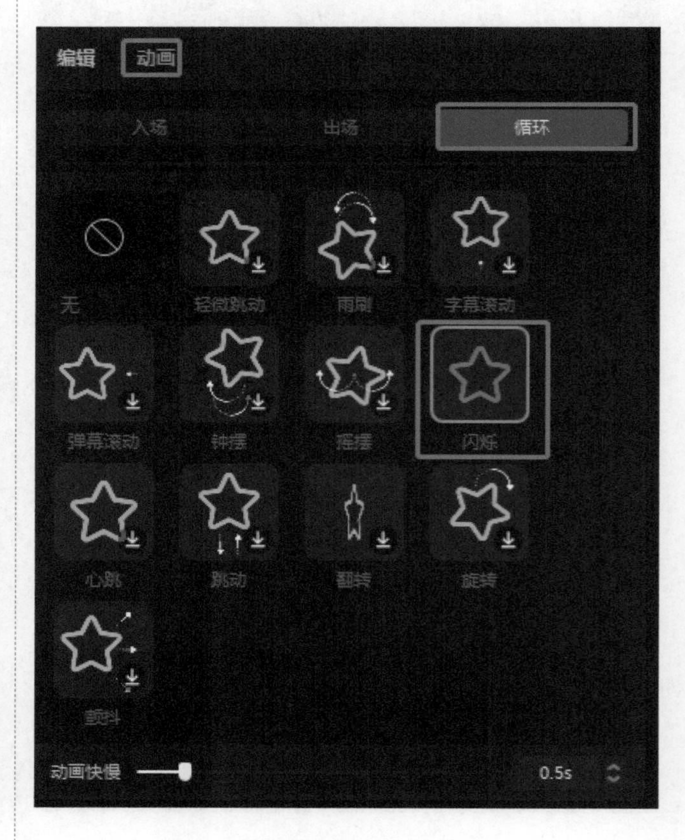

图30-13　添加贴纸动画效果

第11步：在素材区执行“文本”→“新建文本”命令，在“花字”中选择一种合适的花字，单击加号添加到轨道上，拖曳两端调整合适长度；然后选中花字，在功能区选择“编辑”，在“文本”面板中修改文本内容，对花字的大小、位置进行调整。花字大小、位置调整如图30-14所示。

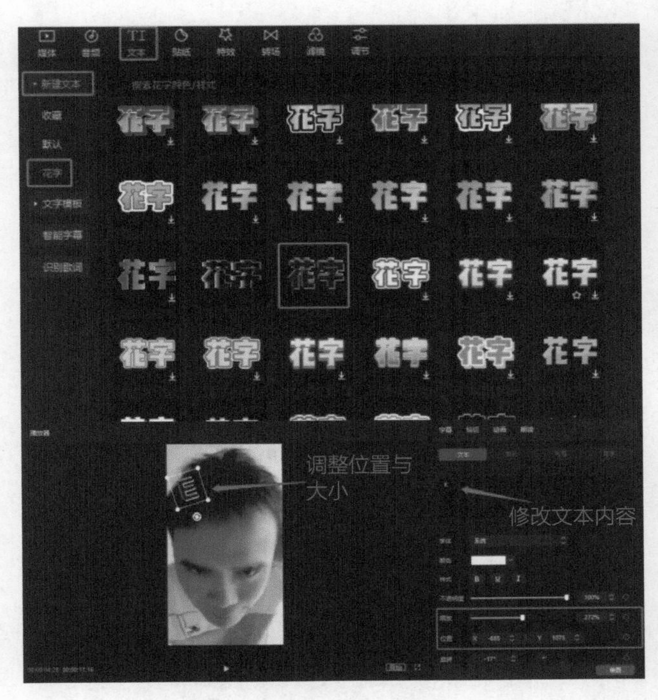

图30-14　花字大小、位置调整

第12步：选中花字，在功能区“动画”面板“入场”选项中选择“故障”，单击加号添加该动画效果，再到下面的调整条调整动画效果的快慢。添加动画效果如图30-15所示。

第13步：选中花字，单击鼠标右键选择“复制”，再复制两个花字。选中复制的花字，拖曳两端调整到合适长度。选中两个复制花字中其中的一个，在功能区选择“编辑”，在“文本”面板中修改文本内容并调整花字的大小和位置，另一个复制的花字操作方法相同。复制花字、调整位置如图30-16所示。

图30-15　添加动画效果

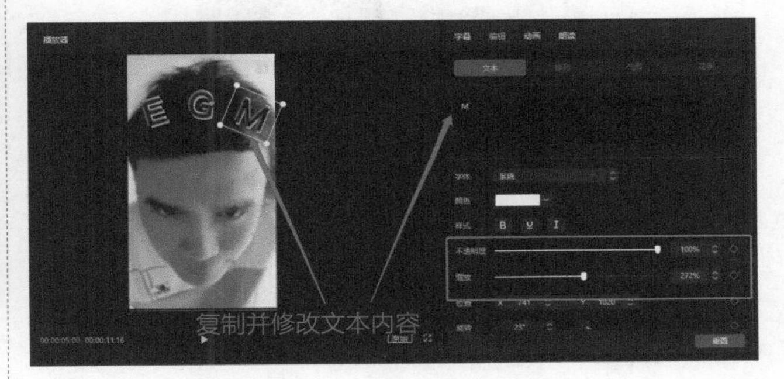

图30-16　复制花字、调整位置

第14步：将分辨率及帧率调整至最大，导出视频即可。

30.4 举一反三

1. 以前的自己变成现在的自己。
2. 高校毕业前的你和毕业后的你。

第31课　如何进行副驾驶拍摄

本课程介绍如何制作Vlog风格的视频。

31.1 案例效果

Vlog风格效果图如图31-1所示。

图31-1　Vlog风格效果图

31.2 拍摄

拍摄步骤：

（1）拍摄一段30s左右车辆前方的视频，如图31-2所示。

图31-2　拍摄车辆前方

（2）拍摄一段30s左右驾驶员手握方向盘的视频，如图31-3所示。

图31-3　拍摄驾驶员手握方向盘

（3）拍摄一段30s左右后视镜的视频，如图31-4所示。

图31-4　拍摄后视镜

注意事项：

（1）导入音乐时先把原声关掉。

（2）变速时不要选择声音变调。

（3）第一次完成时先要导出视频，方便对整个视频进行分屏操作。

（4）担心摇晃，可用稳定器拍摄。

（5）拍摄时长自己把握，可以多拍一些，让素材更加丰富。

（6）除了这三个视角，还可以自己选择其他视角进行拍摄。

31.3 视频制作

制作步骤：

第1步：导入拍摄好的视频素材并添加到轨道上，如图31-5所示。

图31-5　导入并添加素材

第2步：选取每段视频中要展示的部分，其他部分删除，如图31-6所示。

图31-6　视频的分割与删除

第3步：单击视频条，选择“变速”，将视频放慢，如图31-7所示。

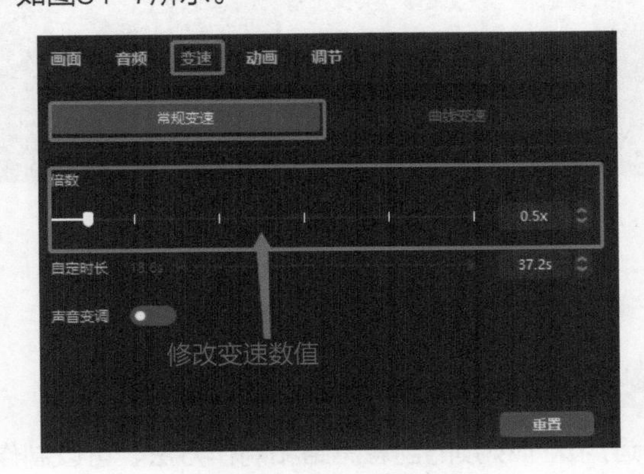

图31-7　视频变速调整

第4步：拖曳预览针至两个视频条之间，添加一个自己喜欢的转场，这里选择“叠化”，如图31-8所示。

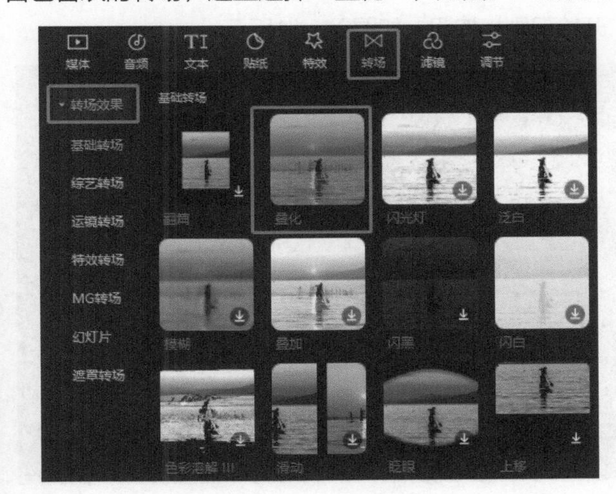

图31-8　添加转场

第5步：对准全部视频拖动滤镜条，给视频添加滤镜，如图31-9所示。

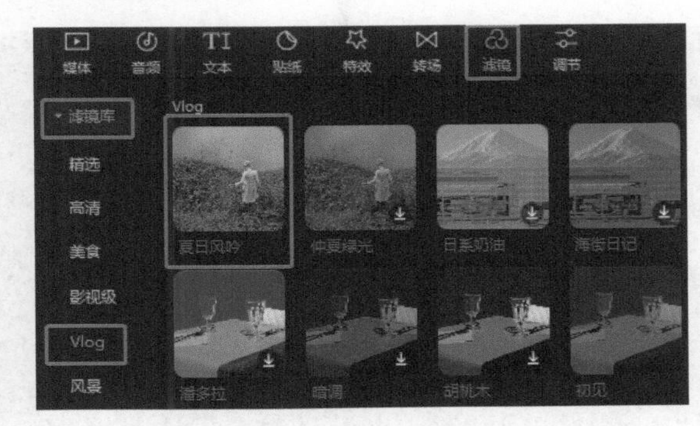

图31-9　添加滤镜

第6步：给素材区的音频添加音乐，如图31-10所示。

图31-10　添加音乐

第7步： 单击音乐条，在素材区的“文本”中单击“开始识别”按钮，如图31-11所示。

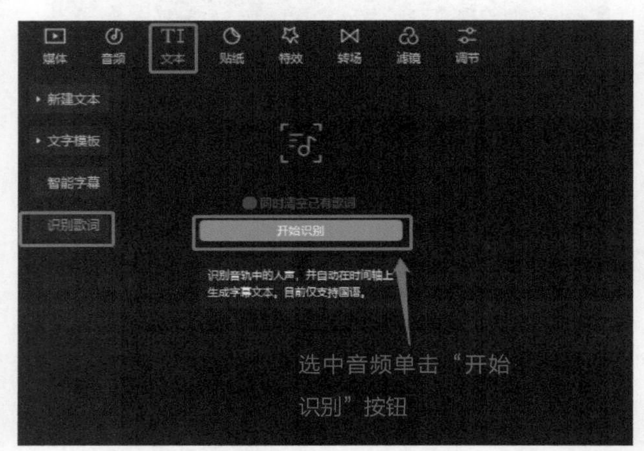

图31-11　识别歌词

第8步： 编辑字幕条，选择自己喜欢的样式，拖动字幕条对准时间。花字编辑样式如图31-12所示。

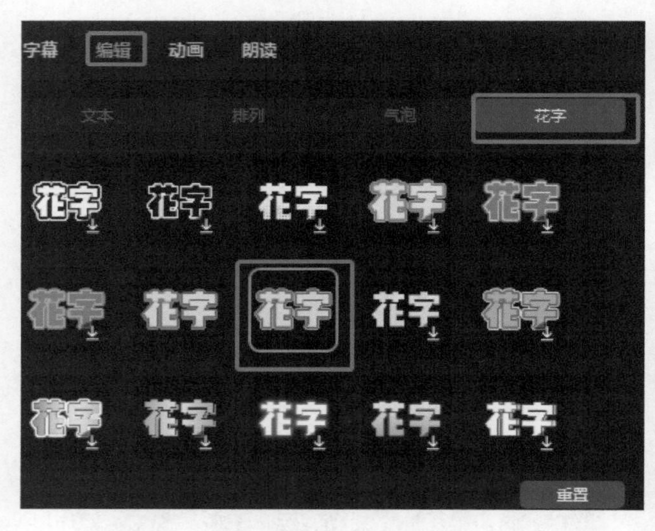

图31-12　花字编辑样式

第9步： 导出视频，如图31-13所示。

第10步： 将刚才导出的视频再次导入，如图31-14所示。

第11步： 选中视频条，在素材区执行“特效”→“特效效果”命令，在“分屏”中选择“三屏”，然后调整画面比例，这样三屏效果就出来了。添加特效、调整画面比例如图31-15所示。

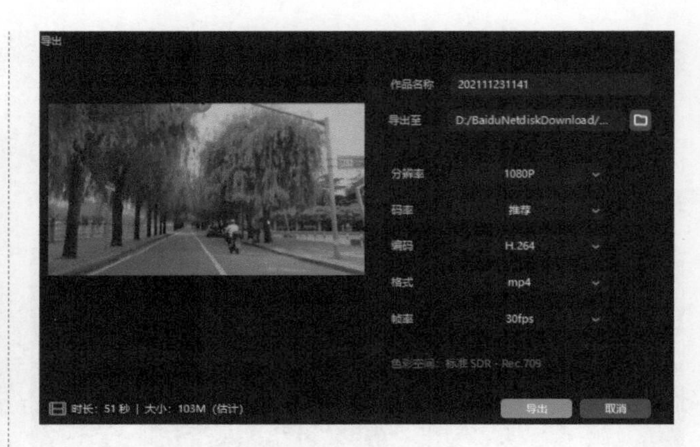

图31-13　导出视频

图31-14　导入并添加素材

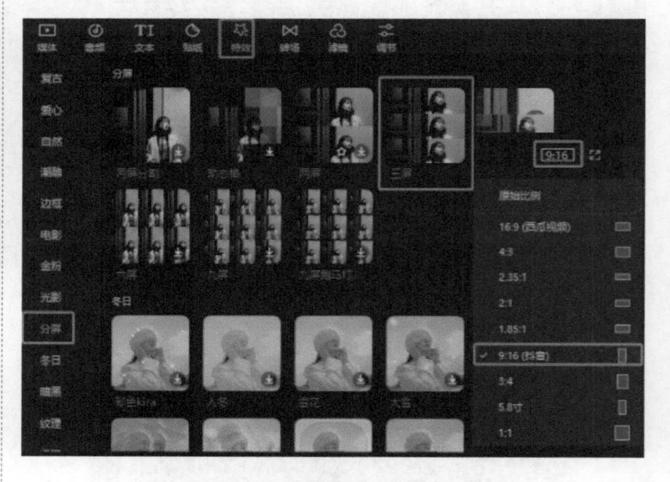

图31-15　添加特效、调整画面比例

第12步： 再次导出视频，制作完成。

31.4 举一反三

运用这个视频的创意思路和制作方法，可以制作类似的创意视频。下面的效果大家可以自己动手尝试。

在副驾驶位上拍摄几段视频进行自己的创作吧！

第32课　生日祝福

本课程介绍如何制作生日祝福的短视频。

32.1 案例效果

生日祝福效果图如图32-1所示。

32.2 拍摄

拍摄步骤：

（1）可拍摄一些个人照片，如图32-2所示。

图32-1　生日祝福效果图

图32-2　个人照片

（2）也可以拍摄一些个人视频。

注意事项：

（1）导入音乐时先把原声关掉。

（2）蒙版的使用可根据自己使用的素材来决定。

32.3 视频制作

制作步骤：

第1步： 导入准备好的素材并添加到轨道上，如图32-3所示。

图32-3　导入并添加素材

第2步： 在播放区右下角找到画面比例，将其调整为9：16。调整画面比例如图32-4所示。

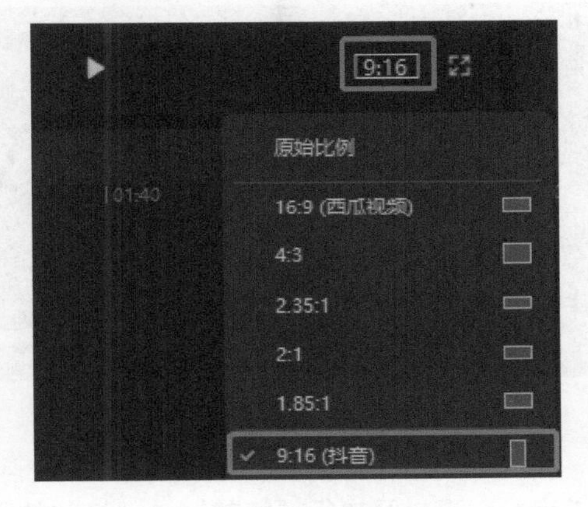

图32-4　调整画面比例

第3步： 选中素材，单击工具栏中的裁剪按钮，裁剪到合适的大小。裁剪画面大小如图32-5所示。

图32-5　裁剪画面大小

第4步：选中素材，在功能区选择“画面”，在“蒙版”中选择“线性”蒙版，调整羽化边缘。添加蒙版如图32-6所示。

图32-6　添加蒙版

第5步：添加蒙版后，在“背景”中选择样式，可以在剪映自带的背景样式中找到自己喜欢的背景样式，单击加号添加。添加背景如图32-7所示。

图32-7　添加背景

第6步：在素材区执行“特效”→“特效效果”命令，在“基础”中选择“变清晰II”，单击加号添加到轨道上，拖曳两端与素材前后对齐。添加特效如图32-8所示。

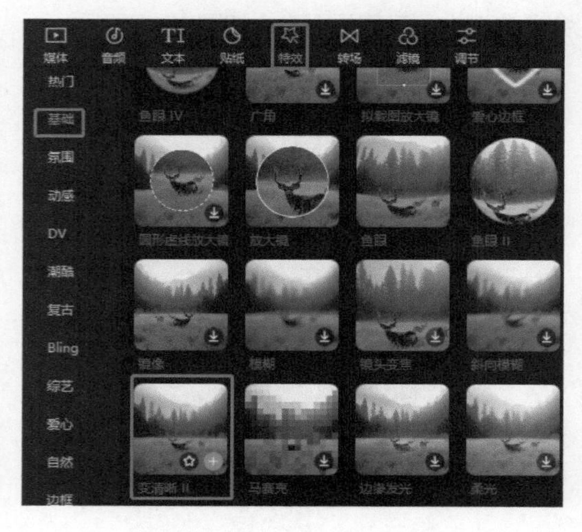

图32-8　添加特效（1）

第7步：添加特效后，再到“氛围”中选择“金粉”，单击加号添加到轨道上，拖曳两端与素材前后对齐。添加特效如图32-9所示。

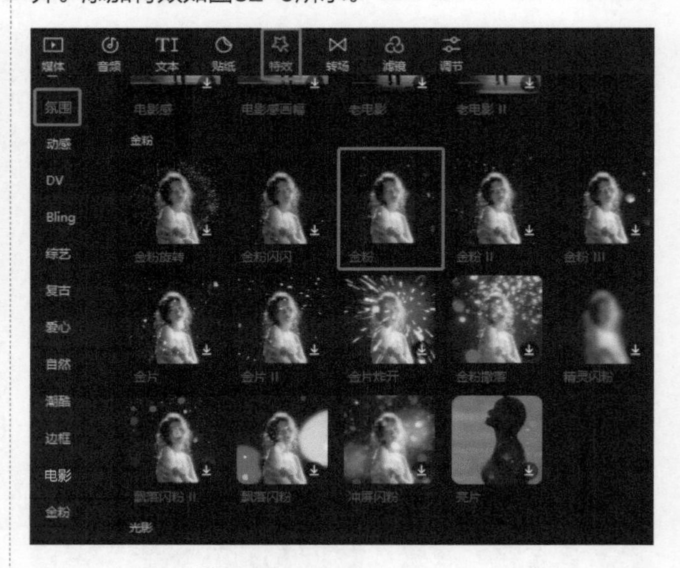

图32-9　添加特效（2）

第8步：在素材区执行“贴纸”→“贴纸素材”命令，在“生日”中找一些装饰贴纸并添加到轨道上。添加贴纸如图32-10所示。

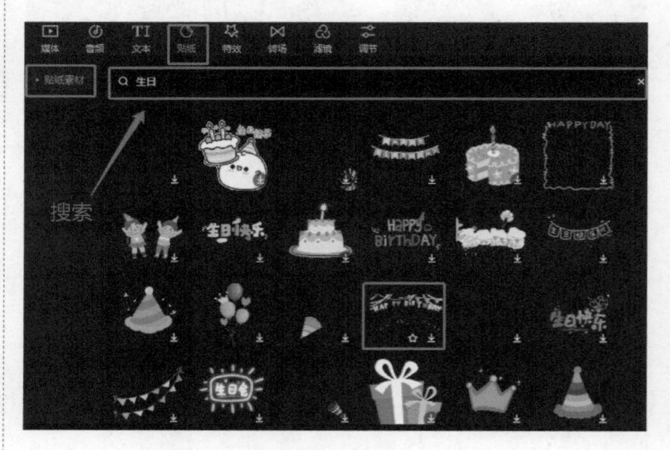

图32-10　添加贴纸

第9步：添加贴纸后，回到素材区，执行“音频”→“音乐素材”命令，在“音乐素材”中选择“生日歌”，单击加号添加到轨道上。添加音乐如图32-11所示。

第10步：在素材区的“文本”中，可以添加默认文本并给文字添加效果，也可以选中花字直接使用剪映中自带的花字效果。添加花字如图32-12所示。

图32-11　添加音乐

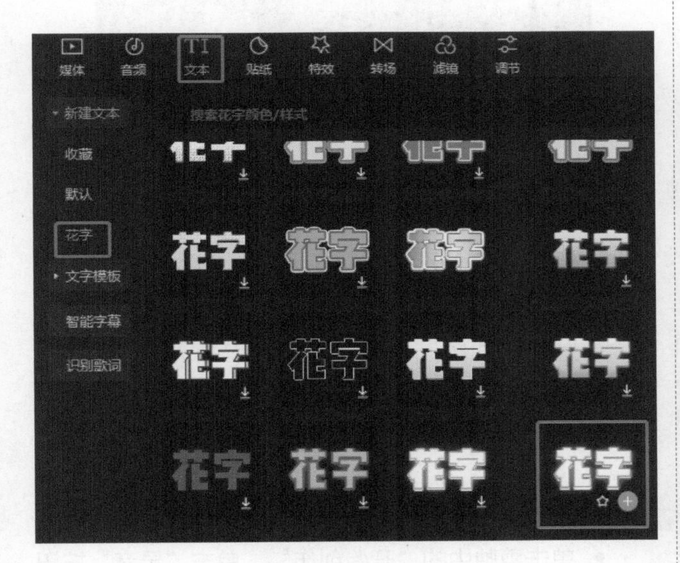

图32-12　添加花字

第11步： 添加文本后，可以选中文本并在功能区的“编辑”中进行更细致的调整。花字编辑如图32-13所示。

第12步： 选中文本，在功能区的“动画”中给文字添加动画，在下面的“动画时长”中还可以调整时长。花字添加动画如图32-14所示。

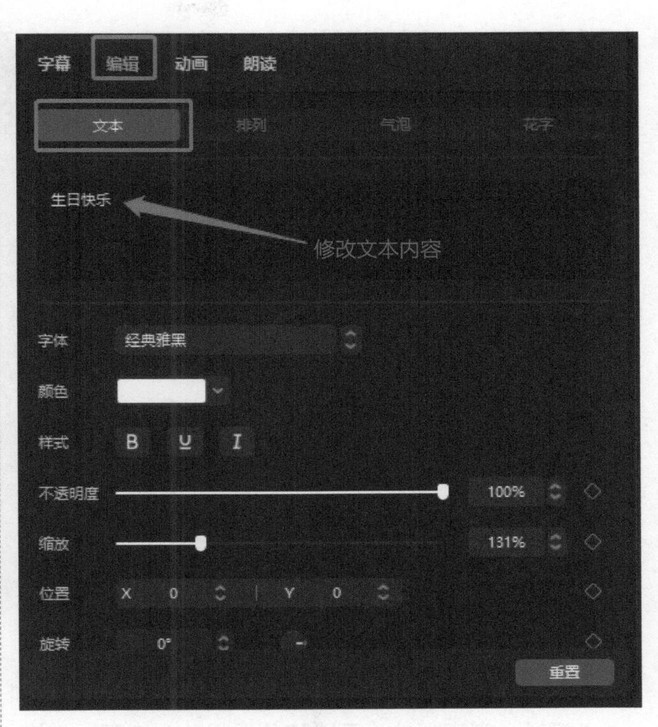

图32-13　花字编辑

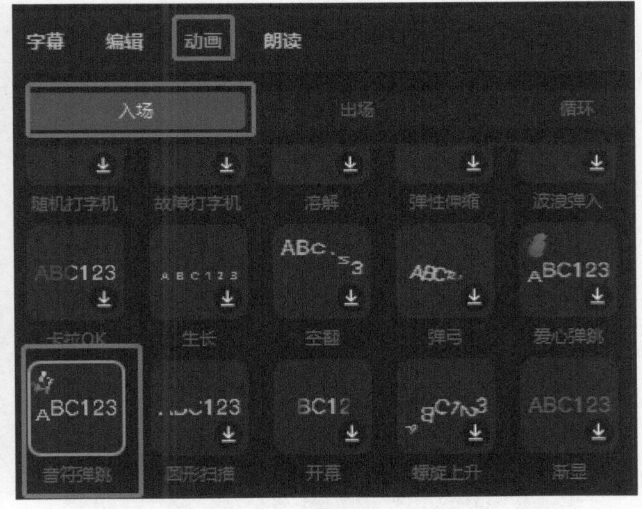

图32-14　花字添加动画

第13步： 将分辨率及帧率调整至最大，导出视频即可。

32.4 举一反三

运用这个视频的创意思路和制作方法，可以制作类似的创意视频，下面的效果大家可以自己动手尝试。

在生活中拍摄几段视频进行自己的创作吧！

第33课　怎么拍放假回家的你

在短视频中，经常有以日常生活为内容的搞笑视频，本课程将介绍如何制作这类视频。

33.1 案例分析

举例：

案例1　家庭短片（可以和父母互动，也可一人饰演多个角色）

案例2　自己的日常活动短片

案例3　动画展示短片

案例4　影视剪辑展示短片

33.2 拍摄思路

案例1：家庭短片（可以和父母互动，也可一人饰演多个角色）

（1）营造人物之间的互动：可以集中拍摄人物不同的反应，如人物从门里探头的镜头（可集中拍摄从不同房门探头的镜头），模拟不同时段对话的场景，如图33-1所示。

图33-1　一人饰演多个角色（1）

（2）当人手严重不足时，可选择一人饰演多个角色的方式。这种表现手法需要表演者依次表演所有的角色，特别当表演者所要饰演的角色超过或等于三人时，角色设定需鲜明化，做到能够让观众一眼就能区分，如图33-2所示。

图33-2　一人饰演多个角色（2）

注意事项：

拍摄者的外形区分要鲜明，比如妆容、假发等。除此之外，拍摄者的演技也至关重要。

另外，视频制作的后期需配音并添加相应的字幕。

录音：

- 单击剪映中的“开始创作”。单击“录音”按钮即可开始录音。打开录音如图33-3所示。

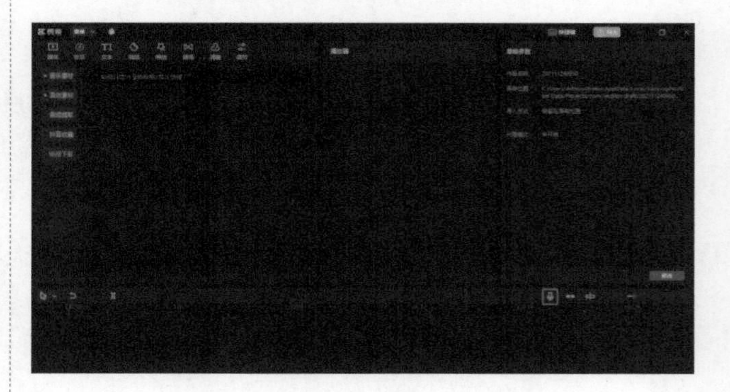

图33-3　打开录音

配字幕：

- 在素材区执行“文本”→“新建文本”命令，在“样式”中选择想要的样式。本课程中使用的字体样式为“下午茶”以及黑字白边版式，不透明度为93%，如图33-4所示。

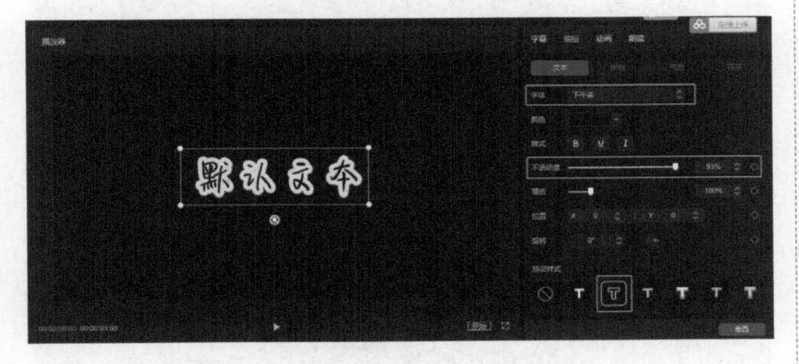

图33-4　选择字体样式及调整不透明度

案例2：自己的日常活动短片

用诙谐幽默的艺术手法，来展示自己独自在家时的日常活动，如图33-5所示。

图33-5　自己的活动区域划分

注意事项：

保证视频拍摄时的机位固定，添加字幕的方式可参考案例1。

案例3：动画展示短片

使用绘画的形式，展示自己放假时的状态，如图33-6所示。

图33-6　自己放假时的状态

注意事项：

推荐使用通俗易懂、容易被大众接受的简笔画形式。当然，在制作这类视频时，有时会用到定格卡点的功能。

定格卡点：

选中自己所想定格的画面，在工具栏中单击定格按钮，即可完成定格。定格画面如图33-7所示。

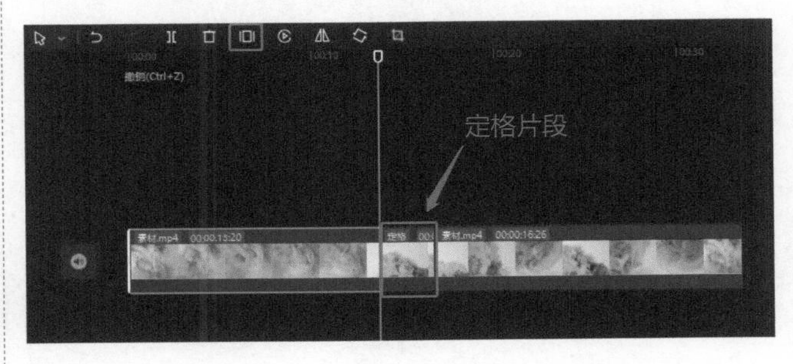

图33-7　定格画面

案例4：影视剪辑展示短片

一般是对一个视频进行混剪及拼凑，之后再配音及加字幕，如图33-8所示。

图33-8　视频字幕添加

注意事项：

这类视频为了提高趣味性，一般在配音后会进行变音处理。

变声处理：

使用案例1中的录音手法，选中自身想要变音的音频后，在右上角的功能区的“音频”中选择“基本”，在“变声”中选择想要的声音即可完成变音。添加变音如图33-9所示。

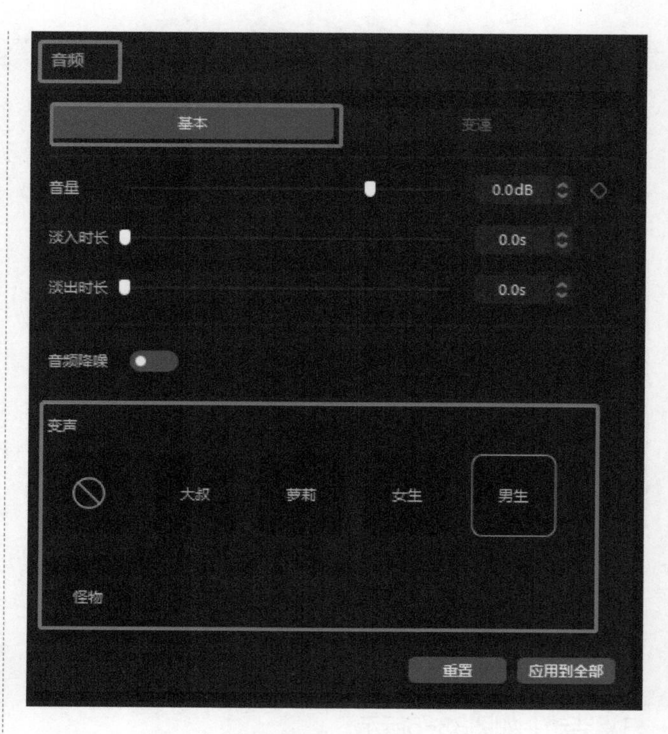

图33-9　添加变音

33.3 举一反三

1. 拍摄在校的日常生活。
2. 拍摄购物的日常场景。
3. 拍摄玩游戏时的场景。

第34课　高速行车延时摄影

本课程介绍如何展现一种车辆川流不息的效果。

34.1 案例效果

高速行车延时效果图如图34-1所示。

图34-1　高速行车延时效果图

34.2 拍摄

拍摄步骤：

（1）拍摄者坐在副驾驶上，固定好手机（稳定器或者支架都行），打开手机上的延时摄影模式，如图34-2所示。

图34-2 手机延时摄影选择

（2）车辆前行，最好经过车流量较大的路段，拍摄5分钟左右的视频，如图34-3所示。

图34-3 拍摄车辆前行

注意事项：

（1）如果没有延时摄影模式，正常拍摄10分钟左右，通过后期处理也可以。

（2）延时摄影模式一般在相机的“更多”设置里。

（3）必须固定好相机，否则镜头会晃动，影响拍摄效果。

（4）延时摄影效果在拍摄时就已经做好效果了，所以在视频制作时其实没有太多步骤。

（5）如果没有延时摄影功能，可将视频加速，以达到类似效果。

（6）最好能在夜间拍摄，效果更佳。

34.3 视频制作

制作步骤：

第1步：导入拍摄好的视频素材并添加到轨道上，如图34-4所示。

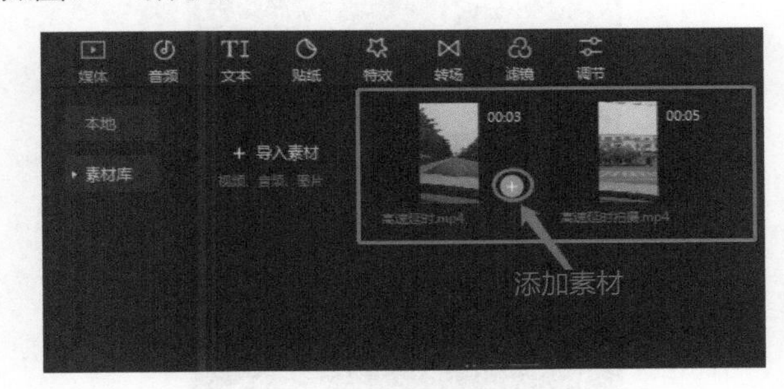

图34-4 导入并添加素材

第2步：在素材区执行“媒体”→“素材库”命令，在“片头”中找到合适的片头，单击加号添加到轨道上。添加片头如图34-5所示。

图34-5 添加片头

第3步： 在素材区执行“音频”→“音效素材”命令，选择“321倒数”，单击加号添加到轨道上；在功能区调整速率。添加音频、调整速率如图34-6所示。

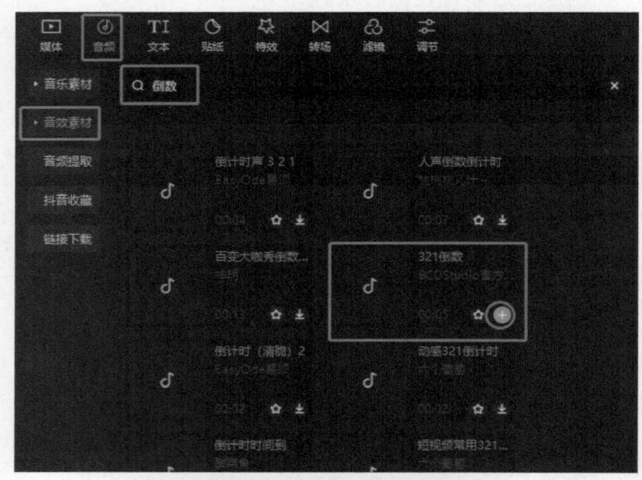

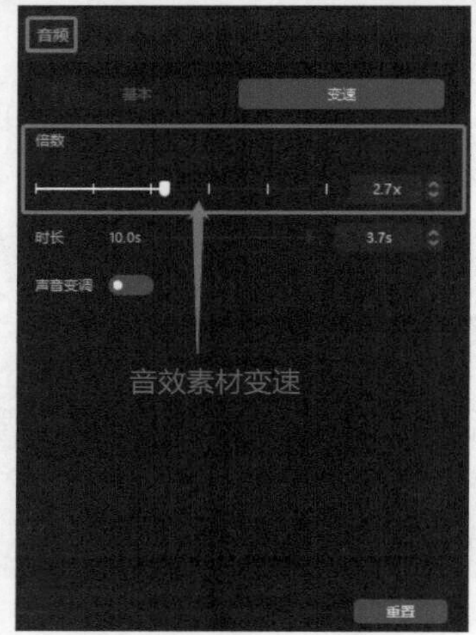

图34-6 添加音频、调整速率

第4步： 在素材区执行“音频”→“音效素材”命令，选择合适的搞笑音效，单击加号添加到轨道上。添加音效如图34-7所示。

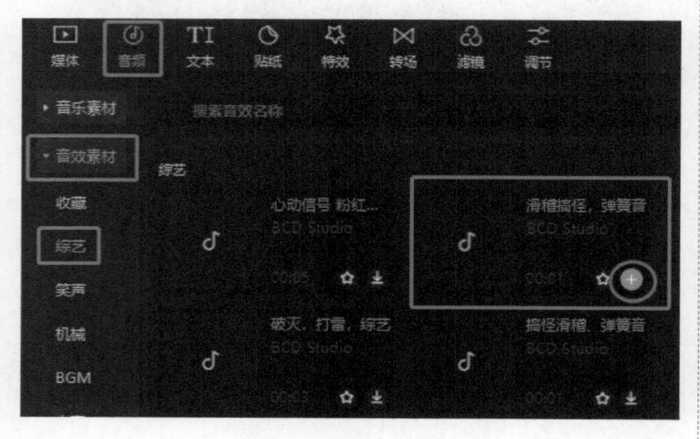

图34-7 添加音效

第5步： 在视频的后面添加一段搞笑片段。在素材区执行“媒体”→“素材库”命令，在“搞笑片段”中选择一个合适的选项并添加到轨道上。选中添加进入的搞笑片段，在功能区的“画面”中选择“背景”，在“背景填充”中选择“模糊”。添加片段、调整背景如图34-8所示。

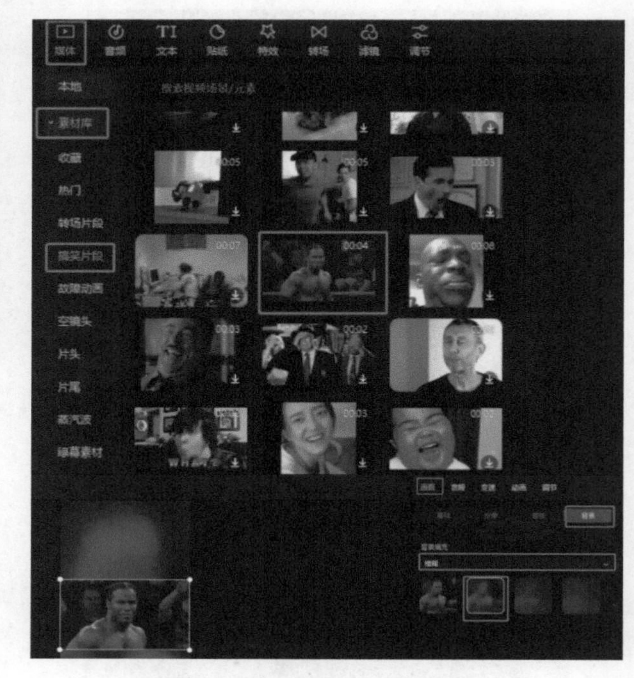

图34-8 添加片段、调整背景

第6步： 在素材区执行“文本”→“新建文本”命令，在“默认”中选择“默认文本”，单击加号添加到轨道上；在功能区的“编辑”中选择“文本”，对文本内容进行更改。添加文本如图34-9所示。

第7步： 将分辨率及帧率调整至最大，导出视频即可。

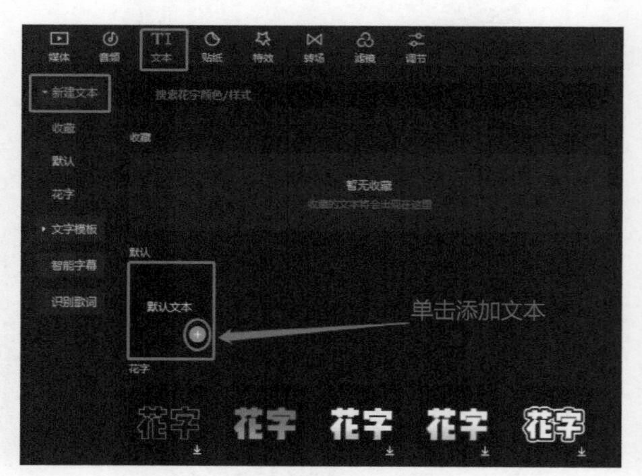

图34-9 添加文本

图34-9 添加文本（续）

34.4 举一反三

运用这个视频的创意思路和制作方法，可以制作类似的创意视频。下面的效果大家可以自己动手尝试。

在你的城市中，拍摄一部属于你的高速延时摄影作品吧！

第35课 回顾过去的一年

本课程主要介绍多镜头、歌曲字幕导入、三屏效果等技巧。

35.1 案例效果

多镜头纪录片效果图如图35-1所示。

图35-1 多镜头纪录片效果图

35.2 拍摄

拍摄步骤：

拍摄一些日常照片或视频，如公司各处的环境（见图35-2）、小物件（见图35-3）、小装饰（见图35-4）等。

图35-2 办公环境画面

图35-3 公司中小物件画面

图35-4 公司小装饰画面

注意事项：

以上拍摄内容仅供参考，创作者可以根据自己构思的内容来拍摄。要点就是尽可能多角度地拍摄，镜头不要太单一。

35.3 视频制作

制作步骤：

第1步： 导入准备好的视频素材并添加到轨道上，如图35-5所示。

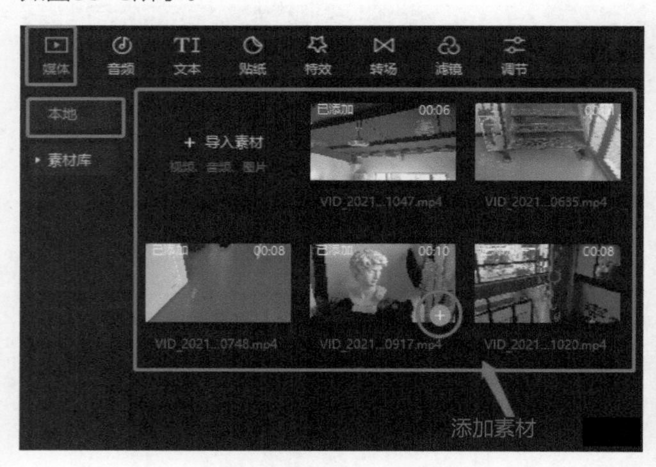

图35-5 导入并添加素材

第2步： 选中视频，拖曳预览针到多余部分的位置，单击工具栏中的分割按钮，选中分割出的部分单击鼠标右键选择“删除”，或选中分割出的部分单击快捷键“Delete”删除。视频的分割与删除如图35-6所示。

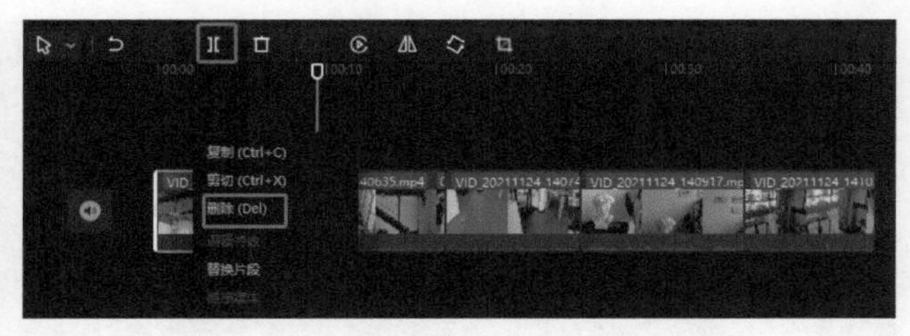

图35-6 视频的分割与删除

第3步： 在素材区执行“滤镜”→“滤镜库”命令，在“影视级”中选择“闻香识人”，单击加号添加到轨道上，拖曳两端与视频前后对齐。添加滤镜如图35-7所示。

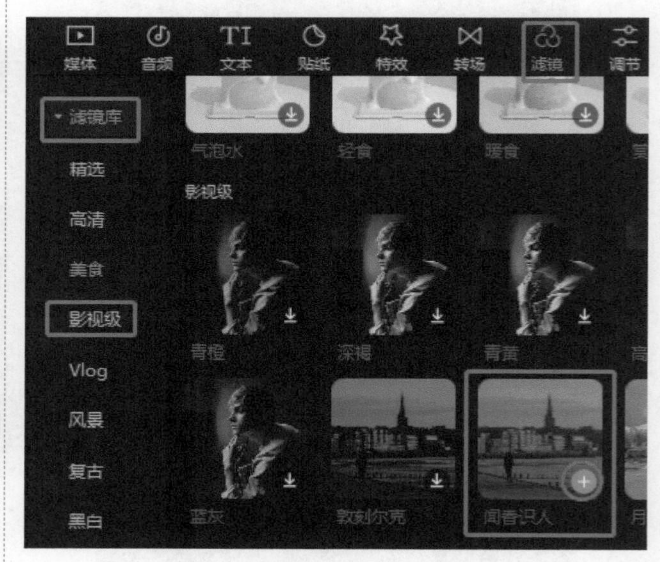

图35-7 添加滤镜

第4步： 选中视频素材，在右上角的功能区的“变速”中选择“常规变速”调整倍数，其他视频使用同样方法进行操作。视频变速如图35-8所示。

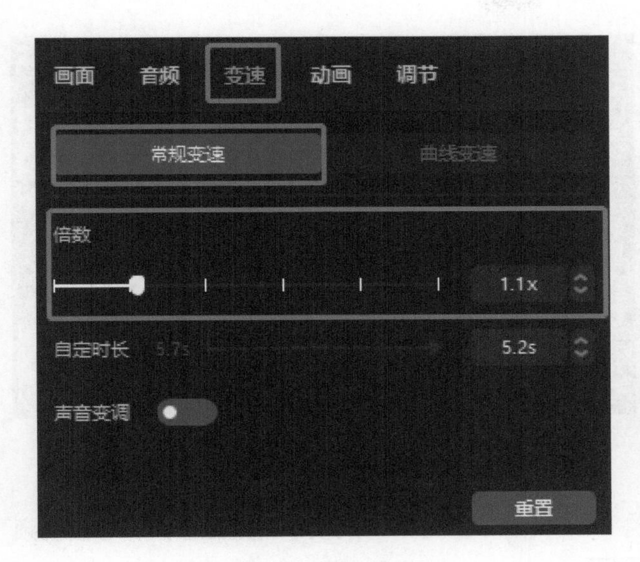

图35-8　视频变速

第5步：在素材区执行“音频”→“音乐素材”命令，选择合适的音乐素材，单击加号添加到轨道上，如图35-9所示。

图35-9　添加音乐

第6步：选中添加进入的音乐素材，在素材区执行“文本”→“文字模板”→“识别歌词”命令，单击“开始识别”按钮。识别歌词如图35-10所示。

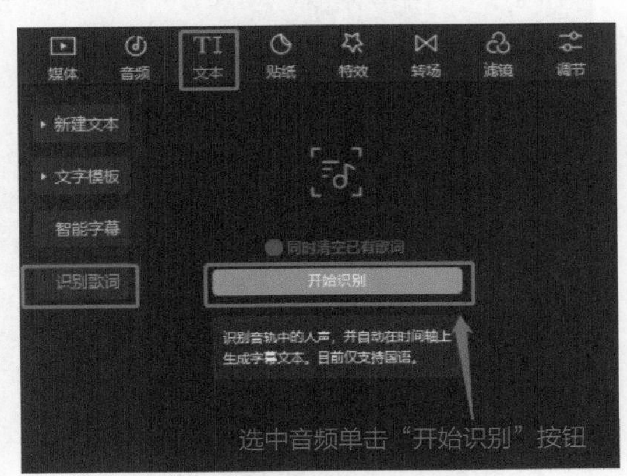

图35-10　识别歌词

第7步：选中识别出的歌词，在右上角的功能区选择“编辑”选项，给字幕添加效果，改变字幕的大小和位置，如图35-11所示。

图35-11　给字幕添加效果、改变字幕的大小和位置

第8步：选中歌词，在右上角的功能区选择“动画”，在“入场”中选择“音符弹跳”，单击运用后在下方调整动画时长，其他的歌词操作方法相同。给字幕添加动画如图35-12所示。

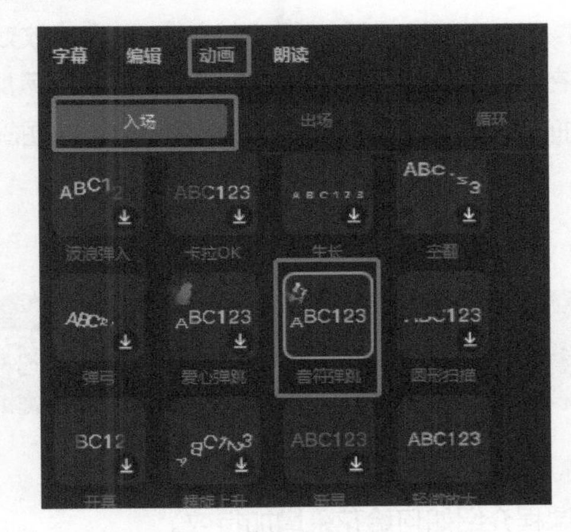

图35-12　给字幕添加动画

第9步：在素材区执行“特效”中→“特效效果”命令，在“氛围”中选择“泡泡”，单击加号添加到轨道上，拖曳两端与视频前后对齐，然后单击右上角的“导出”按钮导出视频，将导出的视频再导入剪映并添加到轨道上。添加特效如图35-13所示。

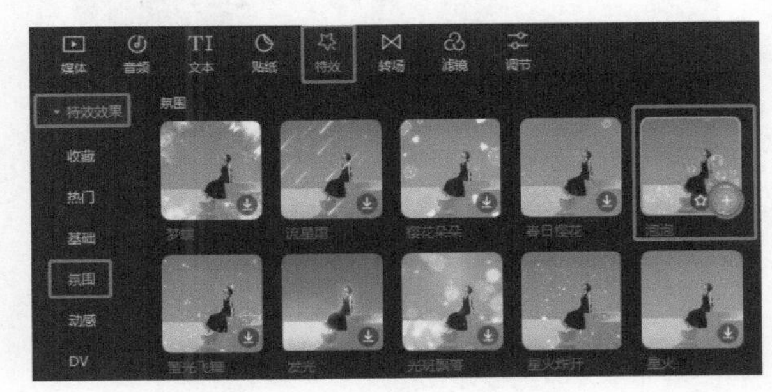

图35-13　添加特效

第10步：在播放器界面右下角找到画面比例，单击将画面比例改成9：16。调整画面比例如图35-14所示。

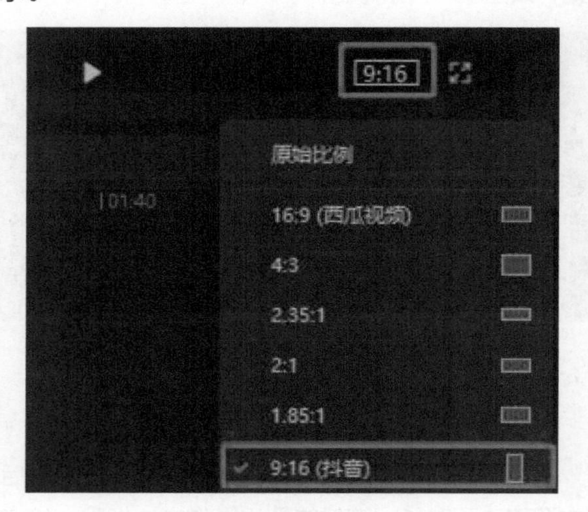

图35-14　调整画面比例

第11步：在素材区执行“特效”→“特效效果”命令，在“分屏”中选择“三屏”，单击加号添加到轨道上，拖曳两端与视频前后对齐。添加特效如图35-15所示。

图35-15　添加特效

第12步：将分辨率及帧率调整至最大，导出视频即可。

35.4 举一反三

运用这个视频的创意思路和制作方法，可以制作类似的创意视频，下面的效果大家可以自己动手尝试。

制作几个三屏的怀旧/纪录生活日常的视频吧，素材就在你的生活中！

第36课　花丛中微拍摄

本课程介绍如何给花朵增加特效。

36.1 案例效果

花丛微拍摄效果图如图36-1所示。

图36-1　花丛微拍摄效果图

图36-1　花丛微拍摄效果图（续）

36.2 拍摄

拍摄步骤：

（1）镜头对准花朵，拍摄一段从下往上的视频，如图36-2所示。

图36-2　拍摄一段镜头从下往上的视频

（2）镜头对准花朵，拍摄一段从右往左的视频，如图36-3所示。

图36-3　拍摄一段镜头从右往左的视频

（3）镜头对准花朵，拍摄一段逐渐拉近的视频，如图36-4所示。

图36-4　拍摄一段逐渐拉近的视频

注意事项：

（1）拍摄时镜头尽量平稳移动。

（2）拍摄时移动速度不能太快。

36.3 视频制作

制作步骤：

第1步：导入准备好的视频素材并添加到轨道上，如图36-5所示。

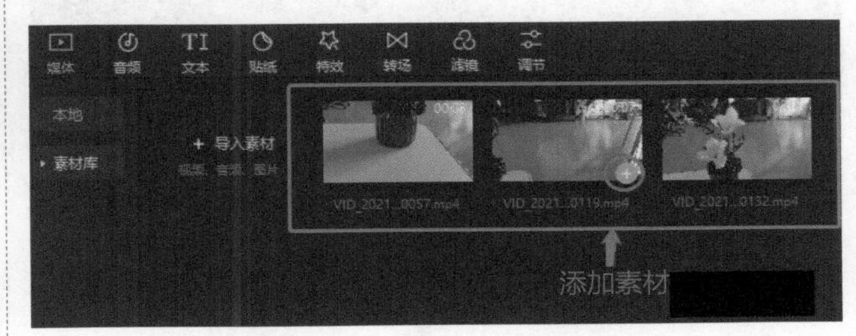

图36-5　导入并添加素材

第2步：选中视频素材，裁掉多余的部分。拖曳预览针到要删除的位置，单击工具栏中的分割按钮，单击鼠标右键选择“删除”，将分割出的多余部分删除，其他两个视频素材同上。视频的分割与删除如图36-6所示。

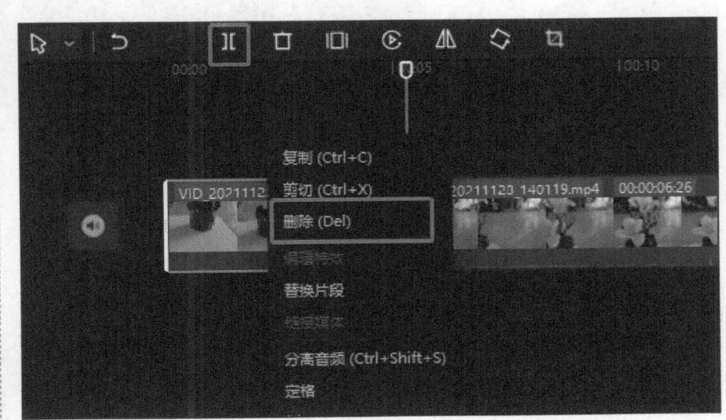

图36-6　视频的分割与删除

第3步：选中视频素材，在功能区的“变速”中选择“常规变速”，调整速率，其他两个视频同上。视频变速调整如图36-7所示。

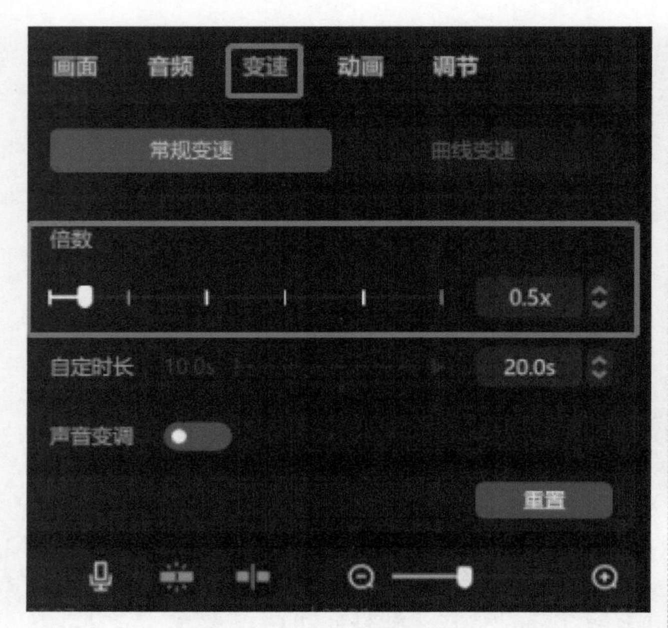

图36-7　视频变速调整

第4步：在素材区执行“滤镜”→“滤镜库”命令，在“风格化”中选择“赛博朋克”，单击加号添加到轨道上，拖曳两端与视频前后对齐。添加滤镜如图36-8所示。

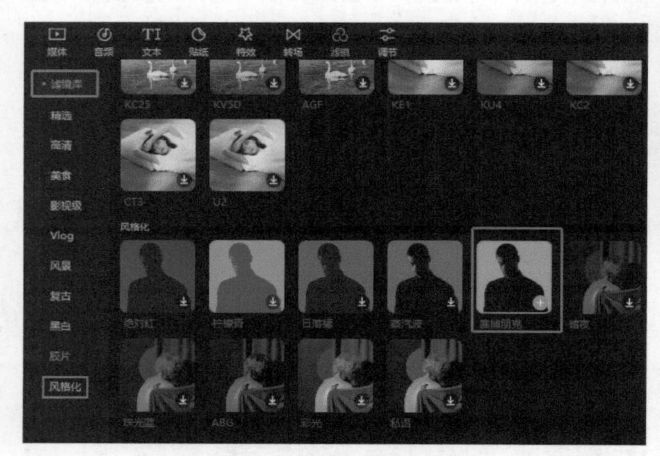

图36-8　添加滤镜

第5步：在素材区执行“音频”→“音乐素材”命令，在“纯音乐”中选择合适的音乐，单击加号添加到轨道上，如图36-9所示。

第6步：将预览针拖曳到两视频之间的位置，在素材区执行“转场”→“转场效果”命令，在“基础转场”中选择“叠化”，单击加号添加到轨道上；选中“叠化”转场，在右上角的功能区，调整转场时长。添加转场如图36-10所示。

图36-9　添加音乐

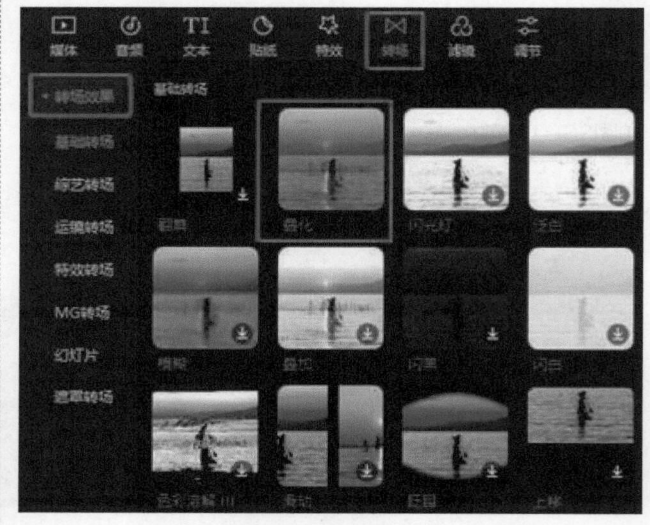

图36-10　添加转场

第7步：在播放器界面右下角找到画面比例按钮，单击按钮将画面比例调整为9：16。调整画面比例如图36-11所示。

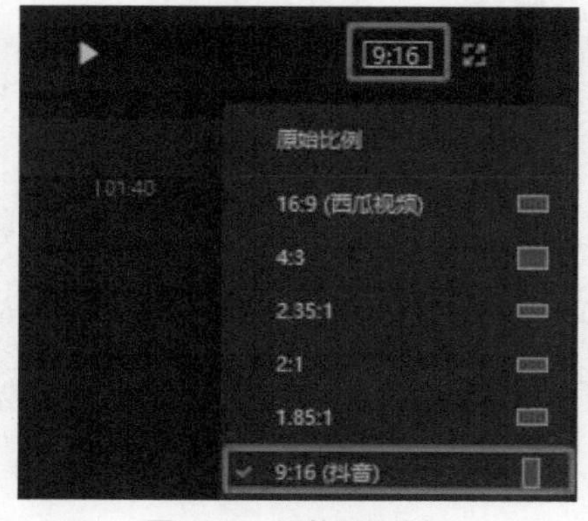

图36-11　调整画面比例

第8步：选中视频，在功能区的“画面”中选择“背景”，在“背景填充”中选择“模糊”，再单击右下角的“应用到全部”按钮。添加背景如图36-12所示。

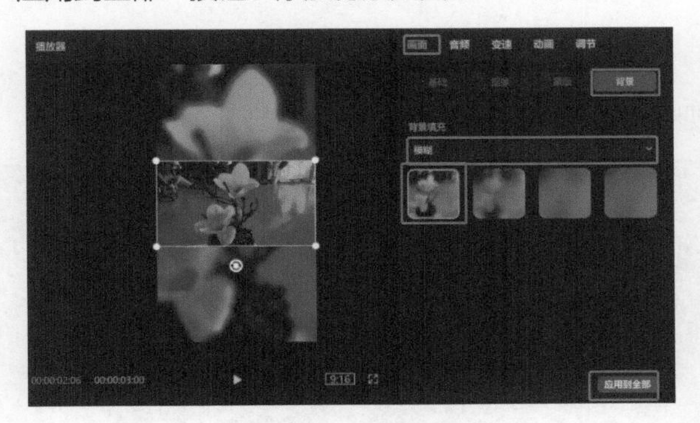

图36-12　添加背景

第9步：单击右上角的“导出”按钮，将视频导出，然后再导入视频。导出视频如图36-13所示。

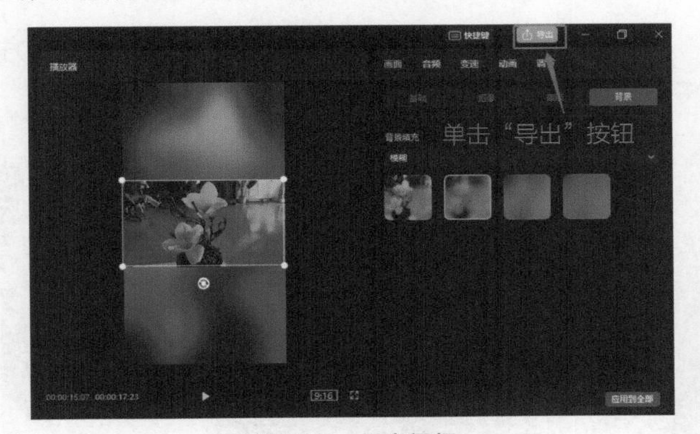

图36-13　导出视频

第10步：将刚导入的视频添加到轨道上，在素材区执行“特效”→“特效效果”命令，在“光影”中选择“树影”，单击加号添加到轨道上，拖曳两端与视频前后对齐。添加特效如图36-14所示。

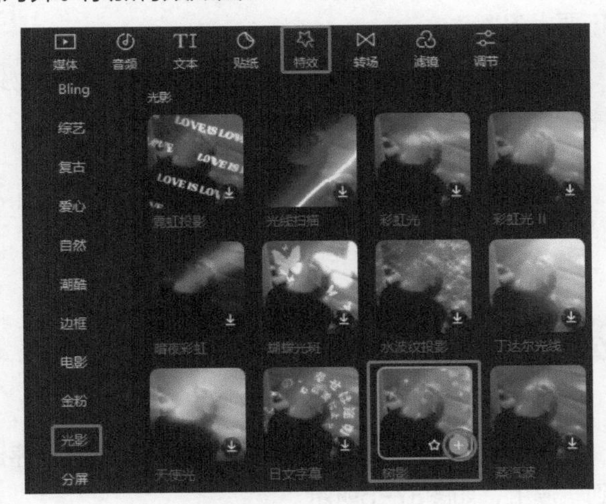

图36-14　添加特效（1）

第11步：在“氛围”中选择“蝶舞”，单击加号添加到轨道上，拖曳两端与视频前后对齐。添加特效如图36-15所示。

图36-15　添加特效（2）

第12步：在素材区执行“调节”→“调节”命令，单击“自定义”，添加一个“自定义调节”轨道，拖曳轨道两端，使其与视频前后对齐，然后选中调节轨道，在右上角的功能区对亮度进行调节。添加自定义调节如图36-16所示。

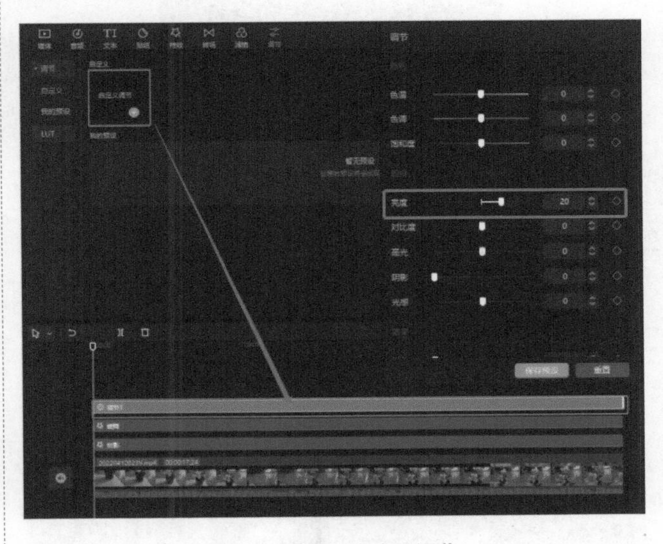

图36-16　添加自定义调节

第13步：将分辨率及帧率调整至最大，导出视频即可。

36.4 举一反三

1. 纪念旅游美景。

2. 以矮人的视角近距离观察微小世界。

第37课　小草效果

本课程介绍如何将一个普通的盆栽视频制作成音乐播放器视频的效果。

37.1 案例效果

小草效果图如图37-1所示。

图37-1　小草效果图

37.2 拍摄

拍摄步骤：

（1）镜头对准盆栽，从左往右平移拍摄一段的视频，如图37-2所示。

图37-2　镜头从左往右平移拍摄画面

（2）以俯视视角对准盆栽从下往上移动拍摄一段视频，如图37-3所示。

图37-3　镜头从下往上拍摄画面

（3）固定镜头，镜头对准盆栽上方，在盆栽上方将耳机自然垂下，耳机微微晃动，如图37-4所示。

图37-4　耳机画面

注意事项：

（1）在镜头需要从左往右拍摄时，镜头需稳定，不要上下摆动。

（2）耳机摆动幅度无须过大，否则剪辑时易造成残影。

（3）拍摄时内容可多拍一些，便于后期裁剪。

37.3 视频制作

制作步骤：

第1步： 导入拍摄好的三段视频素材，并按顺序添加到轨道上，如图37-5所示。

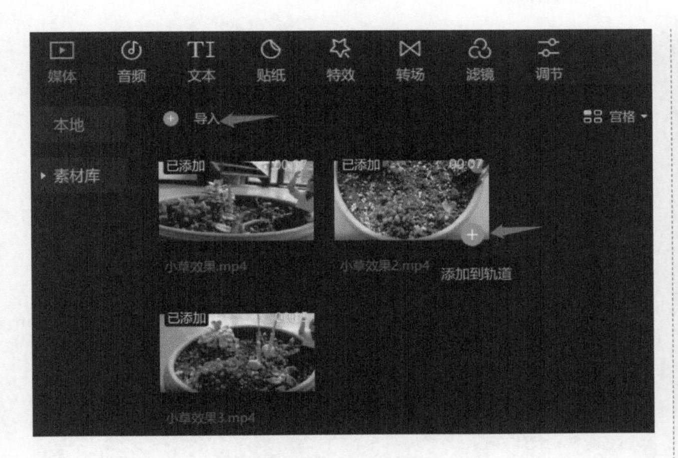

图37-5　导入并添加素材

第2步： 将每段视频多余的部分进行分割与删除，如图37-6所示。

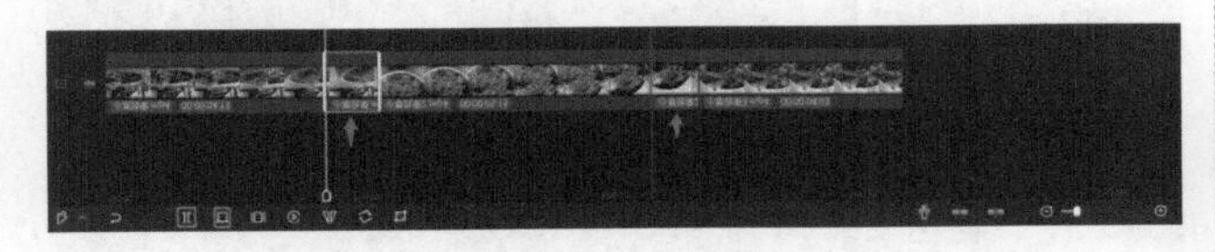

图37-6　裁剪视频

第3步： 在两段视频之间添加转场，并增加转场时长，“特效转场”选择“粒子”，如图37-7所示。

图37-7　添加转场

第4步： 给视频添加一个喜欢的滤镜，并将滤镜时长与视频时长对齐，这里滤镜选择“1980”，如图37-8所示。

第5步： 将第三段耳机视频添加一个常规变速，倍数调为0.5倍，将变速后视频多余的部分进行分割与删除，如图37-9所示。

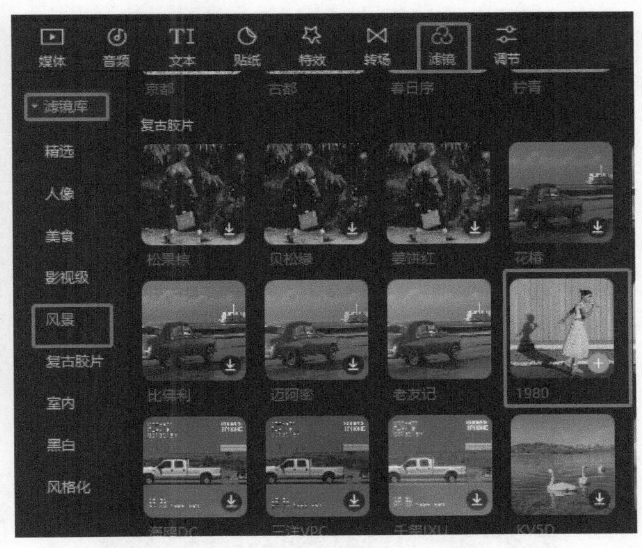

图37-8　添加滤镜效果

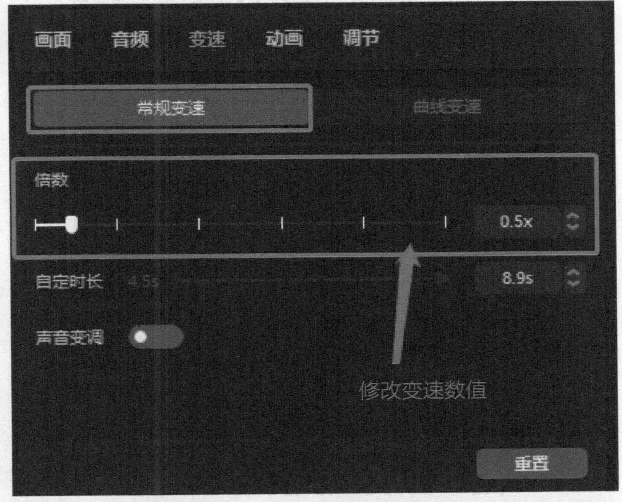

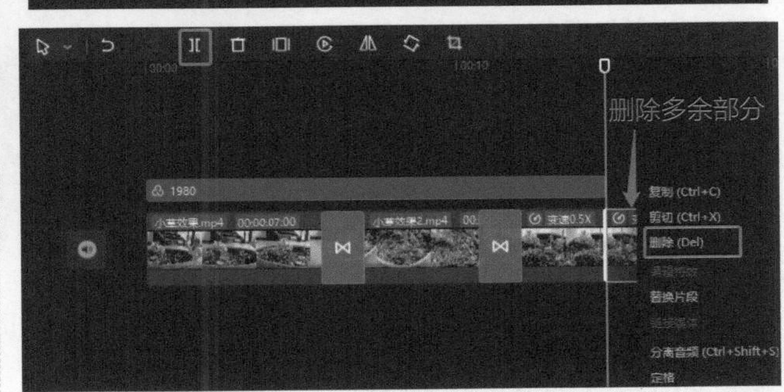

图37-9　视频变速并裁剪

第6步： 将视频比例调整为9：16，并将视频背景选择为“模糊”中的“1/4”，单击“应用到全部”按钮，如图37-10所示。

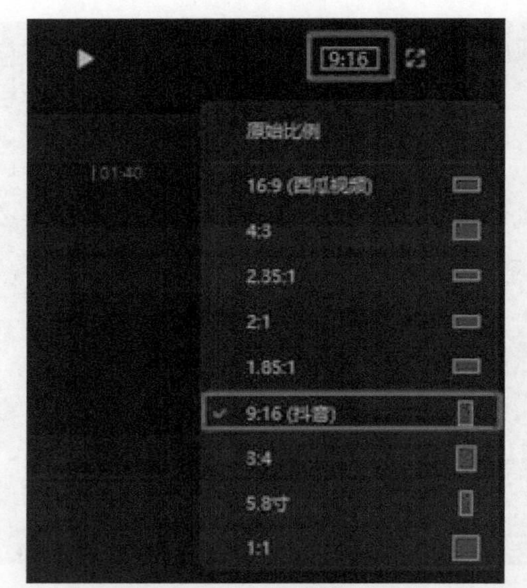

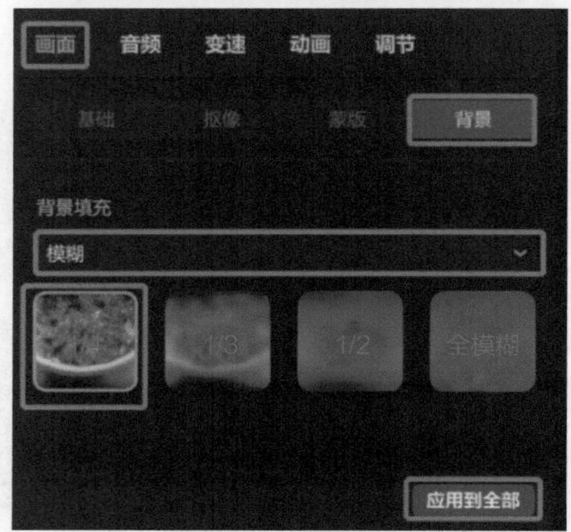

图37-10　调整背景样式

第7步： 给视频添加一首喜欢的音乐，并将音乐多余的部分进行分割与删除。案例所用音乐为“晚风”，如图37-11所示。

图37-11　添加音频并裁剪

第8步： 在素材区贴纸界面给视频添加一个贴纸，可在贴纸界面搜索关键字寻找合适的贴纸，并将贴纸添加到轨道上，在播放器界面或功能区调整贴纸的大小与位置，最后调整贴纸时长并与视频时长对齐，如图37-12所示。

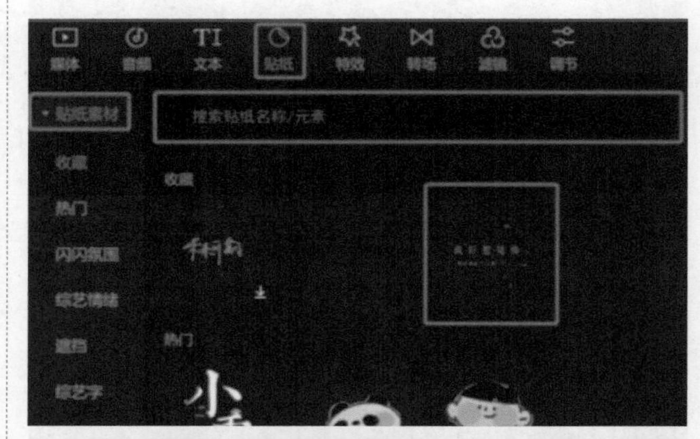

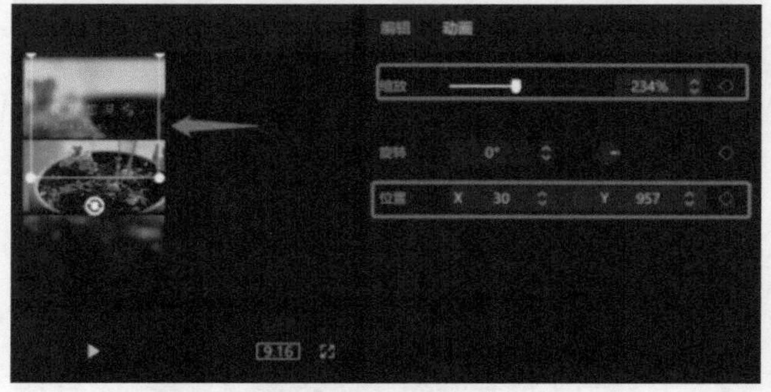

图37-12　添加贴纸并调整贴纸时长

第9步： 给视频添加一个特效，这里选择“金粉”，将时长与视频时长对齐，如图37-13所示。

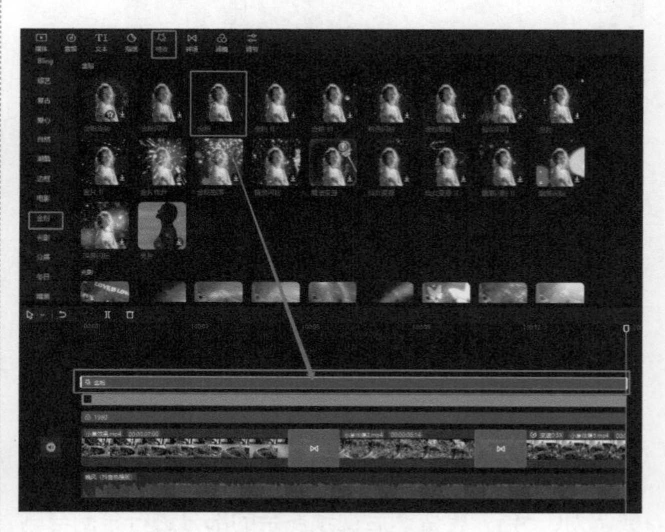

图37-13　添加特效

第10步： 给视频添加一个播放器的特效边框，将时长与视频时长对齐，如图37-14所示。

图37-14　添加特效边框

第11步： 关闭视频原声，选中音乐轨道，在文本界面选择识别歌词功能，将歌词识别后，调整文字的大小、位置及样式，如图37-15所示。

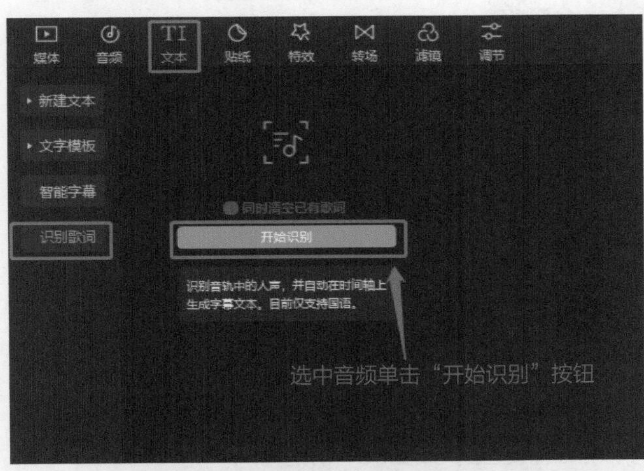

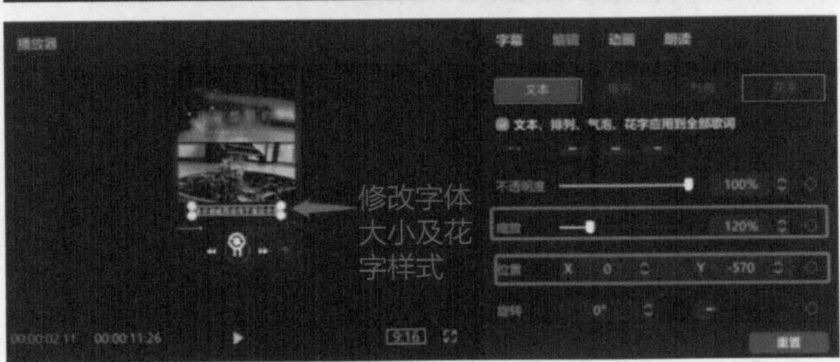

图37-15　歌词识别与字体样式

第12步： 分别给文字添加入场动画，这里选择“爱心弹跳”，并调整动画时长。将末尾文字时长与视频末尾对齐，如图37-16所示。

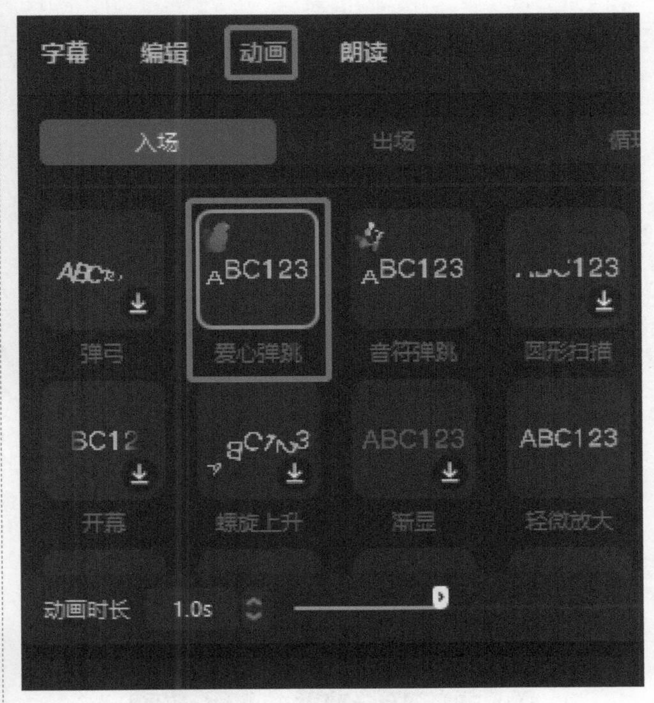

图37-16　添加文字动画

第13步： 预览完整视频后，导出视频，制作完成。

37.4 举一反三

1. 拍摄一段小草或花束生长的视频，加快视频播放速度，配上跟生命与时间相关的歌曲。

2. 可拍摄宠物类图书进行创作。

第38课　水中倒影

本课程介绍如何利用常见的小水池制作水中倒影的效果。

38.1 案例效果

水中倒影效果图如图38-1所示。

图38-1　水中倒影效果图

38.2 拍摄

拍摄步骤：

（1）拍摄一段人物侧面视角的走路视频，开始的位置可选择在水的边缘，如图38-2所示。

图38-2　人物侧面拍摄画面

（2）人物重新从水的边缘位置走一遍，这时拍摄视角转到人物后方，相机贴近地面拍摄，如图38-3所示。

图38-3　人物后方拍摄画面

注意事项：

（1）人物两次走的速度须相近。

（2）拍摄后方视角时相机须贴近地面，调整角度，保证水面可以倒映出人物画面。

（3）拍摄时水面应平静，不能有波纹。

38.3 视频制作

制作步骤：

第1步：将两段拍摄好的视频导入剪映，并依照顺序添加到轨道上，如图38-4所示。

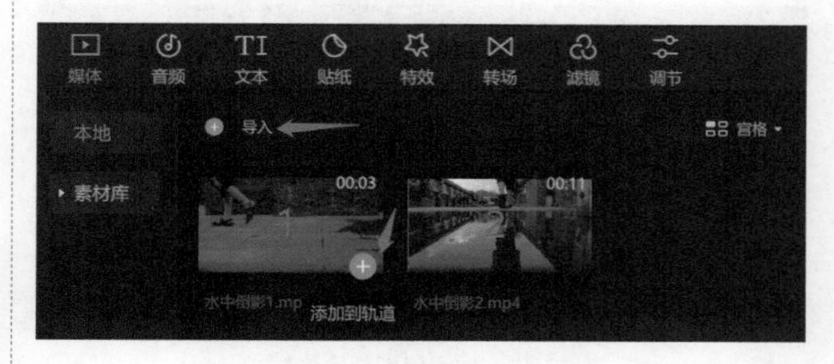

图38-4　导入并添加素材

第2步：将视频进行剪辑，两段视频动作须连贯，如案例中第一段视频保留人物行走前两步的画面，那么第二段视频就应删除人物行走前两步的画面，如图38-5所示。

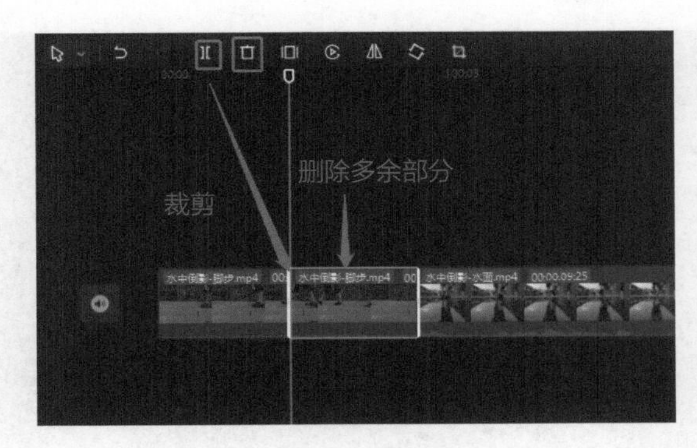

图38-5 裁剪视频

第3步：给两段视频添加一个转场效果，案例转场效果选择“叠化”，如图38-6所示。

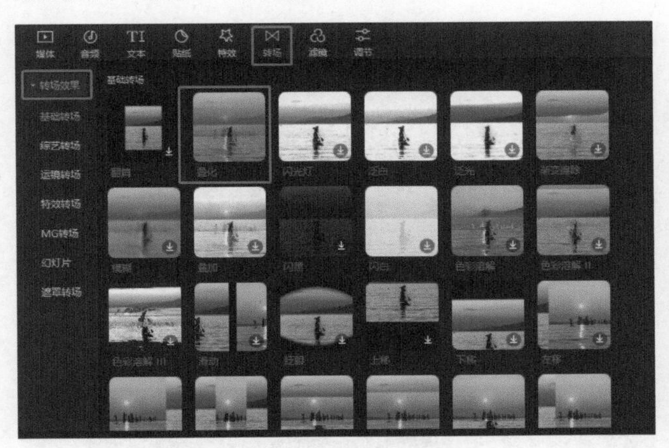

图38-6 添加转场效果

第4步：将第二段视频进行一个常规变速，案例中将速度调为0.7倍（如拍摄时人物走路速度较慢可不变速），如图38-7所示。

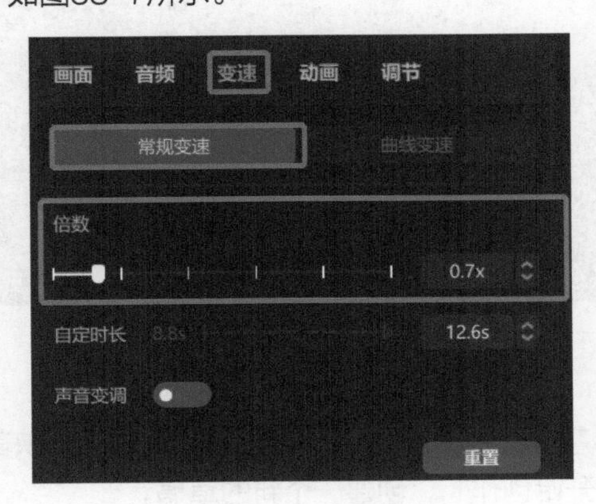

图38-7 视频变速

第5步：给视频添加一个合适的滤镜，并将滤镜时长与视频时长对齐，这里滤镜选择“红与蓝”，如图38-8所示。

图38-8 添加滤镜

第6步：给视频添加一个调节，调整视频的对比度与锐化（根据视频效果调节即可），如图38-9所示。

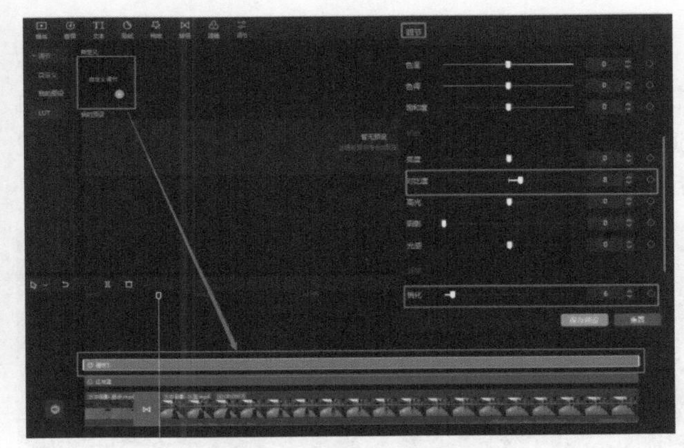

图38-9 添加视频调节

第7步：给视频添加一个开幕特效与闭幕特效，并将开幕特效与视频开始对齐，开幕时长为视频前几秒，闭幕特效放至视频末尾，时长为视频结束前几秒，结束时与视频末尾对齐。案例所用特效为“开幕”与“闭幕”，如图38-10所示。

图38-10 添加开幕和闭幕特效

第8步：给开幕特效添加一个“变清晰”特效，时长比开幕多一段时长即可，如图38-11所示。

图38-11　添加特效“变清晰”并调整时长

第9步：给视频添加一首自己喜欢的音乐，在搜索栏中搜索自己想要的歌曲“还有我”，将音乐添加到轨道上，然后将多余的音乐进行分割与删除，如图38-12所示。

图38-12　添加并裁剪音频

第10步：关闭视频原声，选中音乐，在“文本”面板中选择识别歌词功能，单击“开始识别”按钮，如图38-13所示。

第11步：歌词识别完毕后，在播放器界面或功能区调整文字的字体、大小和位置。调整后，可以选择喜欢的花字，如图38-14所示。

第12步：将文字分别添加一个入场动画，并调整动画时长，这里选择“卡拉OK”，如图38-15所示。

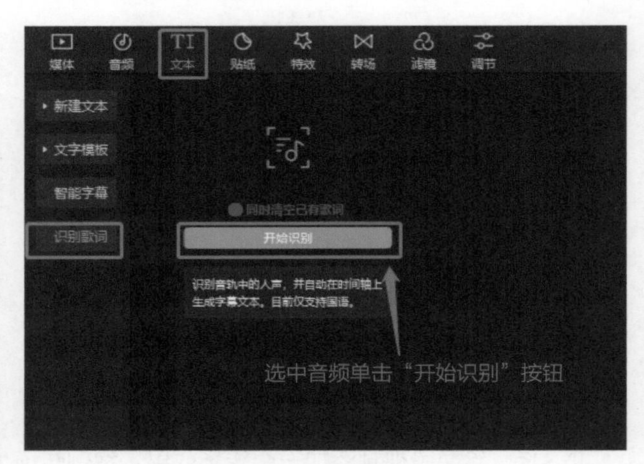

图38-13　使用歌词识别功能

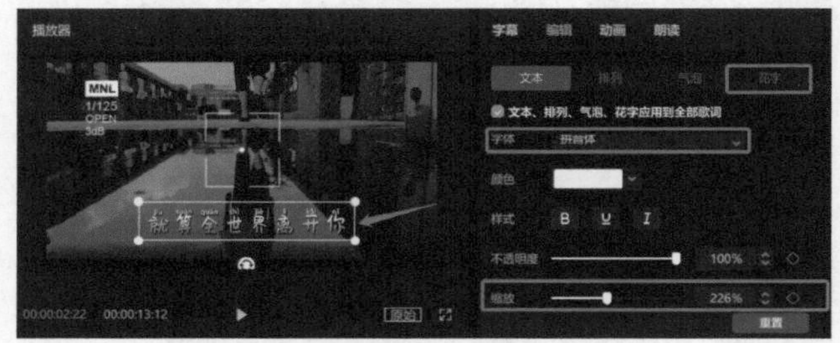

图38-14　调整视频歌词文字样式

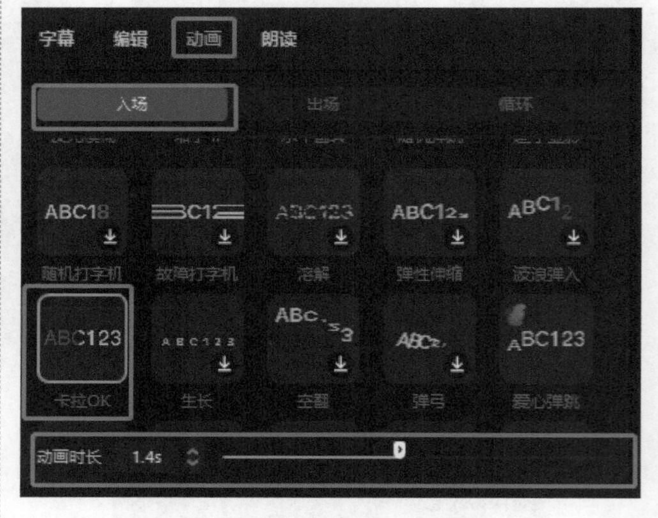

图38-15　添加文字入场动画

第13步：将视频导出，导出完毕后返回剪映首页，单击“开始创作”，创建一个新的草稿。

第14步：将导出的视频导入新的草稿中，将视频比例改为9：16，在特效中添加“三屏”特效，并将特效时长与视频时长对齐，如图38-16所示。

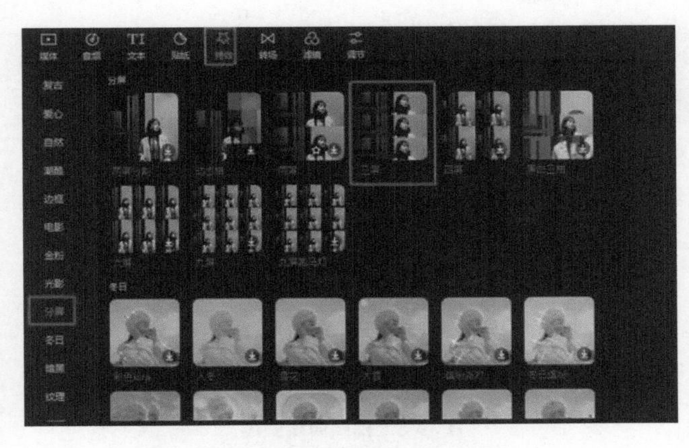

图38-16　调整视频比例并添加“三屏”特效

第15步：导出视频，制作完成。

38.4 举一反三

1. 利用水的倒影拍摄好看的风景。
2. 通过剪辑，实现人物在水面走的画面。
3. 镜头反转，竟然一时分不清哪个是实物哪个是倒影。

第39课　水中拍摄

本课程介绍如何制作水灵灵的效果。

39.1 案例效果

水中拍摄效果图如图39-1所示。

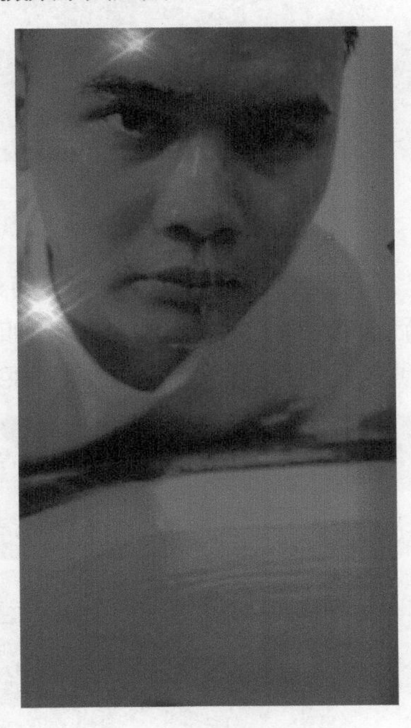

图39-1　水中拍摄效果图

39.2 拍摄

拍摄步骤：

拍摄一段从水里抬起头的视频，如图39-2所示。

图39-2　从水中抬头的画面

注意事项：

（1）拍摄时镜头尽量不要移动。

（2）拍摄人物时动作不要太快。

39.3 视频制作

制作步骤：

第1步：导入准备好的视频素材并添加到轨道上，如图39-3所示。

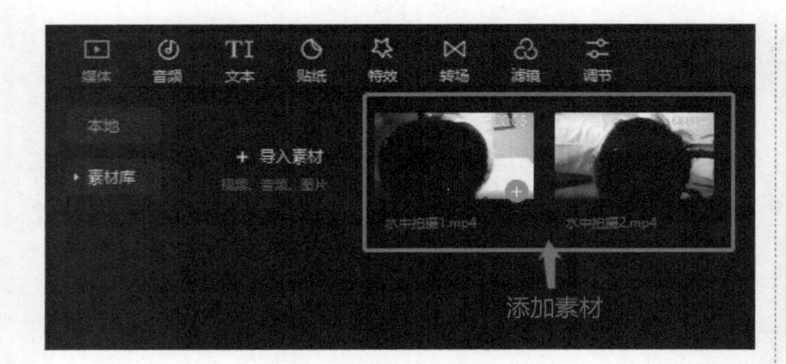

图39-3　导入并添加素材

第2步：在播放器界面中找到画面比例，单击后将画面比例调整为9：16。调整画面比例如图39-4所示。

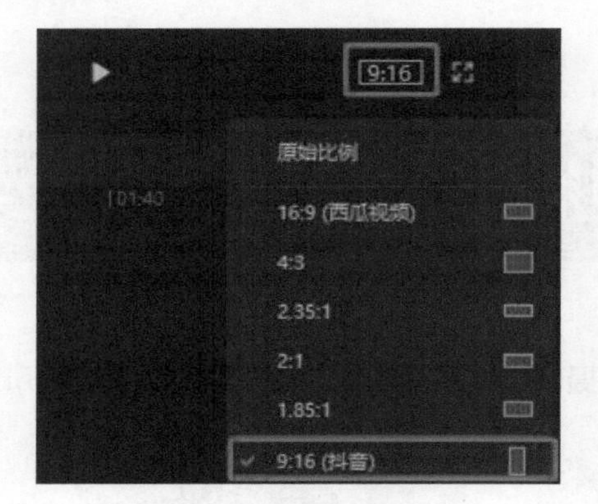

图39-4　调整画面比例

第3步：在右上角的功能区选择“画面”选项，在“基础”面板中找到“旋转”“缩放”参数，调整两个参数，将画面调整正常。画面的旋转和缩放如图39-5所示。

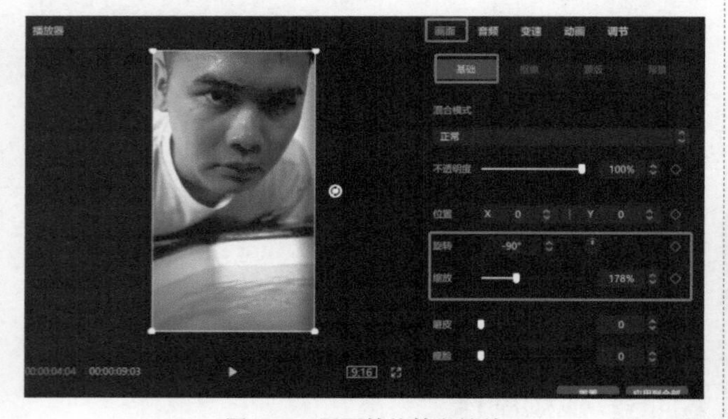

图39-5　画面的旋转和缩放

第4步：选中视频素材，在右上角的功能区选择“变速”选项，在“曲线变速”面板中选择“蒙太奇”，可通过下方的曲线图进行调整，越向上拉速度就越快，越向下拉速度就越慢。视频曲线变速如图39-6所示。

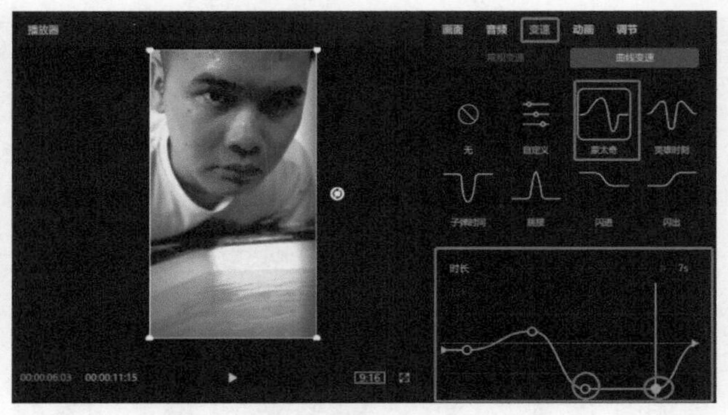

图39-6　视频曲线变速

第5步：在素材区执行“滤镜”→“滤镜库”命令“风格化”中选择“蒸汽波”，单击加号添加到轨道上，拖曳两端与视频素材前后对齐。添加滤镜如图39-7所示。

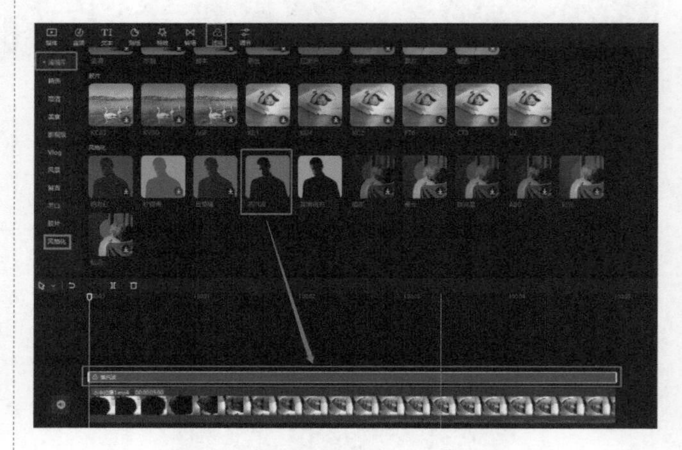

图39-7　添加滤镜

第6步：在素材区执行“特效”→“特效效果”命令，在“基础”中选择“擦拭开幕”，单击加号添加到轨道上，拖曳到视频开始位置。添加特效如图39-8所示。

图39-8　添加特效（1）

第7步：在“基础”中选择“粒子模糊”，单击加号添加到轨道上，拖曳到当前位置。添加特效如图39-9所示。

图39-9　添加特效（2）

第8步：在“Bling”中选择“自然Ⅳ”，单击加号添加到轨道上。添加特效如图39-10所示。

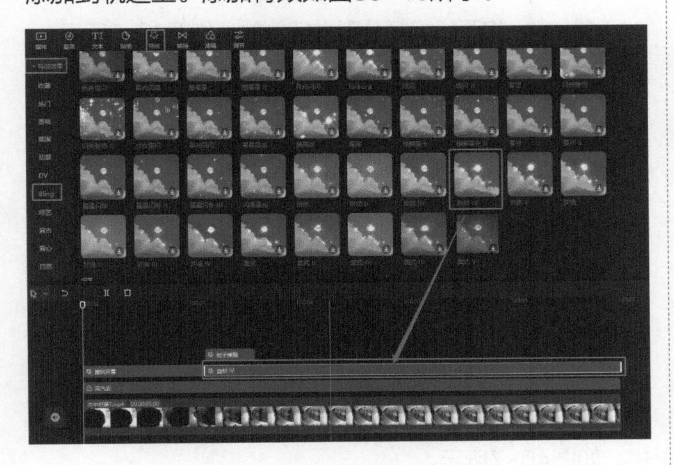

图39-10　添加特效（3）

第9步：在素材区执行“音频”→“音乐素材”命令，选择合适的音乐并将其添加到轨道上。添加音乐如图39-11所示。

图39-11　添加音乐

第10步：将分辨率及帧率调整至最大，导出视频即可。

39.4 举一反三

1. 闪闪地下雨。
2. 水灵灵的植物。

第40课　倒　放

本课程介绍利用剪映的倒放与蒙版功能，呈现覆水能收与污水净化的情景。

40.1 案例效果

倒放效果图如图40-1所示。

40.2 拍摄

拍摄步骤：

（1）固定相机，拍摄一段清水倒入地上的视频，如图40-2所示。

图40-1　倒放效果图

图40-2　清水视频

（2）相机位置保持不动，将瓶中清水换成墨水，再拍摄一段墨水倒入地上的视频，如图40-3所示。

图40-3　墨水视频

注意事项：

（1）相机需要固定不动。

（2）两段视频先拍清水后拍墨水，不宜穿帮。

40.3 视频制作

制作步骤：

第1步：导入拍摄的视频素材并添加到轨道上，如图40-4所示。

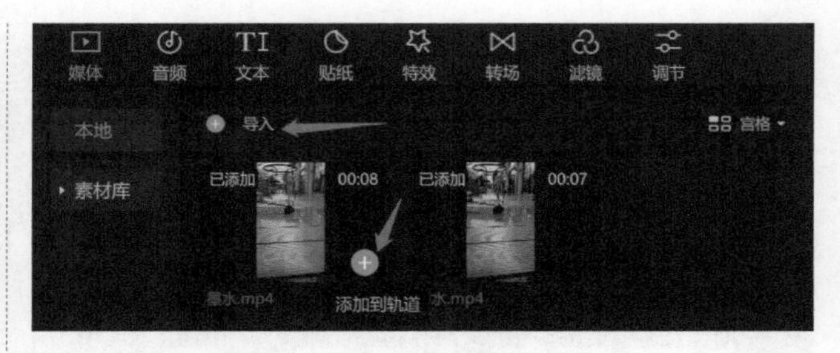

图40-4　导入并添加素材

第2步：将墨水视频置于清水视频上方轨道，对齐两段视频，将多余部分进行分割与删除，如图40-5所示。

图40-5　分割与删除

第3步：将两段视频分别进行倒放，如图40-6所示。

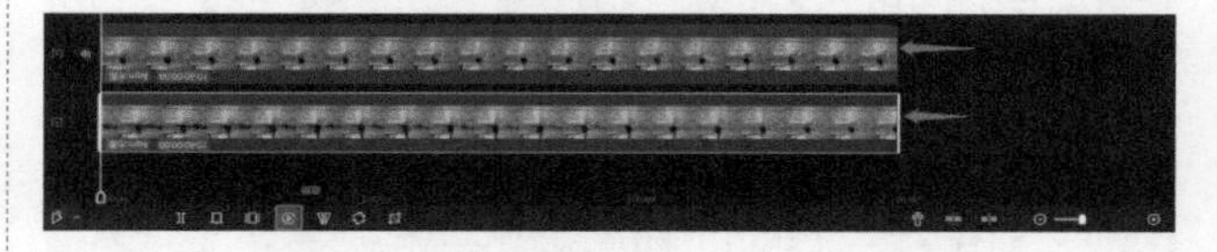

图40-6　倒放视频

第4步：倒放完毕后，选中上方墨水视频，在功能区界面给视频添加一个“线性”蒙版。将蒙版调整至瓶口的位置，画面上方为清水的瓶子，下方为墨水的地面。蒙版位置调整完后，拖动羽化，给蒙版添加一些羽化，如图40-7所示。

图40-7　墨水视频添加“线性”蒙版

第5步：蒙版调整完毕后，给视频添加一个滤镜，调整滤镜的强度，并将滤镜时长与视频时长对齐，案例中的滤镜为“黑金”，如图40-8所示。

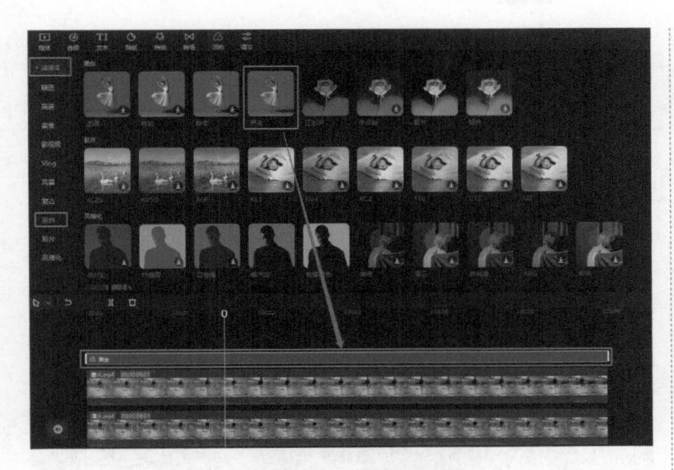

图40-8　添加并调整滤镜

第6步：给视频添加一个水音效，案例中所用音效为“冒泡声”，也可在音效素材库搜索栏中搜索想要的音效素材。音效时长为水开始流回瓶子到水全收回瓶子为止，删除多余的音效片段，如图40-9所示。

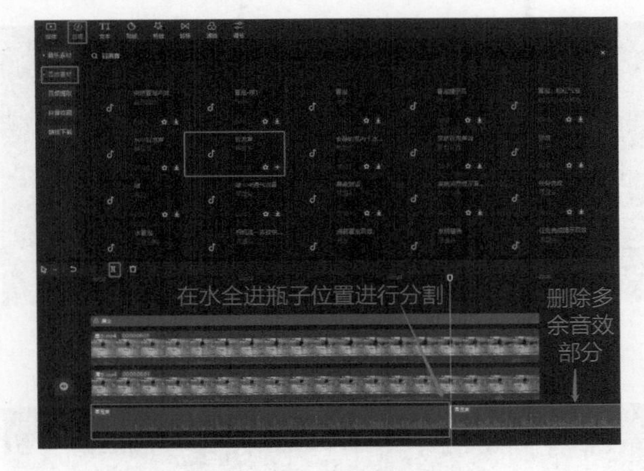

图40-9　添加并删除多余音效

第7步：将视频比例调为抖音适配比例9：16，导出视频，制作完成，如图40-10所示。

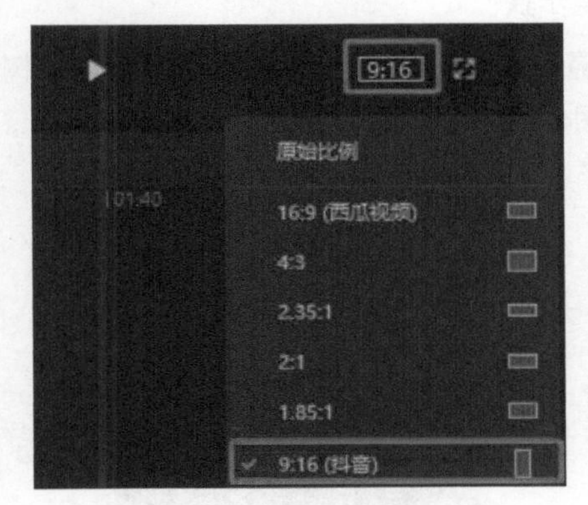

图40-10　调整视频比例并导出视频

40.4 举一反三

1. 将水龙头放在西瓜上，打开水龙头，居然从水龙头中流出了西瓜汁。

2. 瓶子里装满水，倒出来居然成了沙子。

3. 平时向天空排放污染大气的烟囱竟吸入五颜六色的云朵后喷出了彩虹。

第41课　小叶子生长记

本课程介绍如何制作倒放特效。

41.1 案例效果

小叶子生长效果图如图41-1所示。

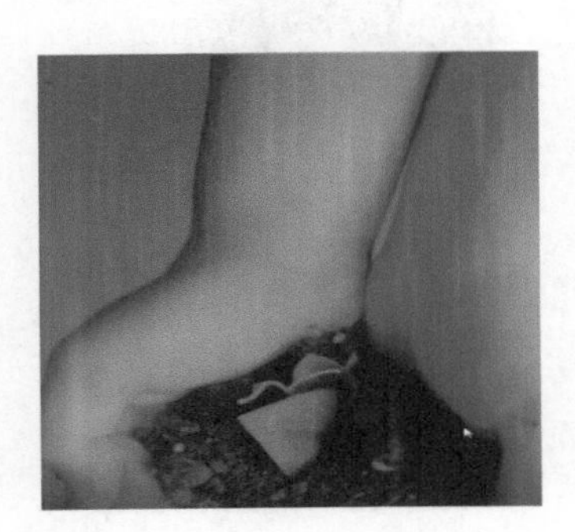

图41-1　小叶子生长效果图

41.2 拍摄

拍摄步骤：

拍摄一段手上捧着土然后逐渐在土里加树叶的视频，如图41-2所示。

图41-2　拍摄画面

注意事项：

事前准备好要处理的素材。

41.3 视频制作

制作步骤：

方法一：抖音

打开抖音先录制一段视频，单击主页面的“特效”按钮，选择“时间”选项，单击“时光倒流”按钮，对整个视频进行“时光倒流”的处理。添加特效如图41-3所示。

图41-3　添加特效

方法二：剪映

第1步：导入拍摄的视频素材并添加到轨道上，如图41-4所示。

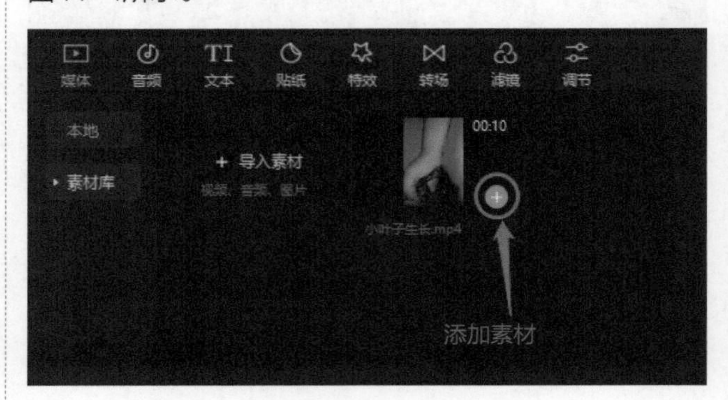

图41-4　导入并添加素材

第2步：对视频素材进行必要的剪裁，确保画面中没有第三方的水印。视频倒放如图41-5所示。裁剪画面如图41-6所示。

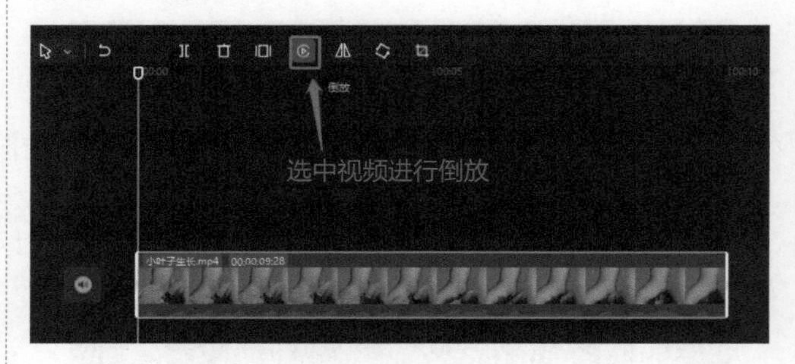

图41-5　视频倒放

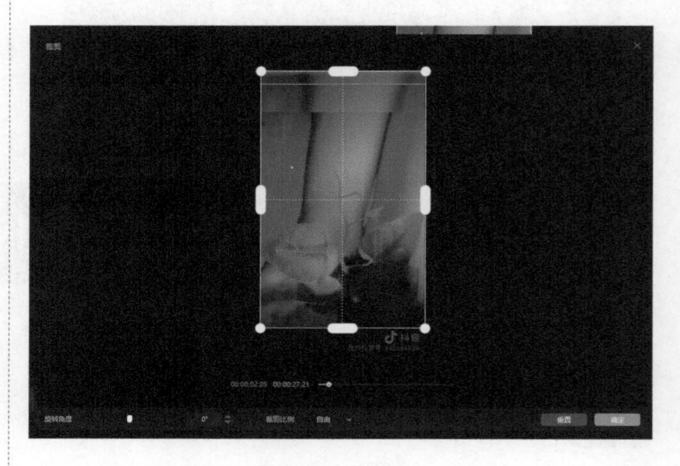

图41-6　裁剪画面

第3步：因为视频素材裁剪后的比例并不是标准的9：16，因此可以在视频素材的背后放一个模糊放大的视频素材。添加背景如图41-7所示。

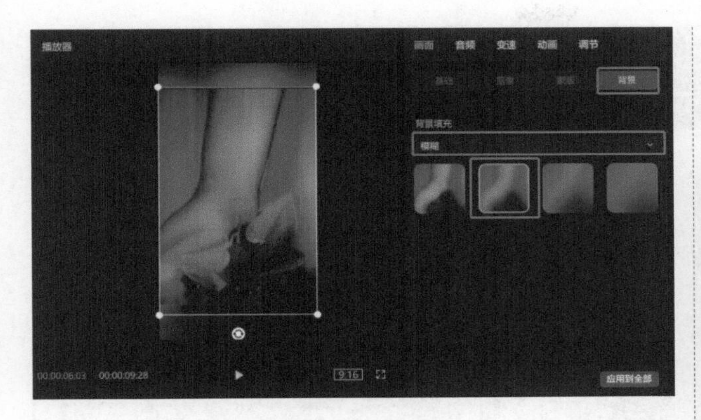

图41-7　添加背景

第4步：对整个视频素材添加滤镜及特效，本课程中使用的滤镜为“富士”，特效为“下雨”，如图41-8和图41-9所示。

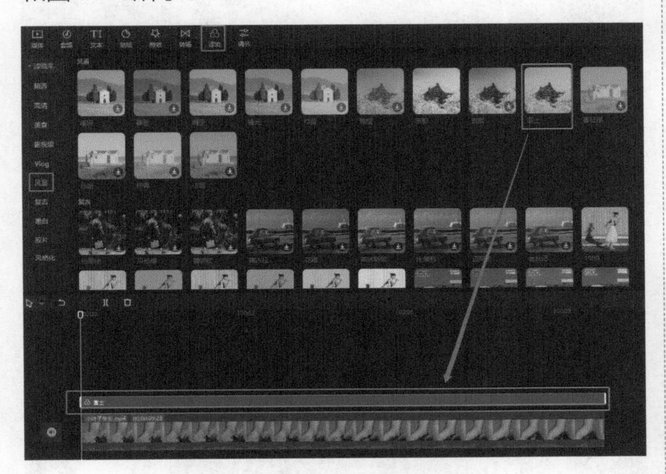

图41-8　添加滤镜

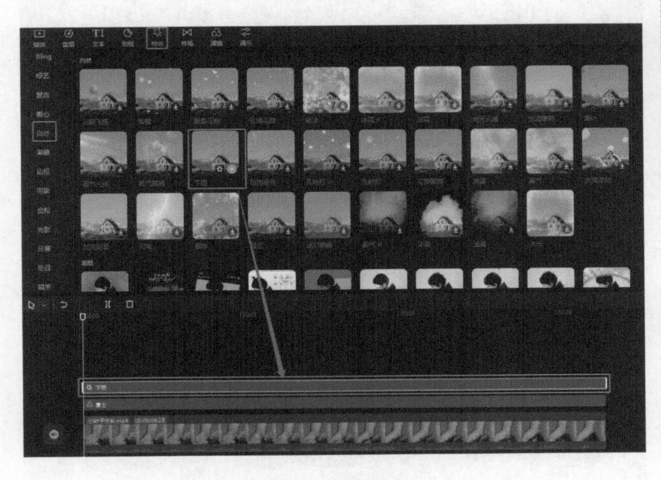

图41-9　添加特效

第5步：为保证视频完整性，配合“下雨”特效，这里对视频添加适当的特效音，使用的特效音为“雨声”。添加音效如图41-10所示。

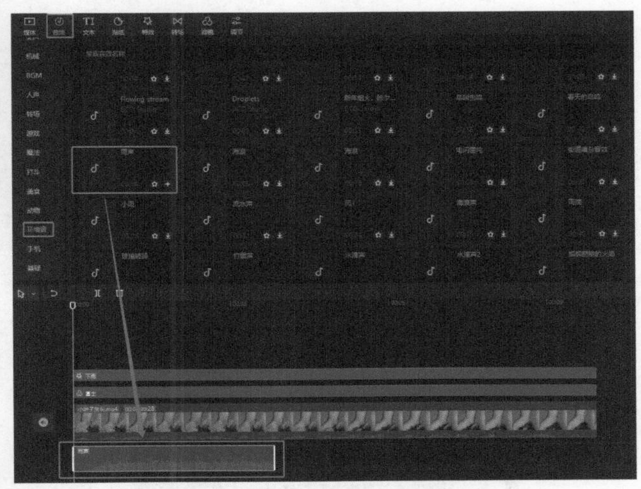

图41-10　添加音效

第6步：为让视频不显得单调，一般会对视频再添加背景音乐，本课程中使用的为“Bridge over Troubled Water”。添加音乐如图41-11所示。

图41-11　添加音乐

41.4 举一反三

1. 可以制作不可逆物体（如拿铁上的拉花、切蛋糕）复原的短视频。

2. 进行人物倒放，制作搞笑视频。

第42课　故乡火车站

本课程介绍如何制作饱含浓浓回忆感的短视频。

42.1 案例效果

故乡火车站效果图如图42-1所示。

图42-1　故乡火车站效果图

42.2 拍摄

拍摄步骤：

（1）拍摄一段去火车站的视频，从上楼梯开始到最后一个台阶即可，如图42-2所示。

图42-2　车站楼梯画面

（2）在火车车厢前拍摄一段人物刚从楼梯上来的视频，保持场景的连贯。当人物在车厢门前时，眼神望向远方（注意：人物不要注视镜头），如图42-3所示。

图42-3　车厢前画面

（3）镜头从下往上移动，拍摄一段天空的景象，跟随视频中人物的视角，如图42-4所示。

图42-4　人物仰望天空画面

（4）点明主题，拍摄一段火车站路牌的场景，人物看向路牌，如图42-5所示。

图42-5　地点路牌画面

注意事项：

（1）拍摄场景一定要连贯。

（2）拍摄时相机应保持稳定，不能让镜头抖动。

（3）拍摄时需多拍摄一段时间，方便裁剪。

42.3 视频制作

制作步骤：

第1步： 导入拍摄的四段视频并添加到轨道上，如图42-6所示。

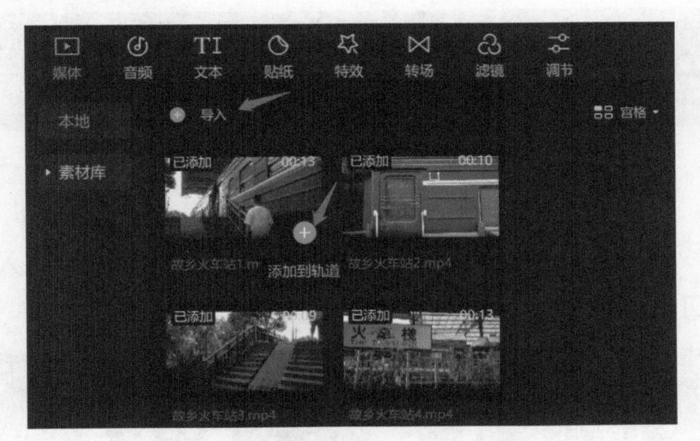

图42-6　导入并添加素材

第2步： 将四段视频多余部分分别进行分割与删除，如图42-7所示。

图42-7　裁剪视频

第3步： 如果两段视频之间过度生硬，可添加一个转场，并调整转场时长。案例中为第一段与第二段视频之间添加了“叠化”转场，如图42-8所示。

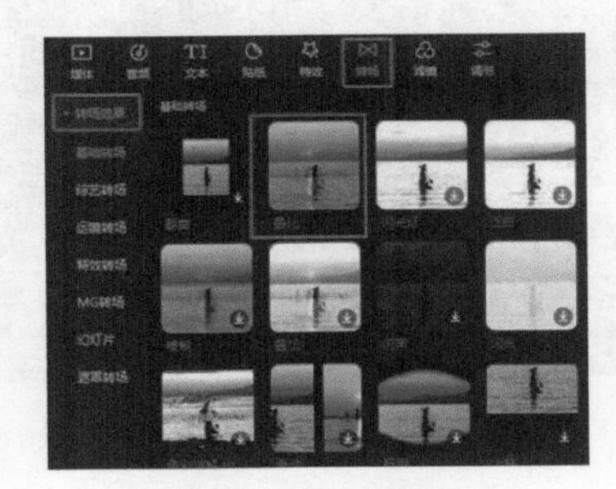

图42-8　添加转场效果

第4步： 在素材区执行“特效”→“特效效果”命令，为视频添加特效。案例中，在“基础”中选择“开幕”与“电影画幅”特效，在“复古”中选择“1998”特效。“开幕”特效放置在时间轴开始位置，时长不变，“电影画幅”与“1998”特效时长需调整到和视频时长一致，如图42-9所示。

图42-9　添加特效并调整时长

第5步： 将视频比例调整为9：16，并导出视频，如图42-10所示。

图42-10　调整视频比例

第6步： 新建一个草稿界面，将导出的视频导入并添加到轨道上，在“特效”中选择“三屏”特效，并将特效时长与视频时长对齐，如图42-11所示。

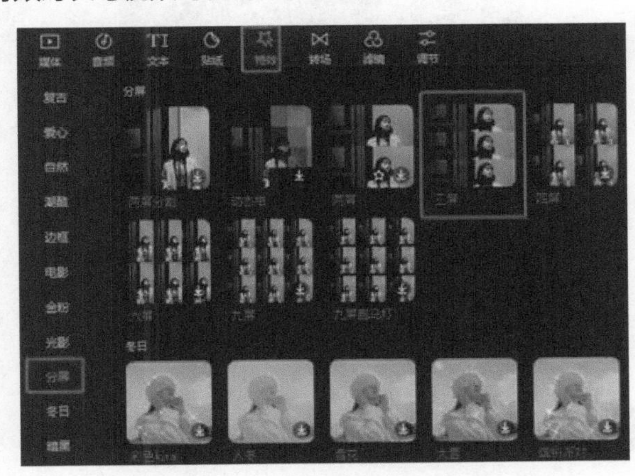

图42-11　导入视频并添加“三屏”特效

第7步：在素材区的音频中给视频添加一首适合画面的音乐，调整添加音频的时长，分割并删除超出视频的部分。如原视频有音频，则需要将视频原声关闭，案例所用音乐为“回到夏天”，如图42-12所示。

图42-12 添加并裁剪音频

第8步：导出视频，制作完成。

42.4 举一反三

1. 在不经意间看到一群小孩玩得很开心，然后转场回忆你自己小时候和朋友玩的场面。

2. 拍摄不同地方的不同风景，做成这些年你曾待过的地方的回忆。

3. 工作烦恼的时候，转场到美好的校园时光。

第43课 秀一秀饭店

本课程介绍如何利用剪映突出餐厅的环境和人物的优雅。

43.1 案例效果

秀一秀饭店效果图如图43-1所示。

图43-1 秀一秀饭店效果图

43.2 拍摄

拍摄步骤：

（1）拍摄一段餐厅外部大环境，包含餐厅的入口，如图43-2所示。

图43-2 餐厅外部大环境

（2）拍摄一段人物从外面进入餐厅的画面，如图43-3所示。

图43-3 人物进入餐厅画面

（3）拍摄一段人物在餐厅喝茶或用餐的画面，如图43-4所示。

图43-4　人物餐厅用餐画面

（4）拍摄一段整个用餐环境的镜头，如图43-5所示。

图43-5　用餐环境画面

注意事项：

（1）拍摄大环境时镜头要缓缓移动，移动幅度不能太大。

（2）拍摄人物进入餐厅时，镜头从环境上缓缓移动到人物身上。

43.3 视频制作

制作步骤：

第1步：导入拍摄的四段视频素材并添加到轨道上，如图43-6所示。

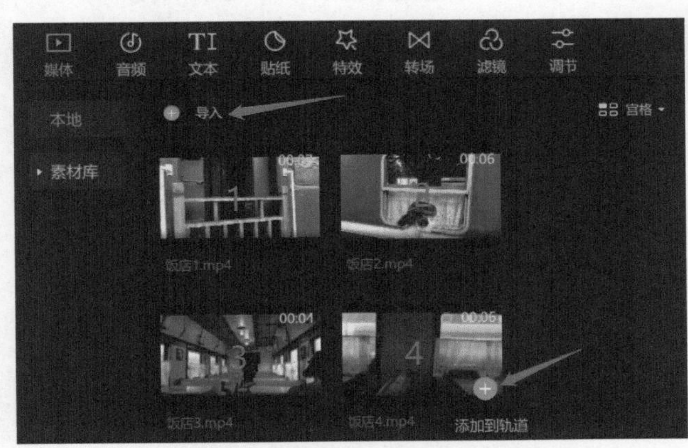

图43-6　导入并添加素材

第2步：对导入的视频进行裁剪，如图43-7所示。

图43-7　裁剪视频

第3步：两段视频之间分别添加一个转场，并调整转场的时长，如图43-8所示，案例所用转场为“回忆”和“叠化”，如图43-9所示。

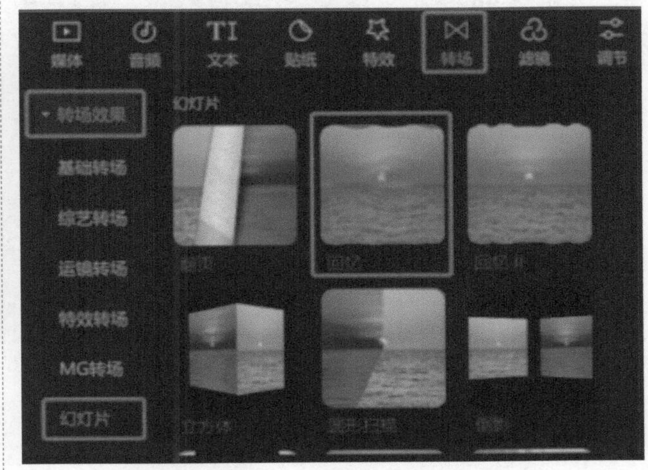

图43-8　添加转场（1）

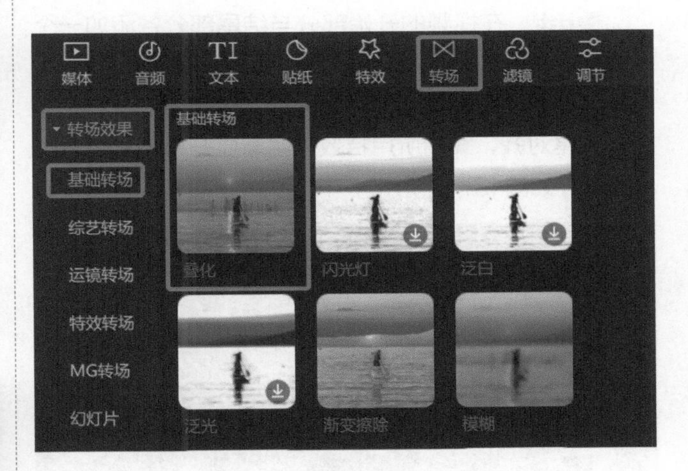

图43-9　添加转场（2）

第4步：给视频添加一个合适的滤镜，并将滤镜的时长与视频的时长对齐，案例所用滤镜为“远途”，如图43-10所示。

第5步：给视频添加一个边框，将边框特效时长与视频时长对齐，案例所用边框为“录制边框Ⅲ”，如图43-11所示。

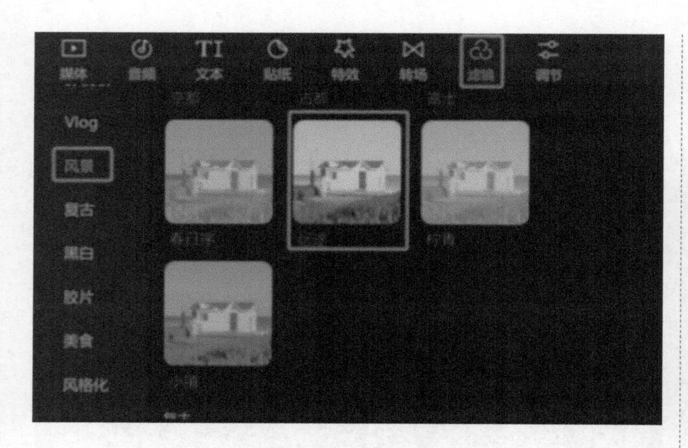

图43-10　添加“远途”滤镜

图43-11　添加“录制边框Ⅲ”边框

第6步：在视频的开始部分与结尾部分各添加一个开幕与闭幕特效，开幕特效时长为视频开始前几秒，闭幕特效放至视频结尾处，时长为视频结束前几秒，并与视频末尾对齐，案例所用特效为“渐显开幕”和“渐隐闭幕”，如图43-12所示。

图43-12　添加开幕与闭幕特效

第7步：添加一首自己喜欢的、符合情境的音乐，将音乐中多出的时长进行分割与删除，案例中所选音乐为“烟雨秦淮”，如图43-13所示。

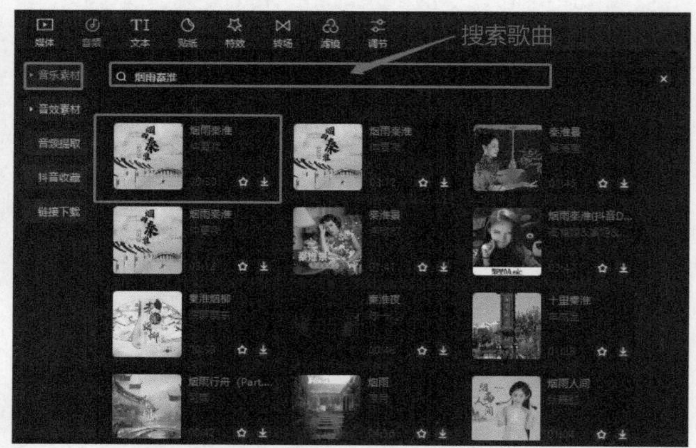

图43-13　添加并裁剪音乐

第8步：将视频导出，关闭此草稿或直接返回剪映主界面，单击“开始创作”按钮，创建一个新的草稿。

第9步：将导出的视频导入新建草稿中，将视频的比例调整为9：16，给视频添加一个“三屏”特效，将特效时长与视频时长对齐，如图43-14所示。

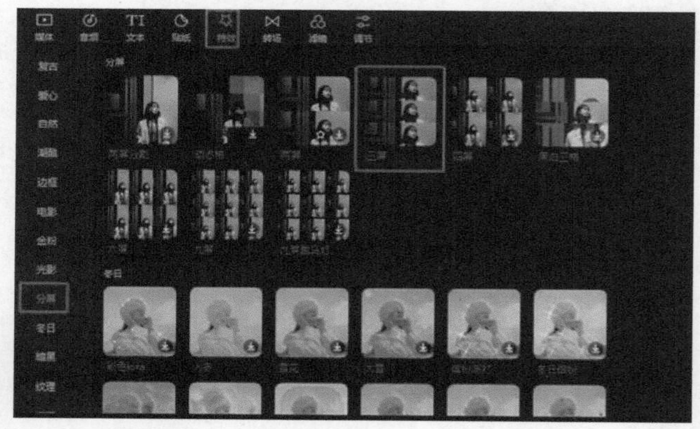

图43-14　调整视频比例并添加“三屏”特效

第10步：将视频导出，制作完成。

43.4 举一反三

1. 拍摄以案例同样的手法表现办公室中场景。
2. 拍摄和同事一起喝下午茶的视频。

第44课　流水拍摄

本课程介绍如何制作具有变速效果的短视频。

44.1 案例效果

流水变速效果图如图44-1所示。

图44-1　流水变速效果图

44.2 拍摄

拍摄步骤：

拍摄一段喷泉的视频，如图44-2所示。

图44-2　喷泉视频画面

注意事项：

（1）拍摄时尽量不要变更镜头角度。

（2）拍摄时间尽可能长一些。

44.3 视频制作

制作步骤：

第1步： 导入拍摄好的视频素材并添加到轨道上（视频素材使用了手机里的慢动作拍摄功能），如图44-3所示。

图44-3　导入并添加素材

第2步： 在素材区执行“滤镜”→“滤镜库”命令，在“复古”中选择“老友记”，单击加号将其添加到轨道上，拖曳两端与视频素材前后对齐。添加滤镜如图44-4所示。

图44-4　添加滤镜

第3步： 选中视频素材，在右上角的功能区选择“调节”选项，调整“对比度”参数。调整对比度如图44-5所示。

图44-5 调整对比度

第4步： 在素材区执行“音频”→“音乐素材”命令，在“纯音乐”中选择合适的音乐，单击加号添加到轨道上。添加音乐如图44-6所示。

图44-6 添加音乐

第5步： 在素材区执行“特效”→“特效效果”命令，在“基础”中选择“变清晰”，单击加号添加到轨道上，拖曳到视频素材开始位置。添加特效如图44-7所示。

第6步： 添加完后，再选择“粒子模糊”，单击加号添加到轨道上，拖曳到与视频素材开始位置。添加特效如图44-8所示。

图44-7 添加特效（1）

图44-8 添加特效（2）

第7步： 继续在“基础”中选择“渐隐闭幕”，单击添加到轨道上，拖曳到视频素材结束位置。添加特效如图44-9所示。

图44-9 添加特效（3）

第8步：在播放器界面右下角找到画面比例按钮，单击按钮并将画面比例调整为9：16。调整画面比例如图44-10所示。

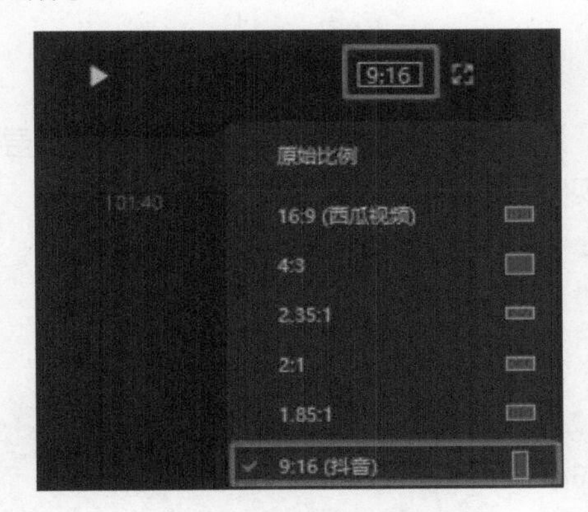

图44-10　调整画面比例

第9步：选中视频素材，到右上角的功能区选择“画面”，在“背景”中选择“模糊”。添加背景如图44-11所示。

图44-11　添加背景

第10步：在素材区执行“贴纸”→“贴纸素材”命令，在“plog”中选择想要添加的贴纸文字，单击加号添加到轨道上，拖曳到合适的位置。添加贴纸如图44-12所示。

图44-12　添加贴纸

第11步：选中添加进来的贴纸文字，在右上角的功能区调整贴纸在画面中的摆放位置。调整贴纸大小和位置如图44-13所示。

图44-13　调整贴纸大小和位置

第12步：将分辨率及帧率调整至最大，导出视频即可。

44.4 举一反三

1. 一个跑步的人，开始正常速度，然后突然变成慢动作特写，最后又变回正常速度。

2. 一只飞行的小鸟，开始正常速度飞行，然后突然慢动作特写，最后变回正常速度。

第45课　指点江山

疫情期间，如何在家里也能观赏祖国的大好河山呢！本课程将介绍如何制作“云赏景”。

45.1 案例效果

指点江山效果图如图45-1所示。

图45-1　指点江山效果图

45.2 拍摄

拍摄步骤：

（1）拍摄一段人物的绿幕素材（人物做出欣赏风景的动作），如图45-2所示。

图45-2　人物欣赏风景绿幕素材

（2）拍摄一段风景的视频，或在网络上寻找好看的风光视频，如图45-3所示。

图45-3　风光素材

45.3 视频制作

制作步骤：

第1步： 导入准备好的视频素材并添加到轨道上，如图45-4所示。

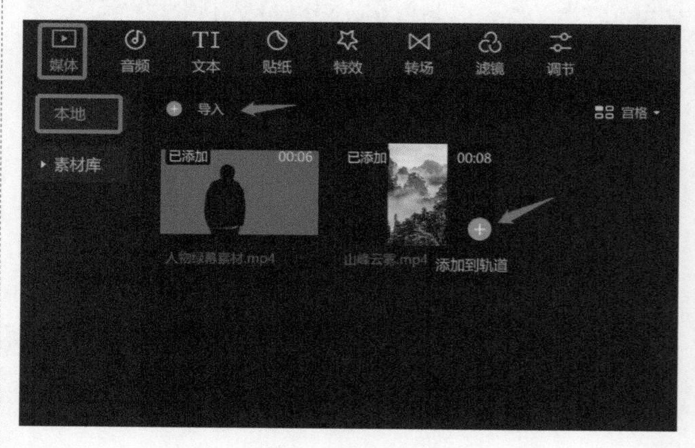

图45-4　导入并添加素材

第2步： 将人物绿幕素材放在风景视频上方，选中人物绿幕素材，在功能区进行人物智能抠像，如图45-5所示。

图45-5　使用人物智能抠像功能

第3步：将风景多出的时长部分进行分割与删除，在播放器界面或功能区对风景视频放大，如图45-6所示。

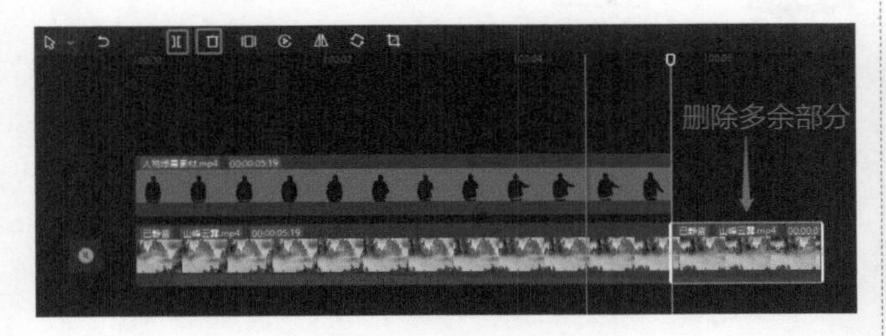

图45-6　放大并裁剪风景素材

第4步：选中人物视频，对人物进行素材的调节，如案例风景素材偏蓝，可将人物的色温调蓝，如图45-7所示。

图45-7　调节绿幕素材

第5步：导出视频，关闭该界面或返回主界面，在主界面单击“开始创作”按钮，创建一个新的草稿。

第6步：在新草稿中导入刚导出的视频，将视频比例调整为抖音适配比例9：16，调整比例后给视频添加特效，在“分屏”中选择“黑白三格”特效，并将特效时长与视频时长对齐，如图45-8所示。

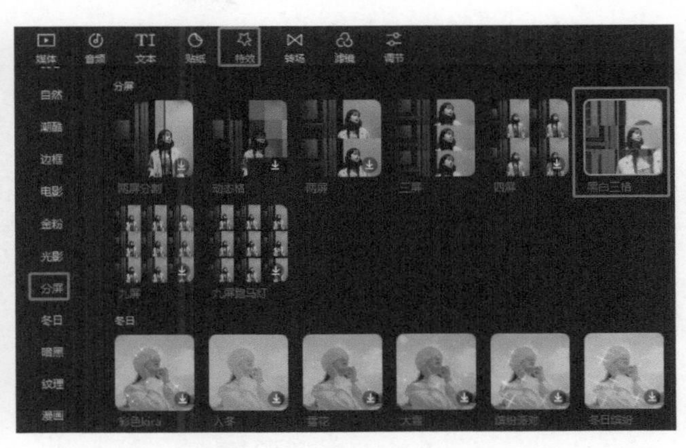

图45-8　调整视频比例并添加“黑白三格”特效

第7步：添加自己喜欢的贴纸，在播放器界面或功能区调整贴纸的大小和位置，调整后，将贴纸的时长与视频时长对齐，如图45-9所示。

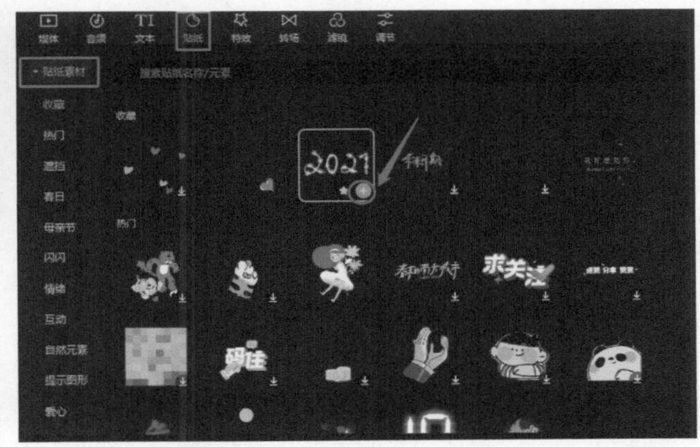

图45-9　添加贴纸

第8步：给视频添加一个自己喜欢的特效，将特效时长与视频时长对齐，案例所用特效为“花瓣飘落”，如图45-10所示。

图45-10　添加特效

第9步：关闭视频原声或将视频音频分离后删除，如图45-11所示。

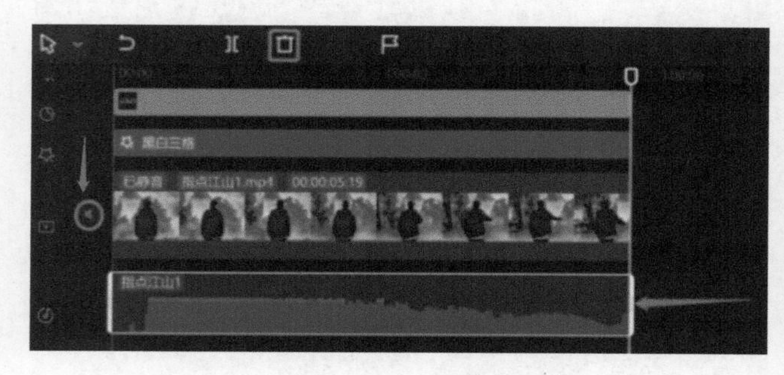

图45-11　关闭视频原声

第10步：添加一首自己喜欢的音乐，可在音频界面搜索想要的音乐，并将音乐多出视频部分的时长进行分割与删除，案例音乐为“飞云之下”，如图45-12所示。

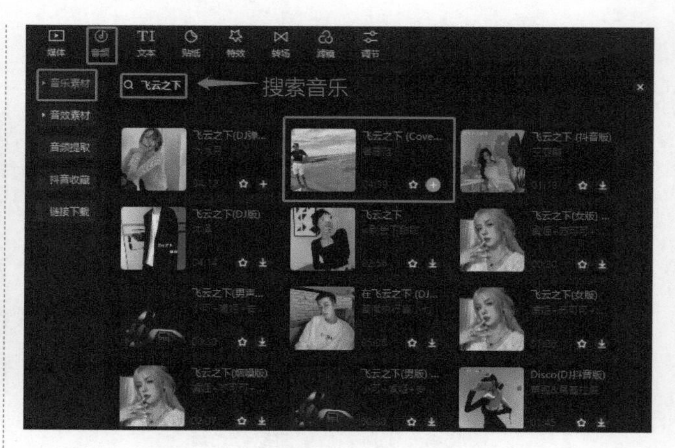

图45-12　添加音频

第11步：导出视频，制作完成。

45.4 举一反三

1. 人物在天空中踩着云朵走路。
2. 手一挥换一个国家的风景，欣赏各个国家的风景。

第4部分

如何制作脑洞创意类热门短视频

第46课　灵魂出窍

场景：本课程中，主角原本是一个乞丐，睡梦中灵魂出窍，成了一个富豪，遇到一个美丽的姑娘，富豪送给姑娘一把鲜花并和姑娘进行了愉快的交谈。多年后梦想成真，乞丐变成了富豪。

46.1 案例效果

灵魂出窍效果图如图46-1所示。

图46-1　灵魂出窍效果图

46.2 拍摄

拍摄步骤：

（1）固定好拍摄的机位，摆好拍摄道具，化装成乞丐的演员先躺在地上摆好姿势，拍摄一段视频素材，如图46-2所示。

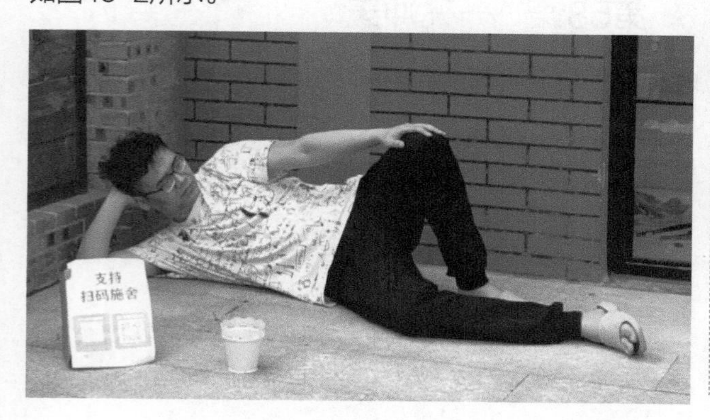

图46-2　“乞丐”躺下画面

（2）标记好大概的位置，演员换装成富豪，在原来位置躺下，姿势尽量和原来的一致。拍摄演员站起身来，朝镜头外走去，如图46-3所示。

图46-3　“富豪”躺下画面

（3）后续剧情可根据需要自行拓展。

注意事项：

（1）两段视频要求同一个机位，务必保证摄像机和道具全程不要移动。

（2）拍摄时先让演员站在镜头内，确保站起来后全身都能拍到。

（3）两段视频位置一定要一致，姿势倒不必完全一致，大致一样就行。

（4）圆形蒙版是为了让两个人重合处更清晰，根据实际效果可以选择添加或者不添加。

46.3 视频制作

制作步骤：

第1步：导入拍摄的两段视频素材，并将第一段视频添加到轨道上，如图46-4所示。

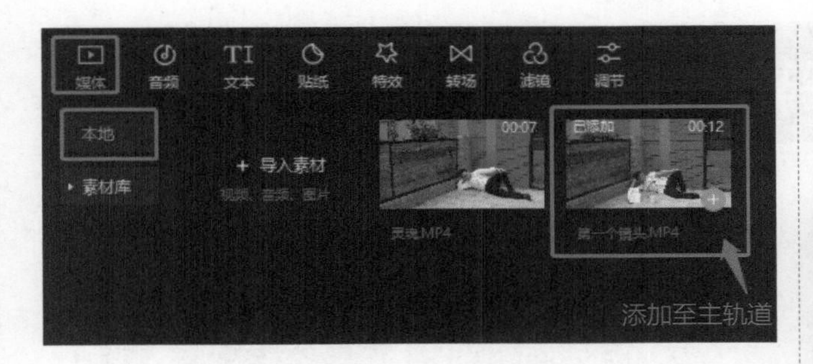

图46-4　将“乞丐”视频素材添加到轨道上

第2步： 将第二段视频添加到轨道上并放置在第一段视频的上方，如图46-5所示。

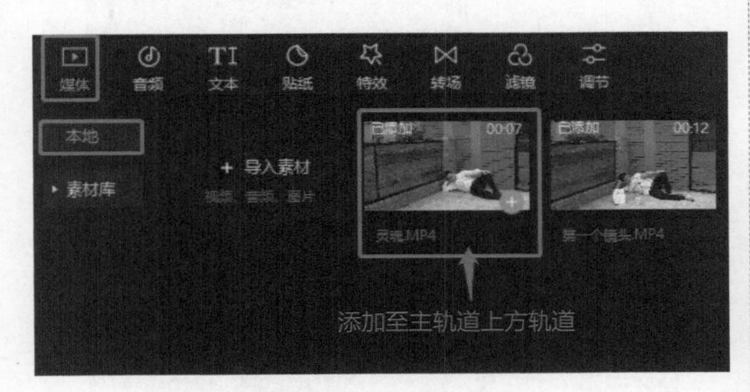

图46-5　添加“富豪”视频素材至上方轨道

第3步： 将第二段视频缩放到合适大小，降低不透明度，如图46-6所示。

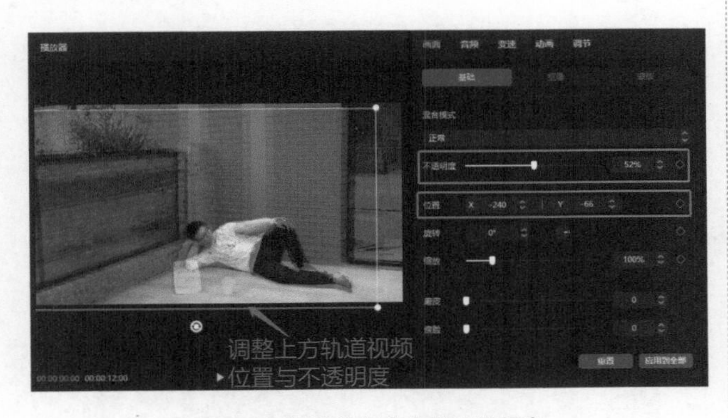

图46-6　调整视频大小及不透明度

第4步： 添加圆形蒙版，将第一个视频中的乞丐全身圈进去，如图46-7所示。

第5步： 将第一段视频多余的部分裁剪掉，并和第二段对齐结束，如图46-8所示。

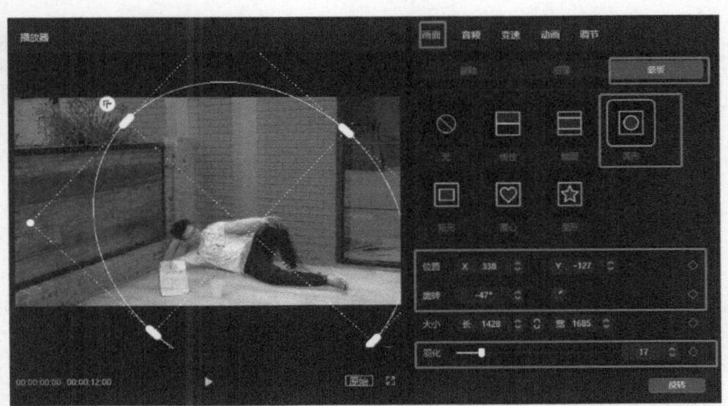

图46-7　添加圆形蒙版

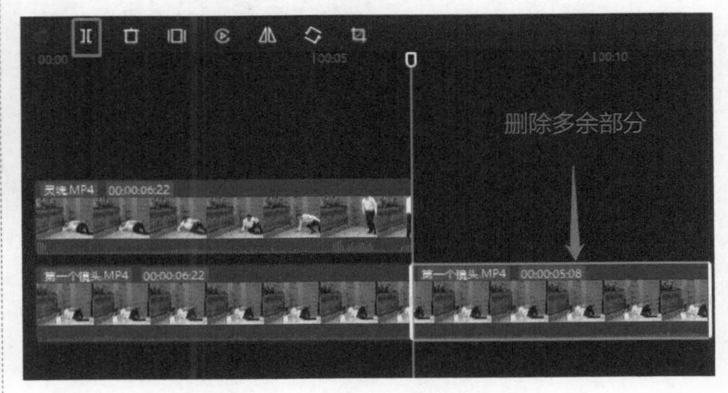

图46-8　裁剪并对齐两段视频

第6步： 将后续剧情添加到主轨道后方。

第7步： 加上音乐，导出视频即可。

46.4 举一反三

运用这个视频的创意思路和制作方法，可以制作类似的创意视频，下面的效果大家可以自己动手尝试。

1. 睡梦中灵魂出窍去游玩。
2. 灵魂出窍穿墙而过。

第47课　手掌放烟花

本课程介绍如何制作手掌放烟花的效果。

47.1 案例效果

手掌放烟花效果图如图47-1所示。

图47-1　手掌放烟花效果图

47.2 拍摄

拍摄步骤：

（1）固定好相机。

（2）拍摄一个倒计时镜头，演员依次做出三、二、一的手势，如图47-2～图47-4所示。

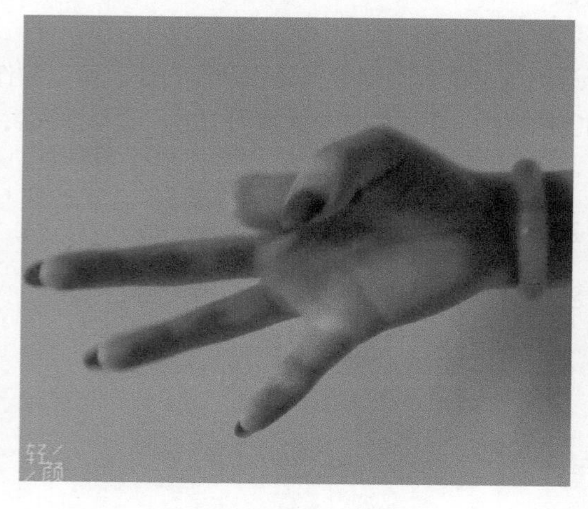

图47-2　倒计时画面（1）

图47-3　倒计时画面（2）

图47-4　倒计时画面（3）

（3）最后做一个手掌张开的动作，如图47-5所示。

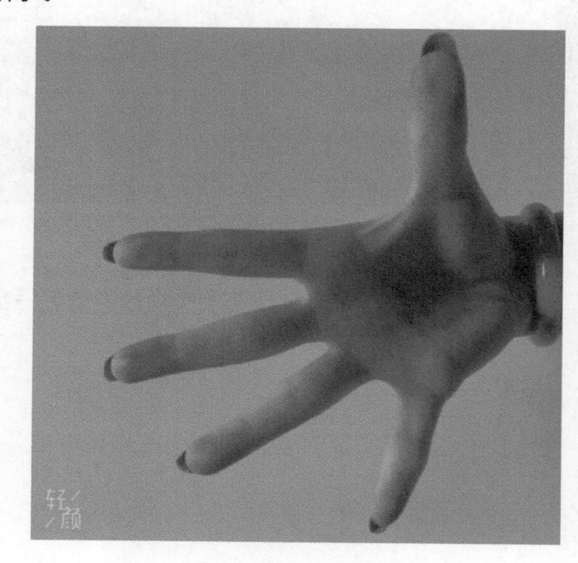

图47-5　手掌张开画面

注意事项：

（1）以上动作可以根据拍摄者的创意随意变换，最后有手掌张开的动作就可以。

（2）添加第一个贴纸后，后面的可以直接复制，对准手指张开的时间，调整好位置即可。

47.3 视频制作

制作步骤：

第1步：导入拍摄的视频素材并添加到轨道上，如图47-6所示。

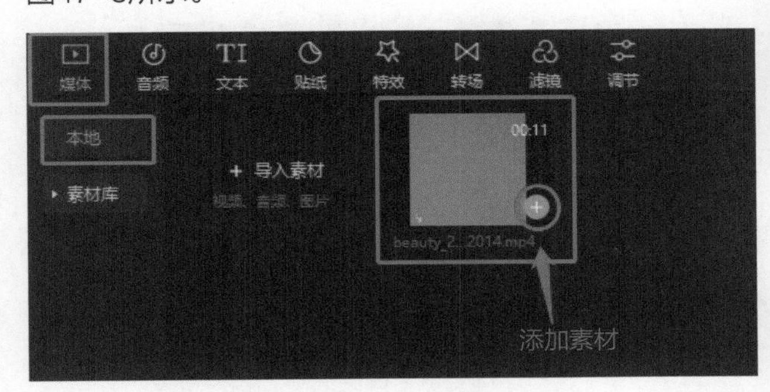

图47-6　导入并添加素材

第2步：调整比例，裁剪到合适大小，如图47-7所示。

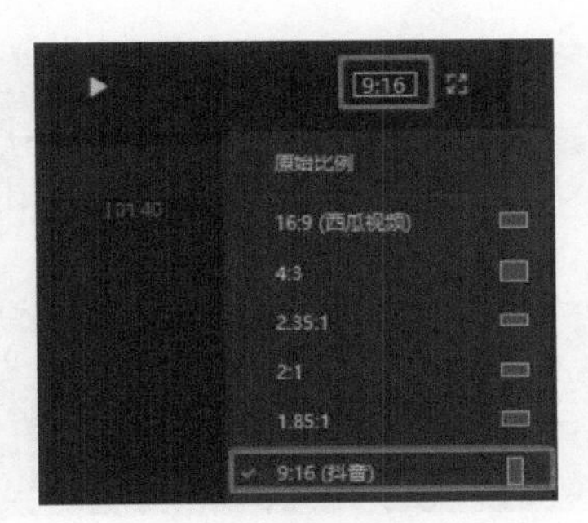

图47-7　调整画面比例

第3步：在"背景"中选择"模糊"，如图47-8所示。

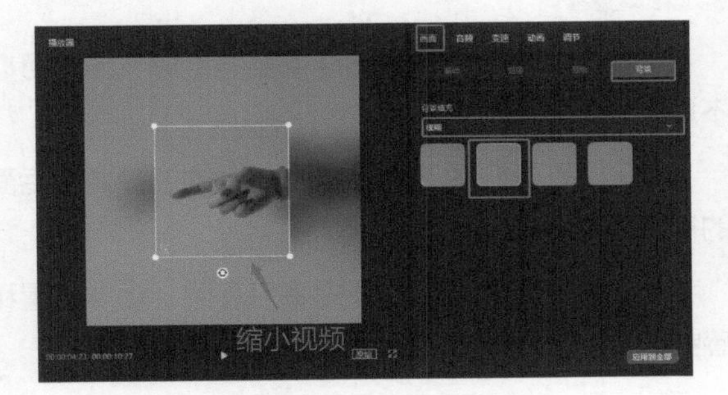

图47-8　添加背景

第4步：在每个手指和手掌的位置添加烟花贴纸，调整好大小，注意对好它们出现的时间。添加贴纸如图47-9所示。调整贴纸大小和位置如图47-10所示。

图47-9　添加贴纸

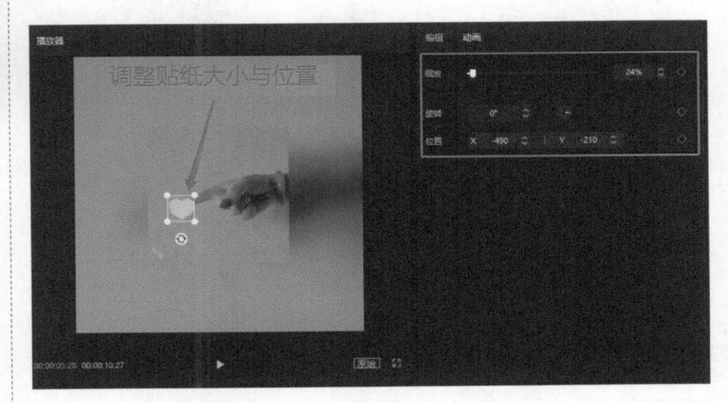

图47-10　调整贴纸大小和位置

第5步：添加特效，如图47-11所示。

图47-11　添加特效

第6步：添加音乐，导出视频即可。

47.4 举一反三

运用这个视频的创意思路和制作方法，可以制作类似的创意视频，下面的效果大家可以自己动手尝试。

尝试各种场景和动作，加上不同的贴纸，制作一个浪漫的视频吧！

第48课　人物金片炸开效果

本课程介绍如何制作人物金片炸开的效果。

48.1 案例效果

人物金片炸开效果图如图48-1所示。

图48-1　人物金片炸开效果图

48.2 拍摄

拍摄步骤：

（1）用三脚架架好相机，拍摄一张空镜的场景照片，如图48-2所示。

图48-2　场景空镜头

（2）演员在镜头前伸出手掌，自己设定动作，拍摄一个倒计时效果，如图48-3所示。

图48-3　手指倒计时画面

（3）拍摄演员入镜跑向气球，跳起后踩爆气球，如图48-4所示。

图48-4　人物起跳动作

注意事项：

（1）如果实在不想踩气球或者踩不爆气球，可以不用这个道具，影响不大。

（2）相机架好后不要移动，空镜的位置要和后面的视频完全一致。

（3）拍摄前演员可以预先练习几遍，找准位置和感觉。

（4）粒子爆炸特效可在随书附赠的素材中找。

（5）粒子爆炸的视频条要放在最上层，不然看不见。

（6）手部倒计时的音效在三次手落下的位置都要添加。

48.3 视频制作

制作步骤：

第1步：导入拍摄好的手部倒计时、人物跳起视频，并添加到轨道上，将空场景视频拖曳到人物跳起视频的上方，如图48-5所示。

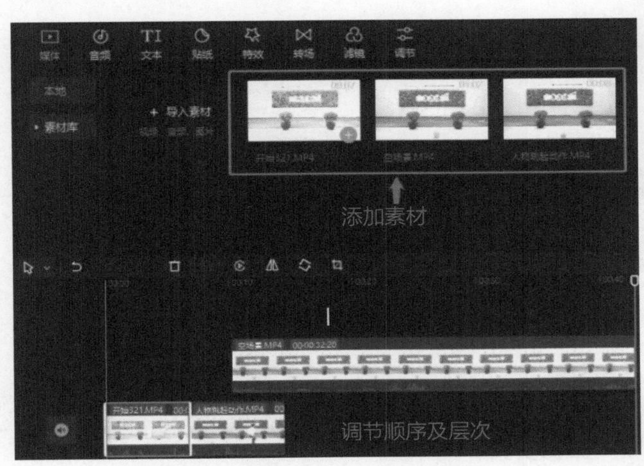

图48-5 添加素材并调整素材层次

第2步：在素材区执行“特效”→“特效效果”命令，在“氛围”中选择“金片炸开”特效，如图48-6所示。

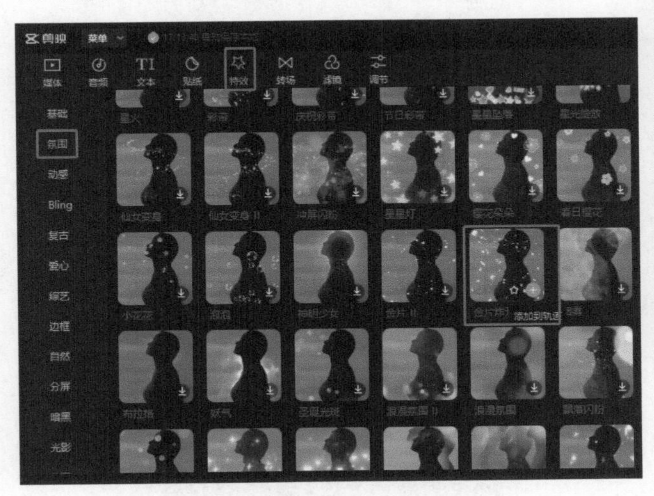

图48-6 添加“金片炸开”特效

第3步：将“金片炸开”特效拖曳至空场景视频的上方，调整合适长度，如图48-7所示。

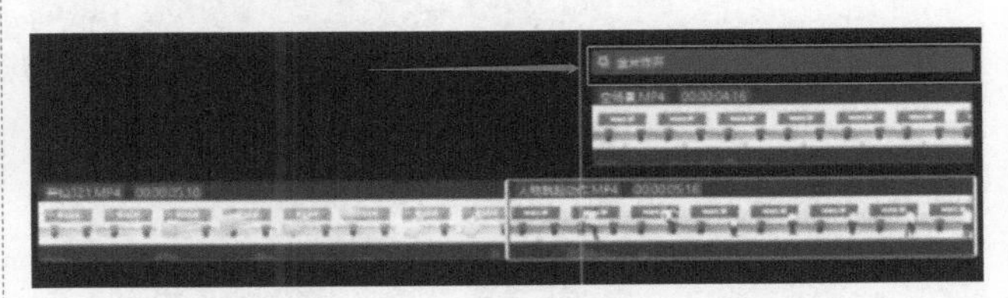

图48-7 调整特效时长与位置

第4步：调整位置，将空场景视频和“金片炸开”特效拖曳到人物跳起视频中人物跳到气球将气球踩爆的位置，如图48-8所示。

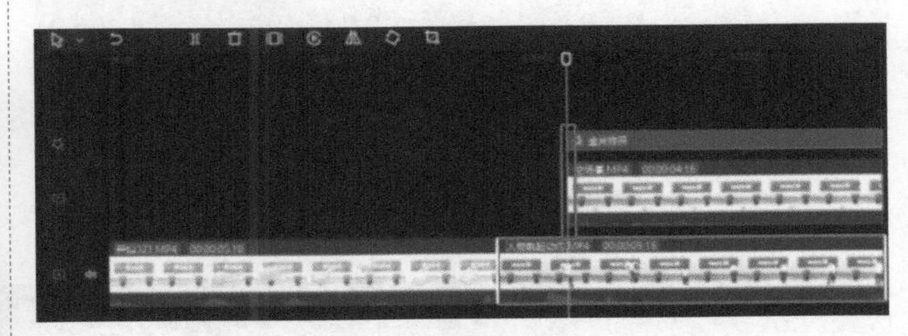

图48-8 调整视频人物素材位置

第5步：添加手部倒计时视频音效（见图48-9），添加金片爆炸音效（见图48-10）。

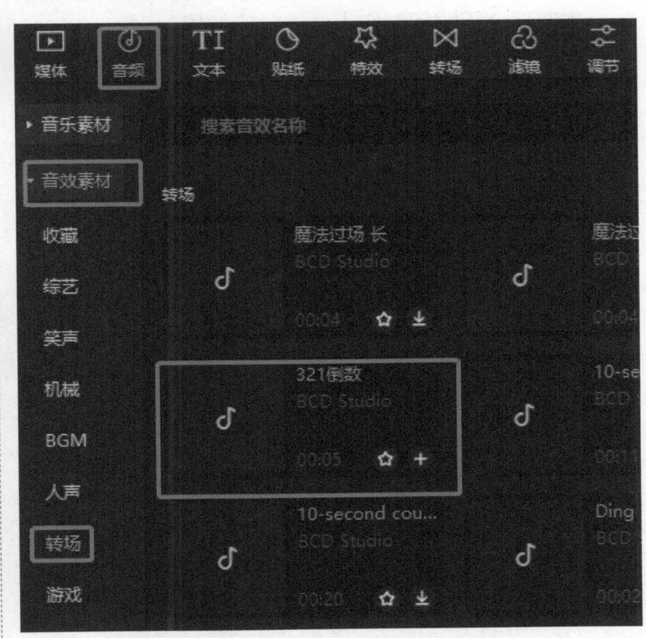

图48-9 添加手部倒计时视频音效

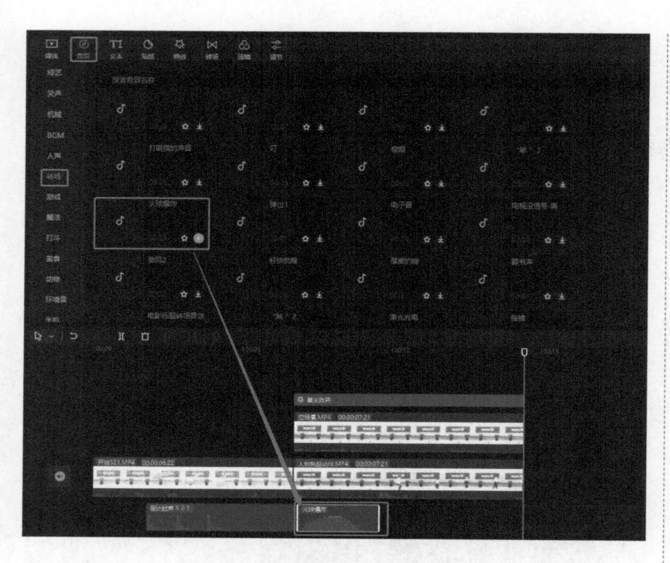

图48-10 添加金片爆炸音效

第6步： 将分辨率及帧率调整至最大，导出视频即可。

48.4 举一反三

运用这个视频的创意思路和制作方法，可以制作类似的创意视频，下面的效果大家可以自己动手尝试。

1. 向天空撒一把花，花散开变成烟花。
2. 人物从台上跳下，化作一缕炊烟。
3. 几个人手牵手向前跑，变成一道道光。

第49课 人体消失术

本课程介绍如何制作人体消失的效果。

49.1 案例效果

人体消失术效果图如图49-1所示。

图49-1 人体消失术效果图

49.2 拍摄

拍摄步骤：

（1）由于需要只有背景的空镜头，因此拍摄一张静帧图片，如图49-2所示。

图49-2 空镜头

（2）拍摄人物A和B搬箱子的视频素材。B拿着箱子从A的脚部缓缓由下至上地移动，箱子穿过A的头顶后再顺势套到B的头顶，此时A离场，让箱子自由下落到能完全盖住B的脚即可，如图49-3所示。

图49-3　人物搬箱子素材

（3）拍摄一张带箱子的空镜头，如图49-4所示。

图49-4　空箱子空镜头

注意事项：

（1）拍摄特写镜头时注意固定机位，避免产生视角移位。

（2）拍摄三段素材的时候，间隔时间尽量短，避免产生因太阳照射而导致的视频穿帮。

（3）拍摄人物搬箱子的视频时尽可能一镜到底。

（4）B将箱子移到自己头顶之后，手不要再接触箱子表面，减少后期抠图的麻烦。

49.3 视频制作

制作步骤：

第1步：添加素材并按照层级关系排好顺序：第一层放置无箱子空镜头（即静帧图片），第二层放置两人搬箱子的素材，如图49-5所示。

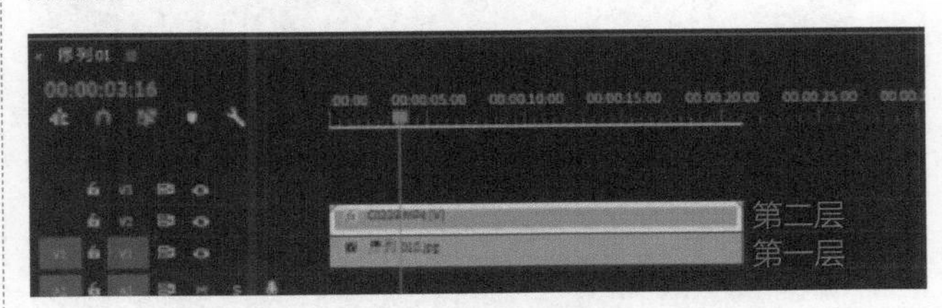

图49-5　添加素材并调整层次

第2步：使用裁剪工具（如快捷键“Ctrl+K”）对搬箱子的视频素材进行筛选，留下有效镜头，删除搬箱子素材前后的废镜头，如图49-6所示。

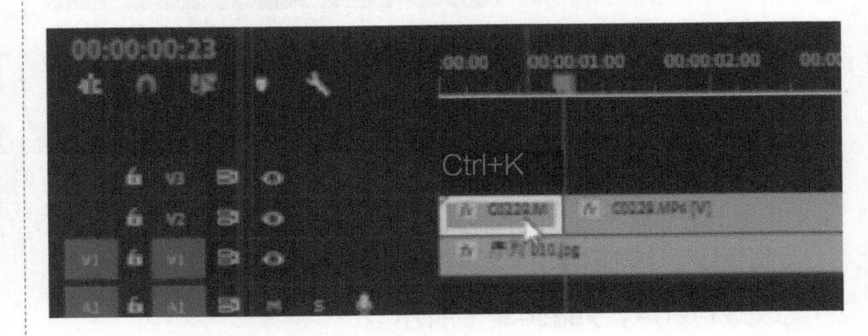

图49-6　裁剪视频

第3步：选中搬箱子的视频素材，在左上方“效果控件”中选择“不透明度”，单击下方的钢笔工具，对视频素材添加蒙版。此过程中可先使用蒙版卡帧，再补中间帧的方法来更高效地对画面进行处理，如图49-7所示。

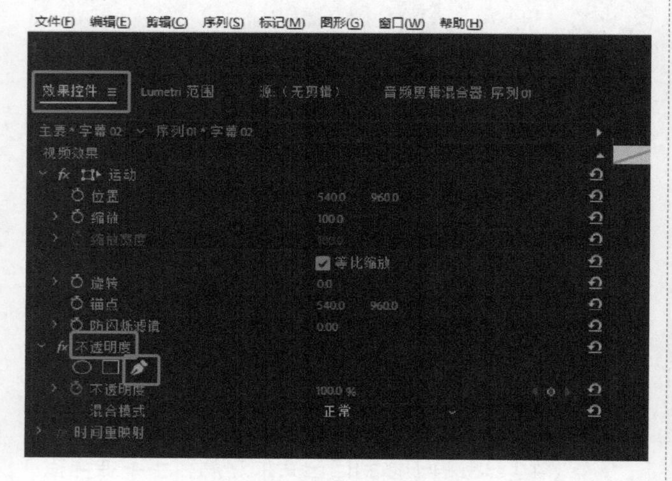

图49-7 钢笔工具绘制蒙版关键帧动画

第4步：选中无箱子空镜头，打开右上方的“颜色”面板，选择“色轮和匹配”，在“颜色匹配”中单击“比较视图”按钮，达到静帧画面和视频素材色调相一致的效果，如图49-8所示。

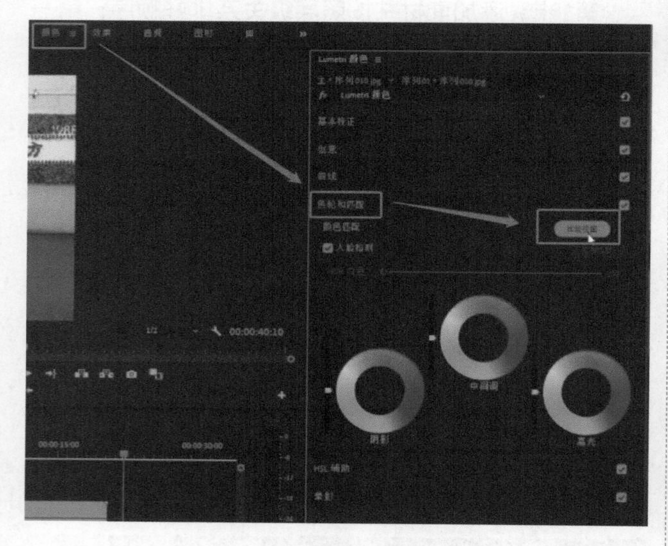

图49-8 视频调色

第5步：将带箱子的空镜头放置在视频素材的末尾。

第6步：按快捷键“Ctrl+M”，导出视频，注意将格式改成H264，如图49-9所示。

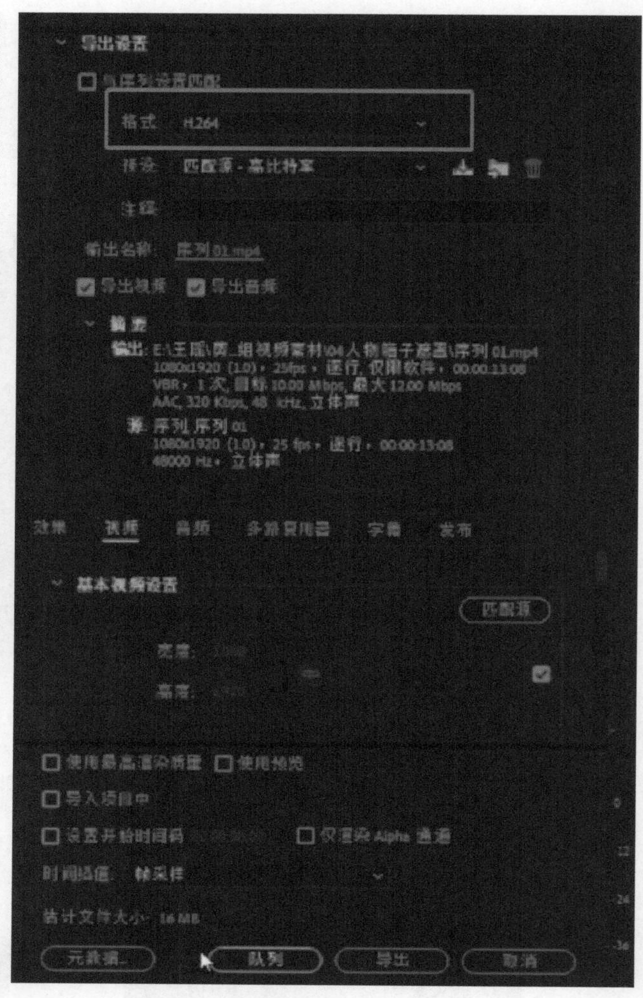

图49-9 导出视频

第7步：将视频导入剪映，对整个视频添加特效，案例中使用的特效为“波纹色差”，如图49-10所示。

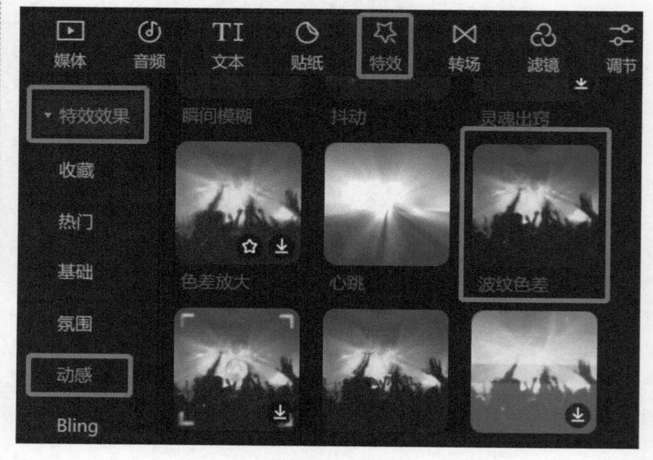

图49-10 添加特效

第8步：添加音乐及音效，案例中使用的背景音乐为“Light on”。

第9步：导出视频，制作完成。

49.4 举一反三

1. 空地上立着一扇门，一个小孩将门打开走了进去，门关上。下一秒门打开，一个成年男子穿着之前小孩的衣服从门里走出来，原来是小孩长大了。

2. 一位设计师正在画设计图，突然咖啡倒在图纸上，但设计师没有慌，手悬置在设计稿的左上方，由左往右慢慢平移，设计稿又变回完好的样子。

3. 手掌向下，靠近水瓶前方，做出下压的动作。随着手掌缓缓下移，水瓶也渐渐消失，仿佛真的被压下去，最后将手移开，只留下一个瓶盖。

第50课　寒江孤影

本课程介绍如何制作具有武打效果的短视频。

50.1 案例效果

寒江孤影效果图如图50-1所示。

图50-1　寒江孤影效果图

50.2 拍摄

拍摄步骤：

拍摄一段拔刀挥舞然后收刀的视频，如图50-2所示。

图50-2　拔刀挥舞动作画面

注意事项：

（1）拍摄时镜头尽量不要晃动。

（2）拍摄时长预留得多一些。

50.3 视频制作

制作步骤：

第1步：导入拍摄的视频素材并添加到轨道上，如图50-3所示。

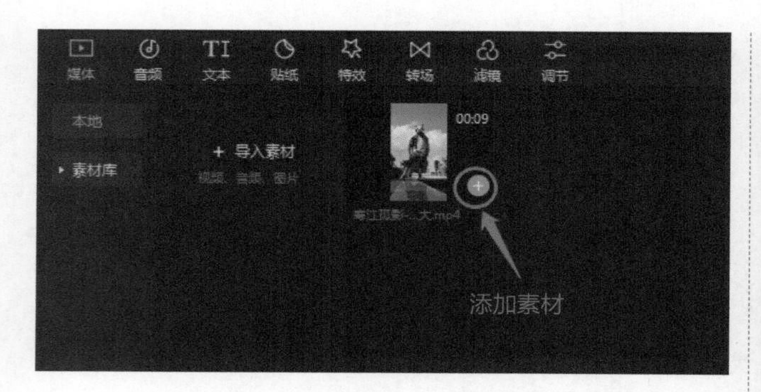

图50-3　导入并添加素材

第2步：选中视频，拖曳预览针到多余需删除的位置，单击上方工具栏中的分割按钮，选中分割出的部分，单击鼠标右键选择“删除”，或者单击快捷键“Delete”将其删除，如图50-4所示。

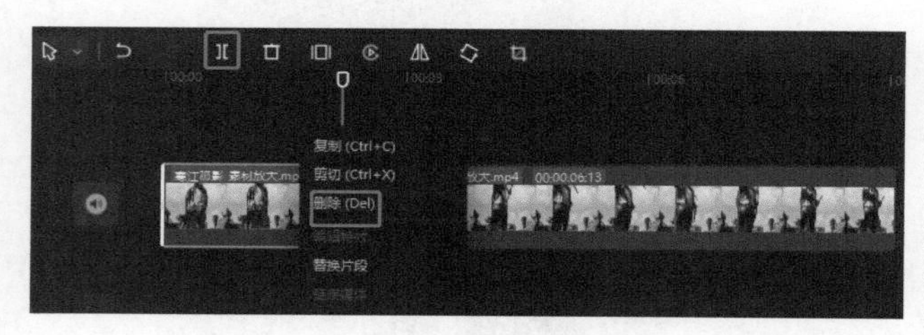

图50-4　裁剪视频

第3步：在素材区执行“滤镜”→“滤镜库”命令，在“黑白”中选择“黑金”，单击加号添加到轨道上，拖曳两端与视频前后对齐，如图50-5所示。

图50-5　添加“黑金”滤镜

第4步：在素材区执行“特效”→“特效效果”命令，在“基础”中选择“开幕Ⅱ”，单击加号添加到轨道上，拖曳到视频开始处，调整至合适长度，如图50-6所示。

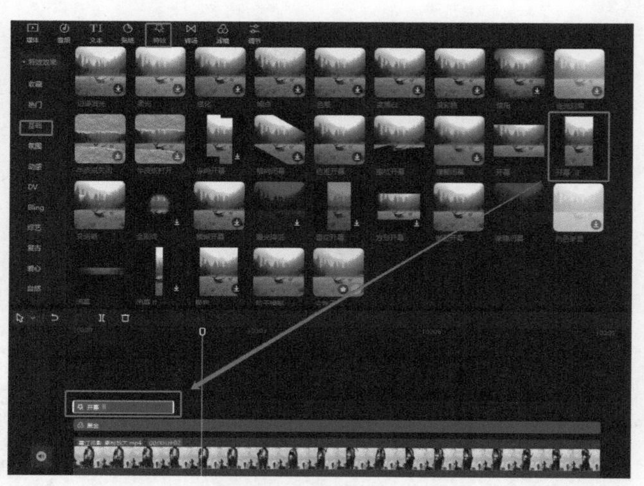

图50-6　添加开幕特效

第5步：在特效的“氛围”中选择“妖气”，单击加号添加到轨道上，拖曳两端与视频前后对齐，如图50-7所示。

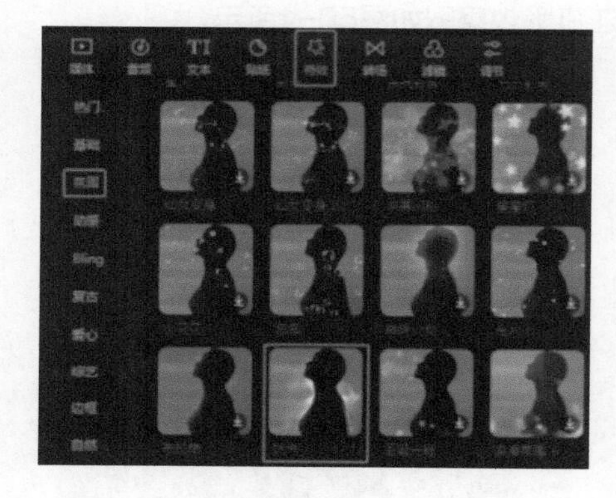

图50-7　添加“妖气”特效

第6步：在特效的“综艺”中选择“冲刺”，单击加号添加到轨道上，拖曳两端与视频前后对齐，如图50-8所示。

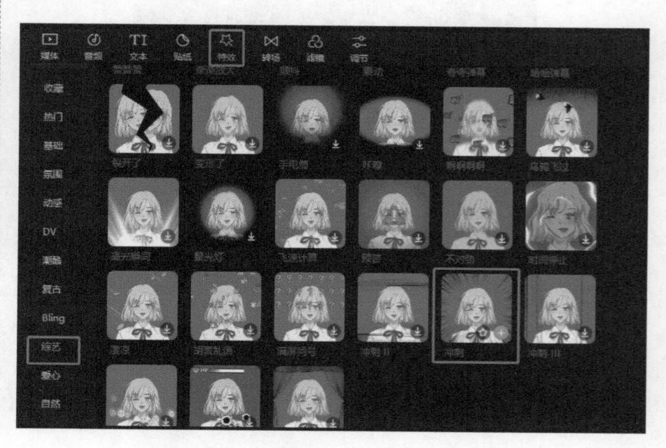

图50-8　添加“冲刺”特效

第7步：在特效的“动感”中选择“灵魂出窍”，单击加号添加到轨道上，拖曳到合适长度，如图50-9所示。

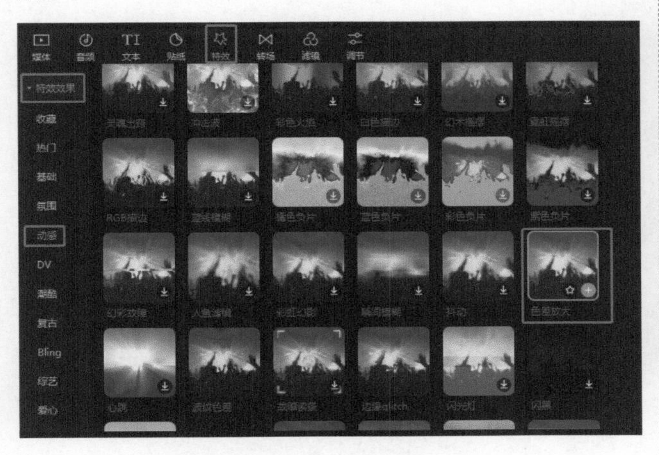

图50-9　添加“灵魂出窍”特效

第8步：在素材区执行“音频”→“音效素材”命令，在“打斗”中选择“刀剑出鞘”，单击加号添加到轨道上，拖曳到拔刀的位置，如图50-10所示。

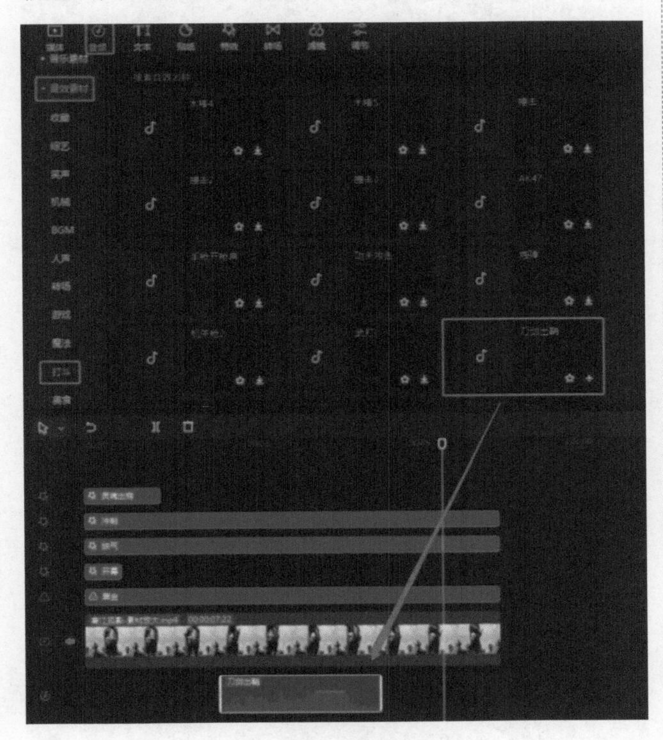

图50-10　添加音效

第9步：在素材区执行“文本”→“新建文本”命令，在“花字”中选择一种合适的花字，单击加号添加到轨道上，选中添加的花字再到右上角的功能区编辑，对花字进行字体、位置、大小的调整，如图50-11所示。

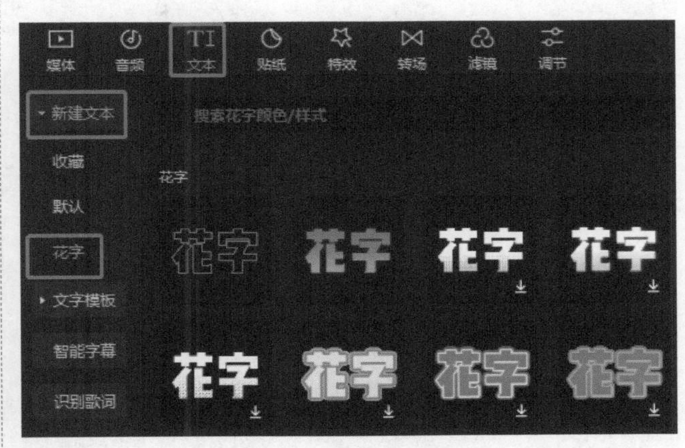

图50-11　添加视频文字并调整花字样式

第10步：选中花字，在功能区“动画”的“循环”面板中选择“色差故障”，面板下面的“动画快慢”可以调整动画的快慢，如图50-12所示。

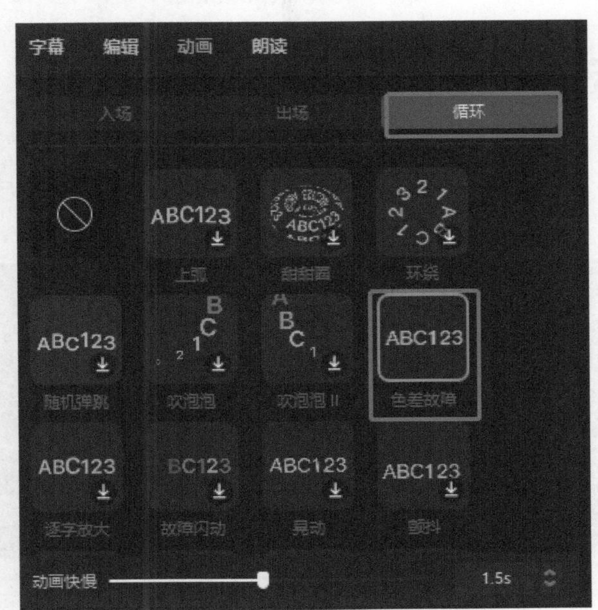

图50-12　添加文字循环动画“色差故障”

第11步：将分辨率及帧率调整至最大，导出视频即可。

50.4 举一反三

运用这个视频的创意思路和制作方法，可以制作类似的创意视频，下面的效果大家可以自己动手尝试。

制作一个武侠打斗的短视频，素材就在你的生活中！

第51课　多胞胎合唱团

本课程介绍如何制作多胞胎合唱。

51.1 案例效果

多胞胎合唱效果图如图51-1所示。

图51-1　多胞胎合唱效果图

51.2 拍摄

拍摄步骤：

（1）架好手机（或者相机），拍摄一张空镜照片（即演员还未入镜的场景），如图51-2所示。

图51-2　拍摄画面

（2）如果视频有入场的先后顺序，则要先定好每个人的位置，演员要准确地走到相应位置。比如需要5个人依次入场，首先拍摄中间位置的视频。演员唱着歌走到中间位置坐下，再拍摄30s，如图51-3所示。

图51-3　拍摄画面

（3）接着拍左边的第二位。演员唱歌进场，用不同的姿势坐下，这里为了避免单调，我们为5个人设计了不同的姿势，如图51-4所示。

图51-4　拍摄画面

（4）然后拍左边的第一位，步骤同上。拍摄时长如果拿捏不准，可以和第一位一样长，原则是宁多勿少，如图51-5所示。

图51-5　拍摄画面

（5）重复步骤（3）和（4），把右边两个位置的视频拍完，如图51-6和图51-7所示。

图51-6　拍摄右二画面

图51-7　拍摄右一画面

注意事项：

（1）拍空镜时选择的场景在拍摄期间不要有太大的变化（阳光、灯光、阴影等），不然会穿帮。

（2）中间位置演员的拍摄时间需要覆盖整个视频，因为他进场最早，要坐在那里唱到结束。为保险起见，可以拍久一点，多出的部分后期剪掉就是。

（3）拍摄时长如果拿捏不准，可以和第一个一样长，原则是宁多勿少。

（4）拍摄此类视频时人物间不能相互触碰，最好保持一定的距离，方便后期制作。

51.3 视频制作

制作步骤：

第1步：先导入空镜照片作为底视频，将长度拉到视频设定长度，再用鼠标右键单击该视频，分离并删除其中的音频。导入素材如图51-8所示。删除音频如图51-9所示。

图51-8　导入素材

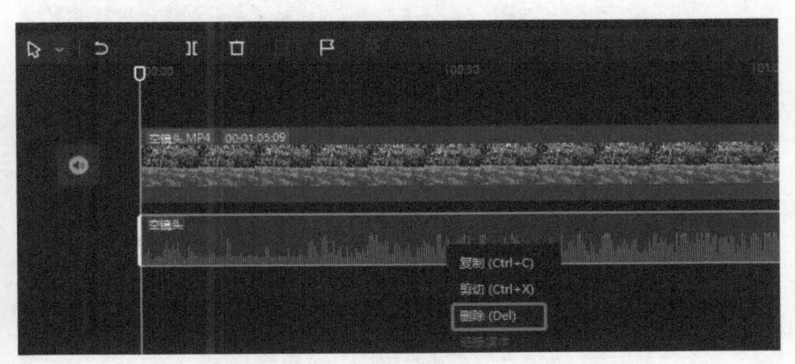

图51-9　删除音频

第2步：导入中间位置的视频，超出的部分可以剪掉，如图51-10所示。

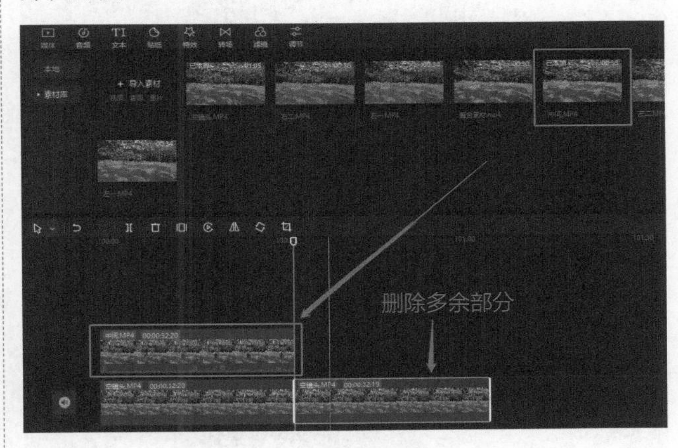

图51-10　删除视频多余部分

第3步：在中间人物坐下之后，左边第二个人物就可以出场了。在中间人物坐下后的这个时间点，导入左边第二位置的视频，调整位置并对齐时间。将第二段视频（中间位置的视频）多出来的部分剪掉，也可以拖曳前端将其缩短。调整视频位置、删除多余部分如图51-11所示。

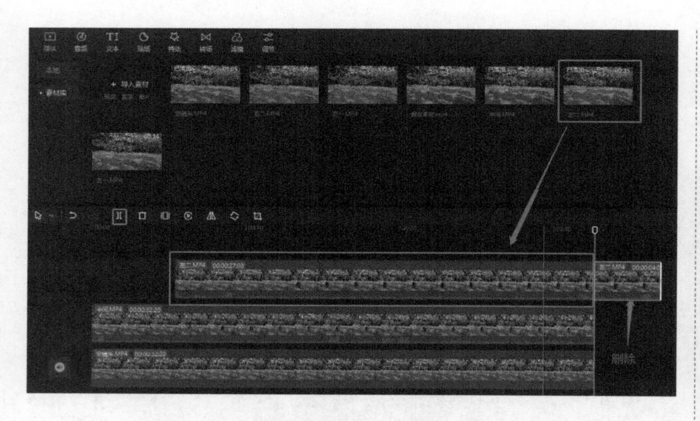

图51-11　调整视频位置、删除多余部分

第4步：选中左边第二位置的视频条，添加线性蒙版，拉动蒙版，只留下人物坐下后左边的部分，注意不要遮挡掉中间位置的人。添加蒙版如图51-12所示。

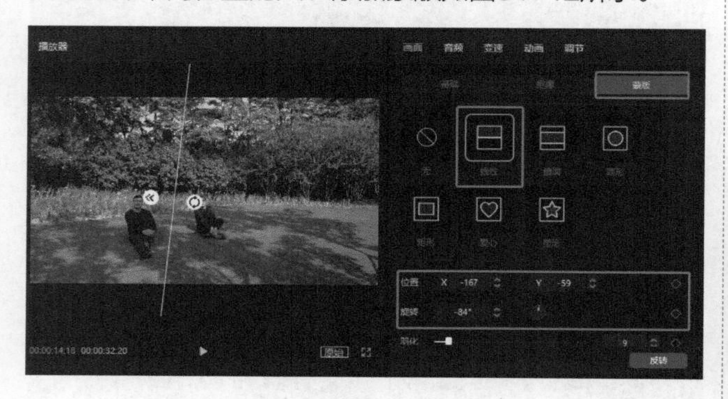

图51-12　添加蒙版（1）

第5步：在左边第二个位置的人物坐下后，左边第一个人物开始进场，用步骤3和4处理左边第一个位置的视频。添加蒙版如图51-13所示。

图51-13　添加蒙版（2）

第6步：同上完成右边两个位置视频的处理。所有的视频结束点要对齐，不然会出现人物到某个时间点突然消失的情况。视频位置结束点对齐如图51-14所示。

图51-14　视频位置结束点对齐

第7步：给视频添加音乐，导出视频即可。添加音乐如图51-15所示。

图51-15　添加音乐

51.4 举一反三

运用这个视频的创意思路和制作方法，可以制作类似的创意视频，下面的效果大家可以自己动手尝试。

（1）三胞胎姐妹在室内聊天。

（2）双胞胎在房里捉迷藏。

（3）未来的自己和过去的自己遇到了现在的自己。

第52课　手指切胡萝卜

本课程介绍如何制作手指切胡萝卜。

52.1 案例效果

手指切胡萝卜效果图如图52-1所示。

图52-1　手指切胡萝卜效果图

52.2 拍摄

拍摄步骤：

（1）准备一个胡萝卜，先用刀削下七八片，再用微波炉加热烘烤1分钟，制成胡萝卜片，如图52-2所示。

图52-2　烘烤完的胡萝卜片

（2）用三脚架固定摄像机或者手机，拍摄演员拿着切了一半的胡萝卜用手指做切的动作，拍一次即可，如图52-3所示。

图52-3　手指切胡萝卜动作

（3）演员将烘烤好的胡萝卜片放在镜头外的地方，拍摄演员将手指按在胡萝卜切口上，做切的动作将胡萝卜切落到桌子上，切落4～5片即可，如图52-4所示。

图52-4　胡萝卜片切落画面

（4）拍摄演员将胡萝卜摔到桌子上，如图52-5所示。

图52-5 摔胡萝卜画面

（5）将胡萝卜拿开，然后将剩下的胡萝卜片撒在刚才摔胡萝卜的地方，拍摄演员捡起一片胡萝卜片，尝一口，如图52-6所示。

图52-6 撒胡萝卜片

注意事项：

（1）胡萝卜不要烤太久，很容易烧焦。当然，如果嫌麻烦，也可以不烤。

（2）拍摄结束前不要移动桌上胡萝卜片的位置，不然会穿帮。

（3）本课程主要关键点在于剪辑点的把握，注意剪辑前后视频衔接是否流畅。

（4）空切的准备动作需要重复使用，切多少片就复制多少次。

52.3 视频制作

制作步骤：

第1步： 导入准备好的视频素材并依次添加到轨道上，如图52-7所示。

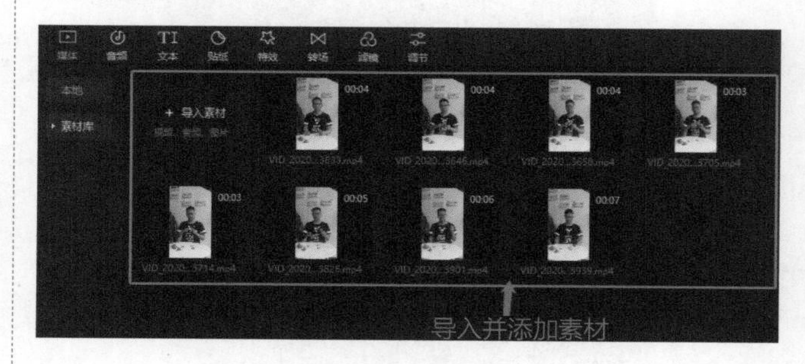

图52-7 导入并添加素材

第2步： 将第一个空切的视频剪辑至手指甩出去那一刻，剪掉多余的部分，如图52-8所示。

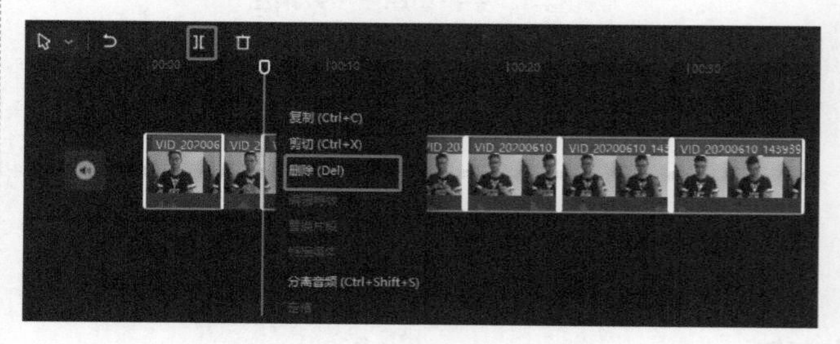

图52-8 裁剪空切视频片段

第3步： 将胡萝卜片切出去的视频从切出去那一刻剪开，与第2步的准备动作视频合成，如图52-9所示。

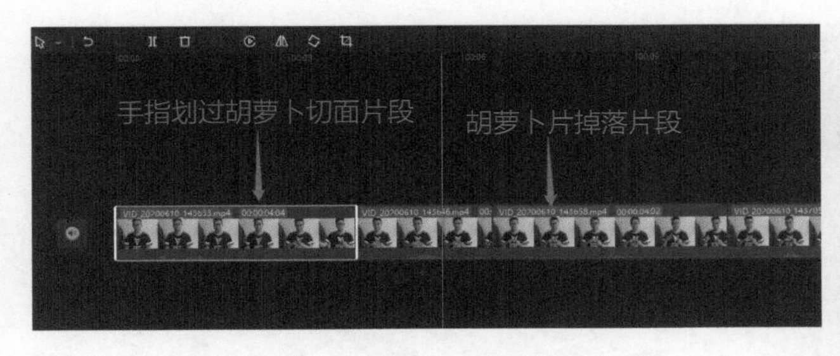

图52-9　拼接胡萝卜片掉落视频

第4步： 复制第二步准备动作的视频，重复第2和第3步，将剩下的切胡萝卜片的动作连接好，如图52-10所示。

第5步： 将胡萝卜摔下的视频在胡萝卜快要碰到桌面之后的部分剪掉，接上胡萝卜片已经撒在桌上的视频，如图52-11所示。

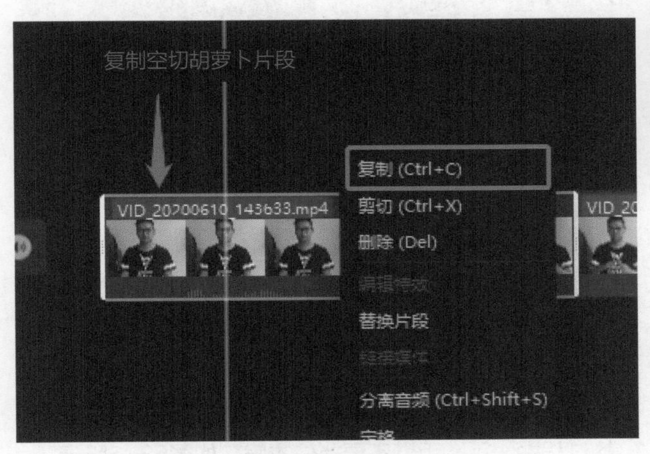

图52-10　复制空切画面并拼接视频

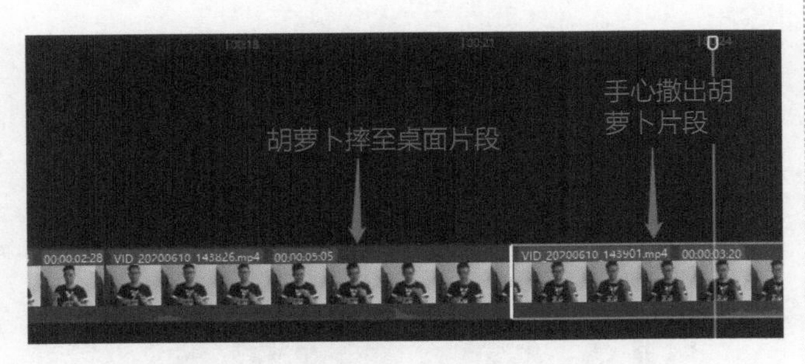

图52-11　拼接摔胡萝卜与撒胡萝卜片的画面

第6步： 加上滤镜，如图52-12所示。

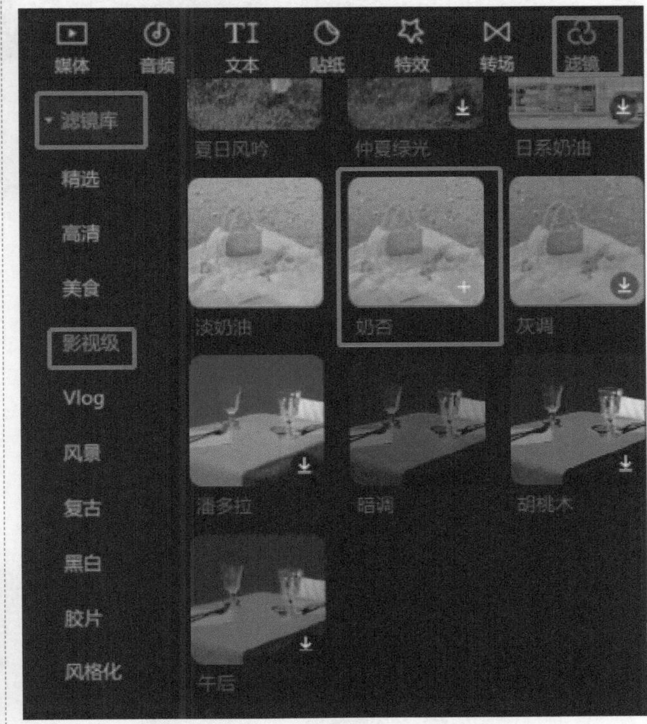

图52-12　添加滤镜

第7步： 加上背景音乐，导出视频即可。

52.4 举一反三

运用这个视频的创意思路和制作方法，可以制作类似的创意视频，下面的效果大家可以自己动手尝试。

可以尝试切苹果、香蕉、土豆等东西，其中土豆变薯条效果最佳。

第53课　穿墙术

本课程介绍卡点人物消失的技巧。

53.1 案例效果

穿墙术视频处理前后的效果如图53-1和图53-2所示。

图53-1　穿墙术视频处理前

图53-2　穿墙术视频处理后

53.2 拍摄

拍摄步骤：

（1）拍摄一段人物撑着墙的视频，如图53-3所示。

（2）拍摄一段衣服掉落的视频，如图53-4所示。

图53-3　拍摄画面（1）

图53-4　拍摄画面（2）

注意事项：

（1）拍摄第一段视频时，注意视频前后都要留下一段时长，人物需做出靠在墙上的动作，如图53-5所示。

（2）拍摄第二段视频时，注意在将衣服扔在地上的过程中，手、手臂不要挡住衣服，如图53-6所示。

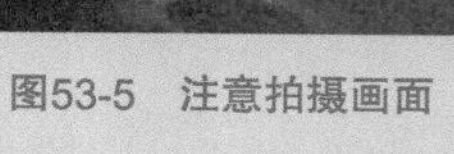

图53-5　注意拍摄画面

图53-6　注意手、手臂不要挡住衣物

（3）注意相机的位置不要发生偏移，拍摄两段视频之间的间隔尽量短。

53.3 视频制作

制作步骤：

第1步： 打开剪映软件，单击“开始创作”按钮。开始创作界面如图53-7所示。

图53-7　开始创作界面

第2步： 按照视频发展的顺序，先导入第一段视频素材并添加到轨道上，如图53-8所示。

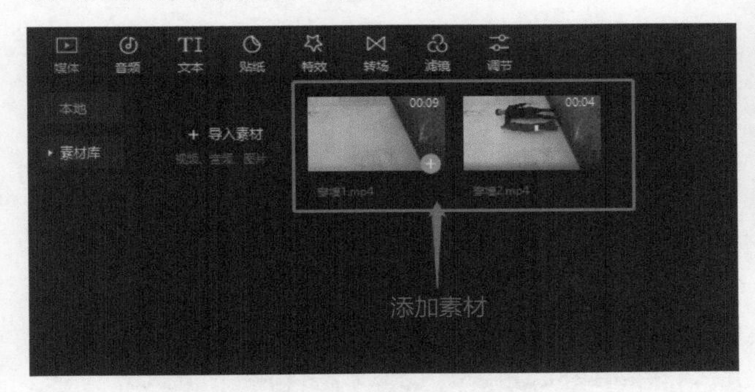

图53-8　导入并添加素材

第3步： 因为视频的格式不符合抖音格式，所以要先对视频素材进行处理。单击播放区中的比例按钮，选择抖音适配的比例“9：16”，如图53-9所示。

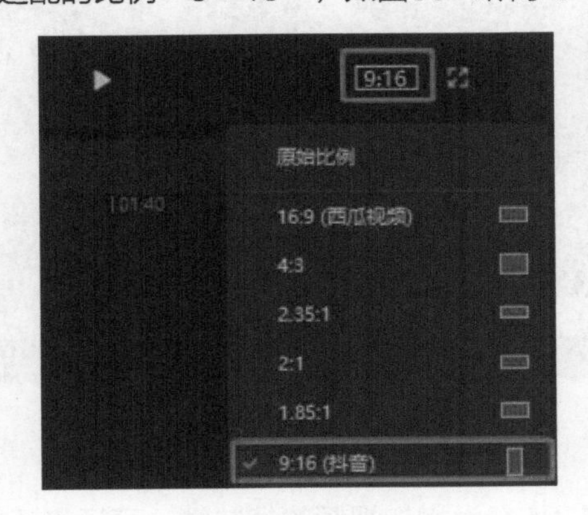

图53-9　调整画面比例

第4步： 此时的视频素材画面会比较小，可在右上角功能区进行放大与旋转，将视频摆正，如图53-10所示。

图53-10　调整视频画面的大小与位置

第5步： 对视频素材进行剪辑，选中视频，单击上方工具栏中的分割按钮，删除后半部分，如图53-11所示。

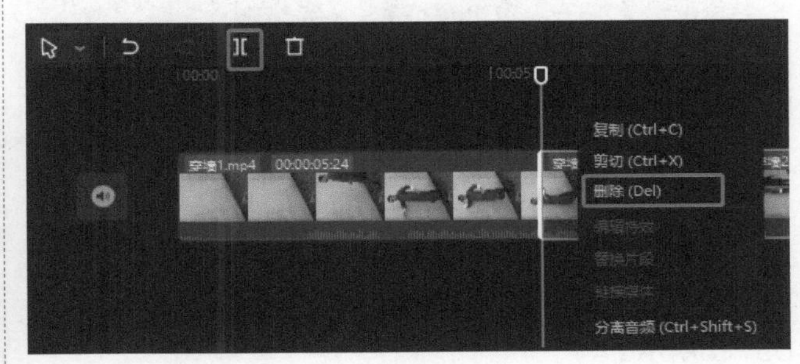

图53-11　视频的分割与删除

第6步： 用同样的方法，对特意留出空镜头的开头部分进行分割和复制，将复制的部分粘贴到视频素材的末尾。视频分割如图53-12所示。视频复制如图53-13所示。

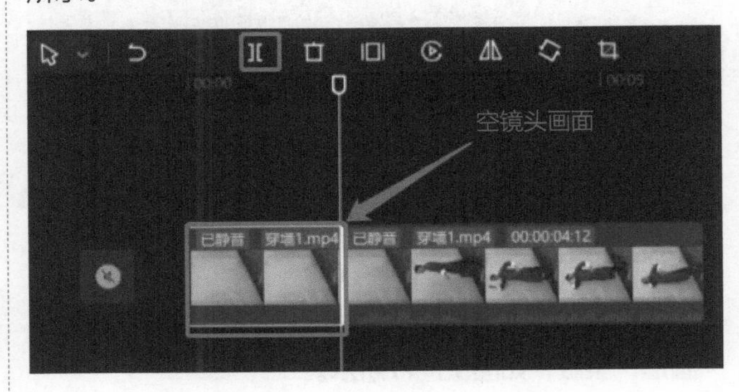

图53-12　视频分割

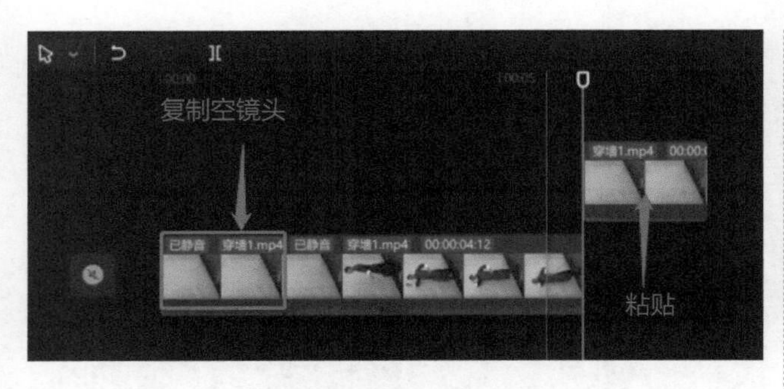

图53-13 视频复制

第7步：为了将第一段视频素材与第二段视频素材进行融合，需要将白色预览针拖曳到分割处并导入第二段视频素材，将第二段视频导入主轨道视频的后方。两个视频之间添加视频如图53-14所示。

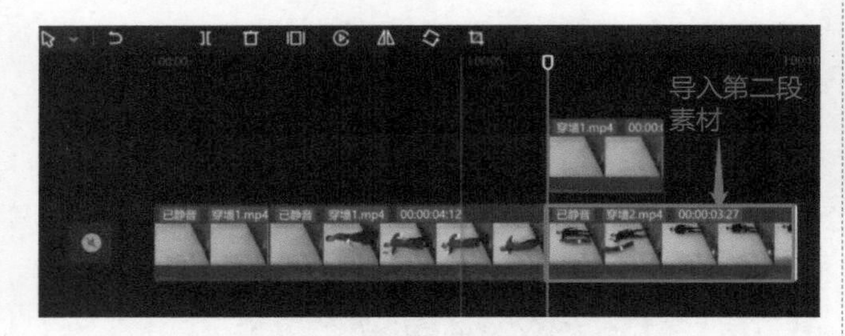

图53-14 两个视频之间添加视频

第8步：第二段视频素材导入时也很小，此时同样可以在右上角功能区调整视频素材的大小和位置，如图53-15所示。

图53-15 调整视频素材的大小和位置

第9步：同理，对第二段视频素材的时长进行剪辑，如图53-16所示。

第10步：选择图中的分割节点，在“蒙版”中选择“圆形”蒙版，如图53-17所示。

第11步：因为两段视频素材有明显色差，所以选中第二段视频素材，在功能区的“调节”面板中进行调色，色温选择“18”，如图53-18所示。

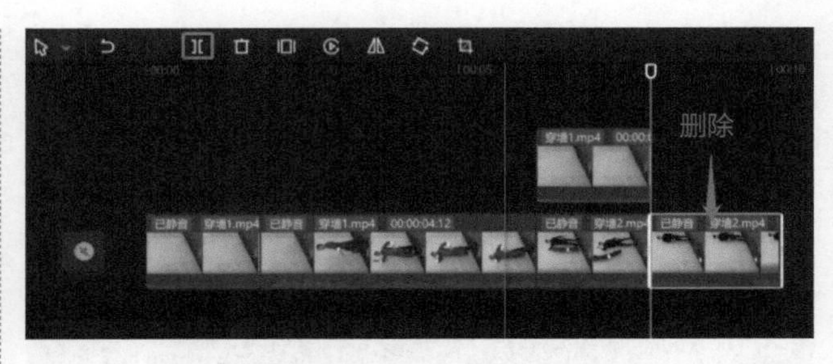

图53-16 视频分割

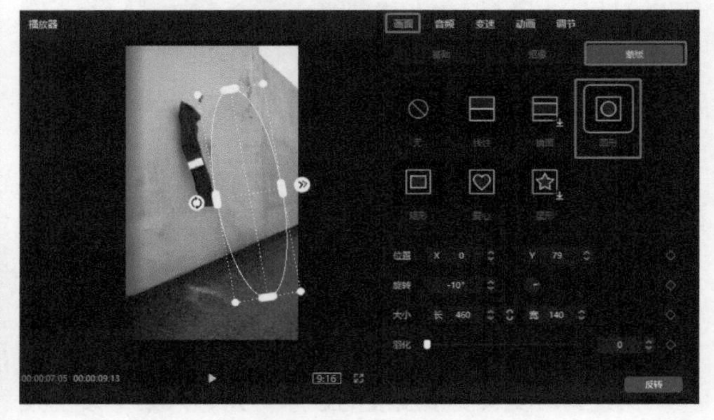
图53-17 添加蒙版

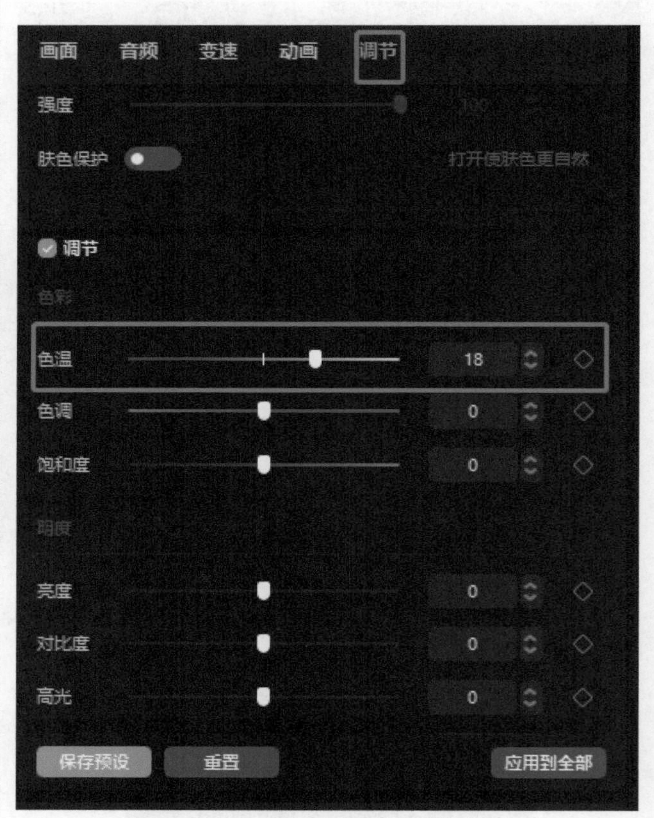

图53-18 调节色温

第12步：为增加视频的趣味性，可适当添加一些搞怪的音效。在素材区执行“音频”→“音效素材”命令，添加合适的音效即可，本课程中使用的音效为“游戏集市主题背景乐”。添加音效如图53-19所示。

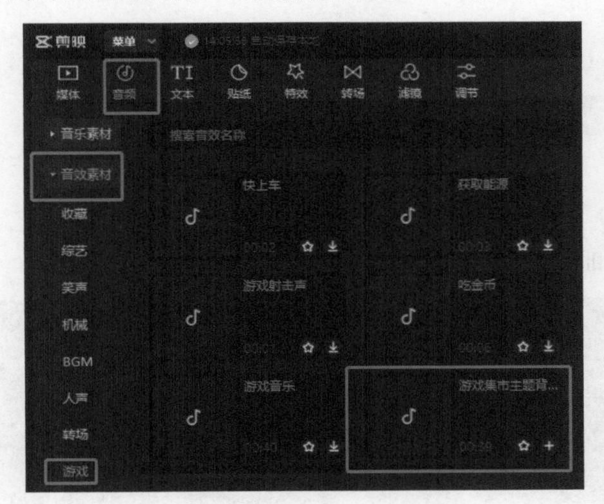

图53-19　添加音效

第13步：使用分割工具对音频进行剪辑。在此基础上，使用同样的方法导入第二条音频。注意：为了体现画面的惊讶性，人声音效需有一定的滞后性，这样才会显得更真实，因此前后两条音频不要直接接连。本课程中使用的人声音效为“Oh,my gosh！”。分割音频、添加音效如图53-20所示。

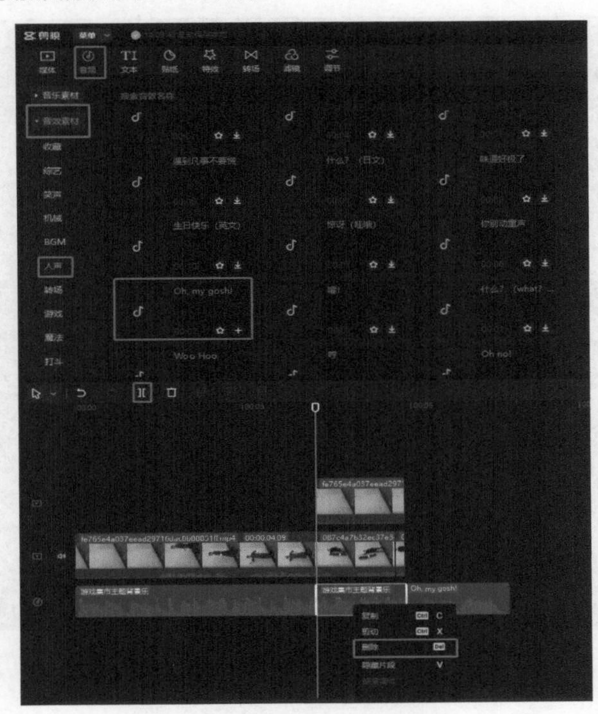

图53-20　分割音频、添加音效

第14步：修改音效的音量。将音量参数修改为“20dB”，如图53-21所示。

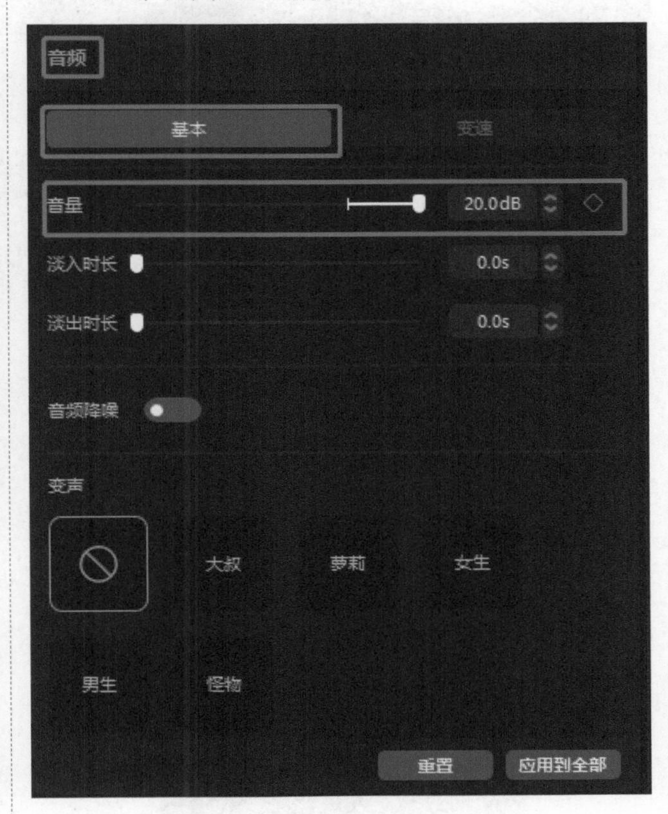

图53-21　修改音量

第15步：单击右上角“导出”按钮，将分辨率及帧率调整至最大，导出视频即可。

53.4 举一反三

1. 铅笔穿过桌子。
2. 对门扔纸团，纸团消失。
3. 打开门，进入异空间。

第54课 快到碗里来

本课程介绍如何制作具有时光倒流效果的短视频。

54.1 案例效果

快到碗里来效果图如图54-1所示。

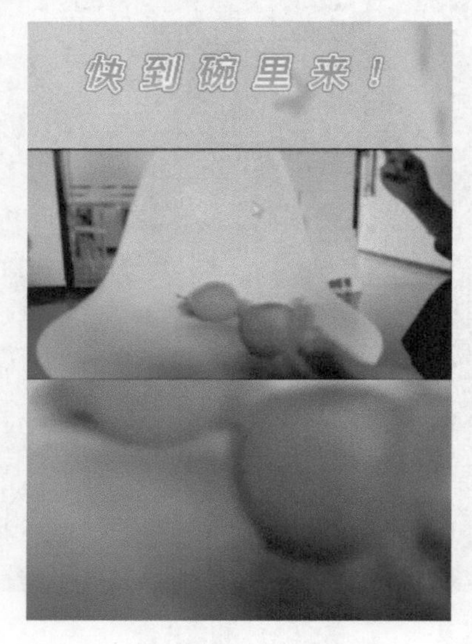

图54-1 快到碗里来效果图

54.2 拍摄

拍摄步骤：

拍摄一段从碗里把水果倒出的视频，如图54-2所示。

图54-2 拍摄画面

注意事项：

（1）拍摄时，水果倒出后，马上要做个快到碗里来的手势。

（2）拍摄时，尽量一次拍完，不要分开拍摄。

54.3 视频制作

制作步骤：

第1步： 导入准备好的视频素材并添加到轨道上，如图54-3所示。

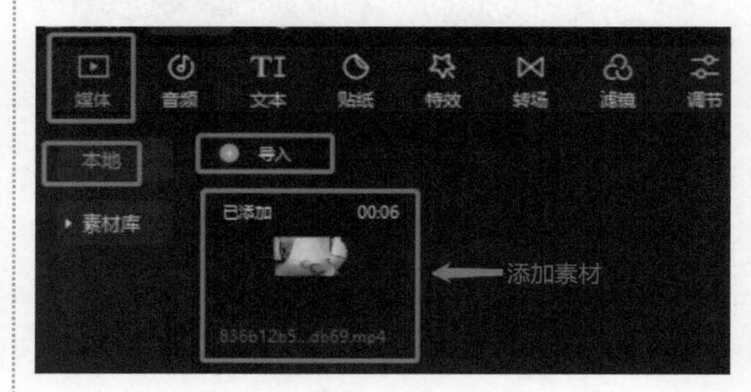

图54-3 导入并添加素材

第2步： 在播放器界面的下方找到画面比例调节按钮，单击按钮在下拉到表中选择“9：16”，如图54-4所示。

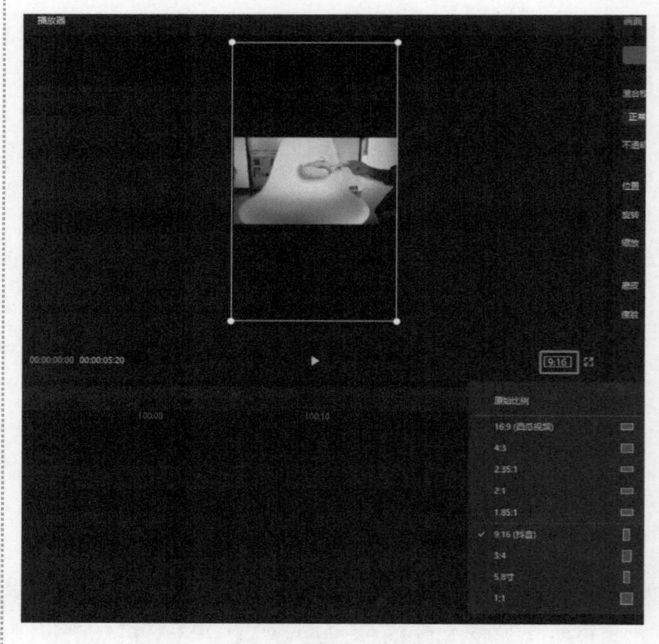

图54-4 调整画面比例

第3步： 选中视频，在功能区“画面”的“背景”

面板中为视频添加一个“模糊”背景，如图54-5所示。

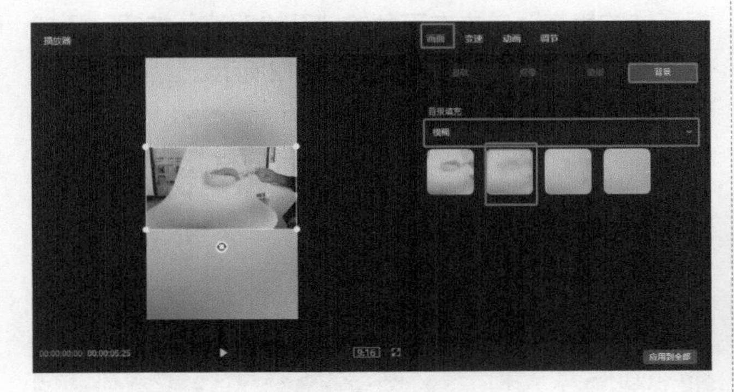

图54-5 添加背景

第4步：选中视频，在上方的工具栏中单击倒放按钮，如图54-6所示。

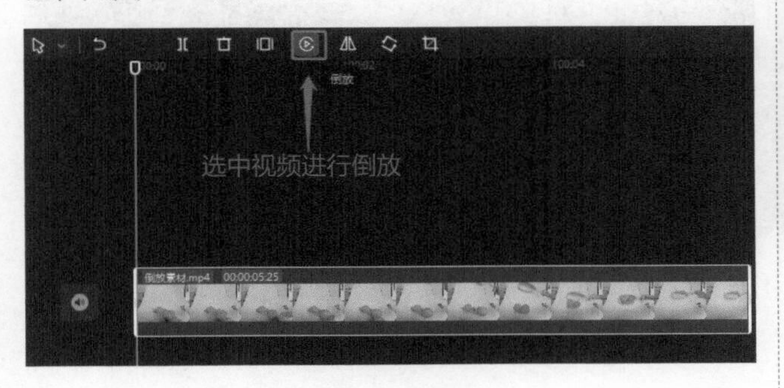

图54-6 视频倒放

第5步：选中视频，在素材区执行“滤镜”→“滤镜库”命令，在“高清”中选择“鲜亮”，单击加号添加到轨道上，拖曳两端和视频时长对齐，如图54-7所示。

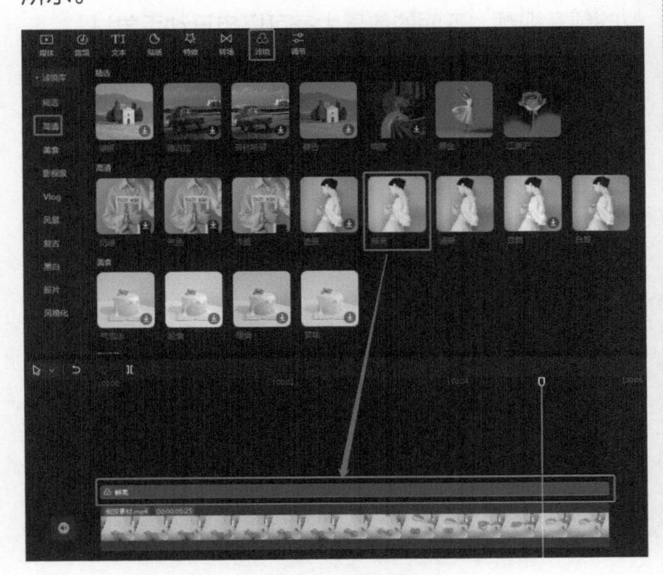

图54-7 添加滤镜

第6步：在素材区执行“音频”→“音效素材”命令，在“魔法”中选择“可爱的魔法音效”，单击加号将其添加到轨道上，拖曳两端调整到合适的时长（注意，视频素材有原声的须关闭原声），如图54-8所示。

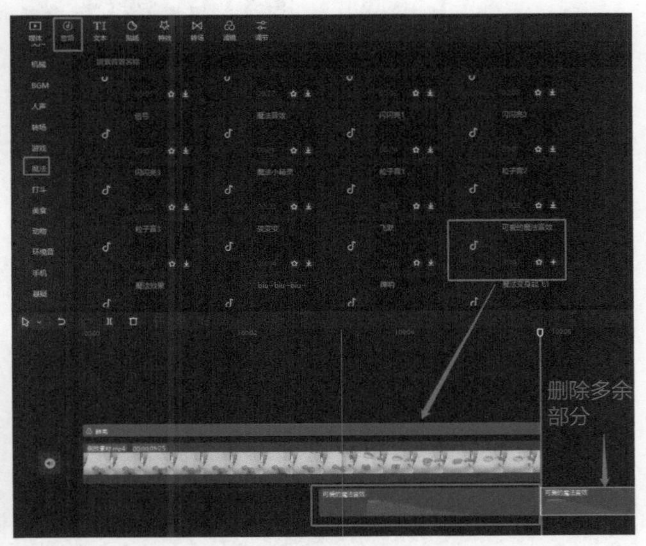

图54-8 添加音效

第7步：给视频添加字幕。在素材区执行“文本”→“新建文本”命令，为视频添加字幕，也可选择默认文本。添加字幕后，可以在右上角的功能区调整字幕效果，也给直接选择剪映中已有的花字。添加字幕如图54-9所示。花字效果如图54-10所示。

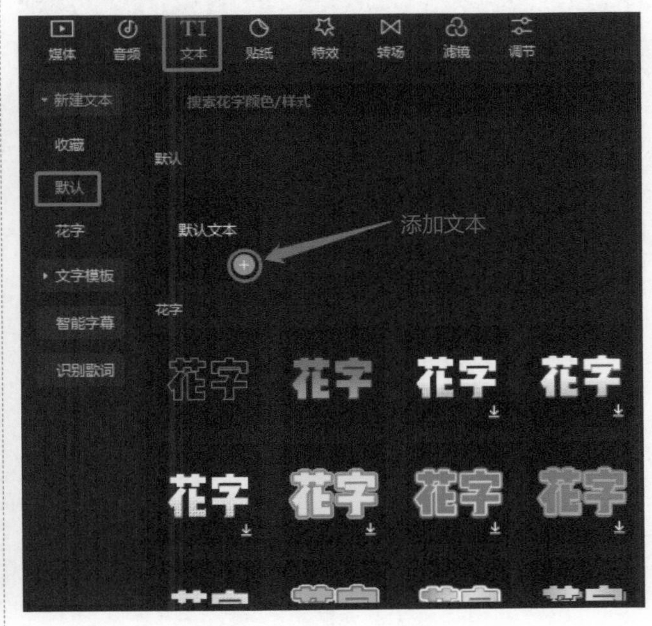

图54-9 添加字幕

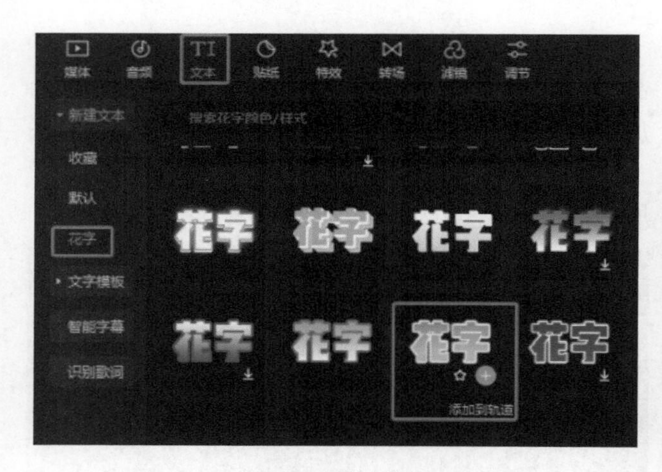

图54-10　花字效果

第8步：添加字幕后，再到功能区“动画”的“入场”面板中选择合适的入场动画，单击加号添加到轨道上，拖曳下方的动画时长，延长入场动画时间。字幕添加动画效果如图54-11所示。

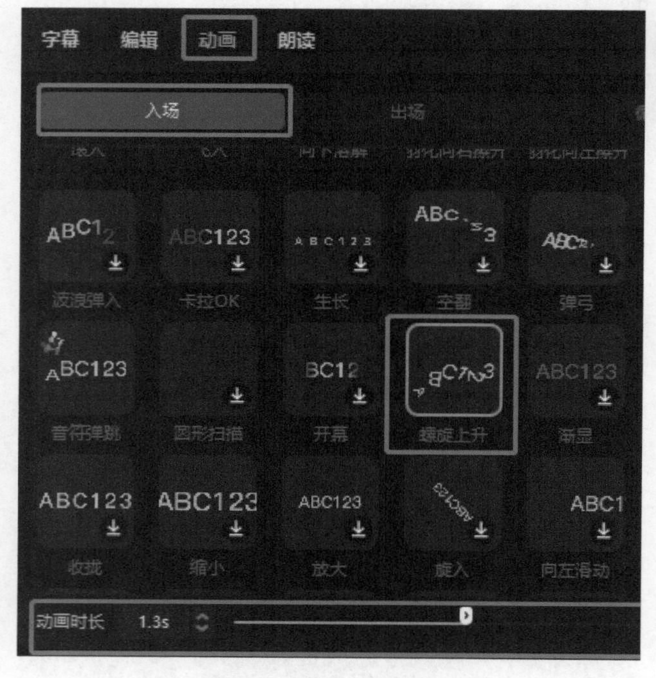

图54-11　字幕添加动画效果

第9步：选中字幕，在功能区的“朗读”面板中选择喜欢的声音，单击右下角的“开始朗读”按钮，添加到轨道上。字幕添加朗读如图54-12所示。

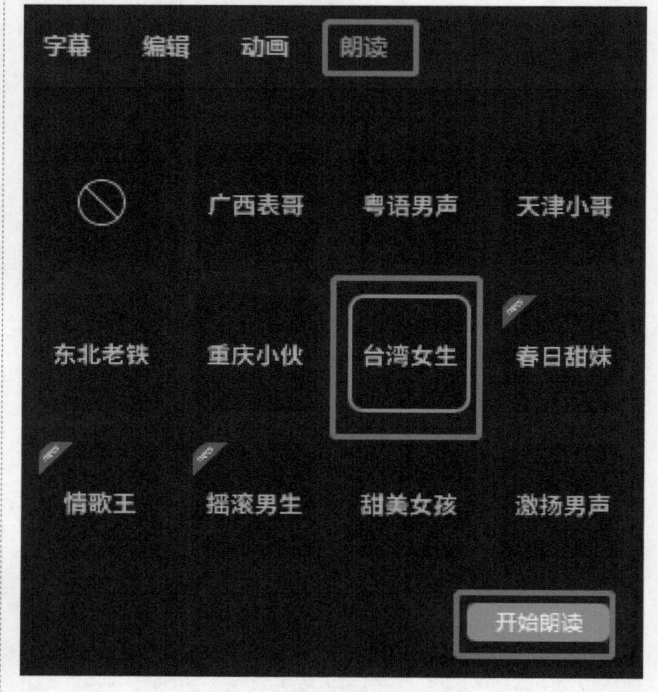

图54-12　字幕添加朗读

第10步：将分辨率及帧率调整至最大，导出视频即可。

54.4 举一反三

运用这个视频的创意思路和制作方法，可以制作类似的创意视频，下面的效果大家可以自己动手尝试。

制作时光倒流的视频吧，素材就在你的生活中！

第55课　镜子中的双重人格

本课程介绍如何制作镜子中的双重人格。

55.1 案例效果

镜子中的双重人格效果图如图55-1所示。

图55-1　镜子中的双重人格效果图

55.2 拍摄

拍摄步骤：

（1）拍摄一段人物登场的视频素材。规划人物由远及近的行走路线及立定点，确保人物登场时不会出现走到镜头画面外的情况，如图55-2所示。

图55-2　人物登场画面

（2）拍摄人物表人格的视频素材。因本课程的重点在于表现出镜中镜外的表里人格差异，因此镜子中的画面才是重点，故将相机放置在人物侧后方。镜头主要对准镜中人物的正脸画面，稍微带一些镜外人物的侧脸，拍摄一段人物淡妆补妆的画面，如图55-3所示。

图55-3　人物表人格画面

（3）拍摄一段人物里人格的视频素材。在上一步机位以及人物立定点皆保持不变的情况下，拍摄一段人物浓妆哂笑的画面，如图55-4所示。

图55-4　人物里人格画面

注意事项：

（1）拍摄特写镜头时注意固定机位，避免产生视角移位。

（2）在人物侧后方拍摄时，避免镜子中出现相机画面。

（3）确定画面的整体构图，尽量将人物放置于画面中央。

55.3 视频制作

制作步骤：

第1步：导入拍摄好的视频素材并添加到轨道上，如图55-5所示。

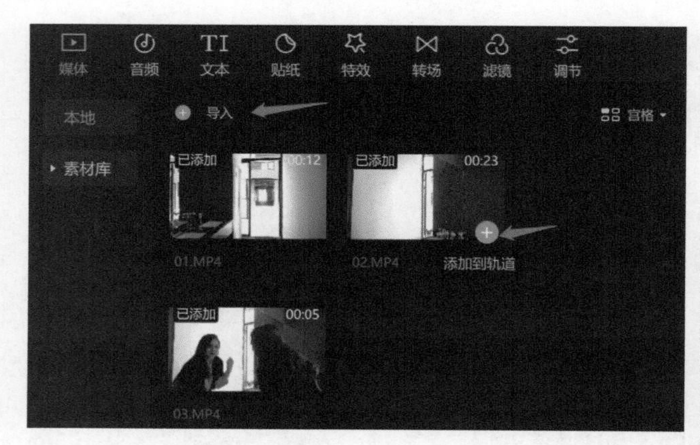

图55-5　导入并添加素材

第2步：预览视频素材，将视频中多余部分进行分割与删除，如图55-6所示。

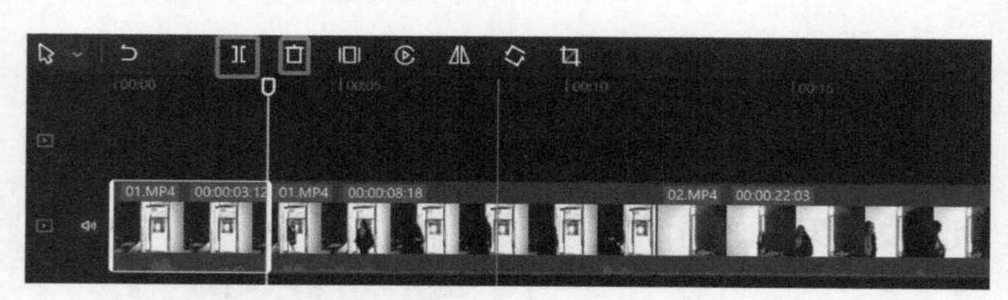

图55-6　裁剪视频

第3步：将时间指针拖动到淡妆视频下，将已裁剪的浓妆里人格素材（素材名03）拖动至要黑化的淡妆表人格（素材名02）素材上方画中画轨道，将里人格视频中的人物调整到与表人格中人物的大小相同，并将视频对齐，如图55-7所示。

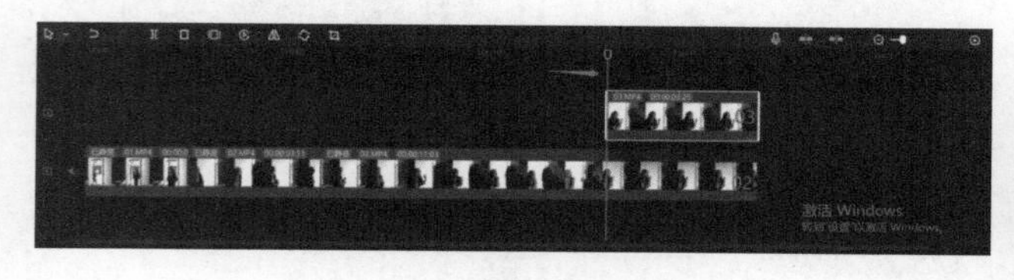

图55-7　调整视频层次

第4步：选中画中画轨道视频，对浓妆里人格素材添加“线性”蒙版，确保镜中是里人格素材，而镜外是表人格素材，如图55-8所示。

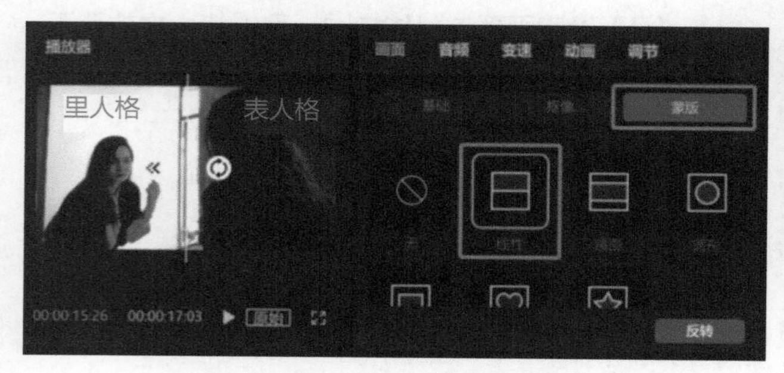

图55-8　里人格素材添加“线性”蒙版

第5步：对画中画轨道与主轨道重合的视频部分添加所需的滤镜，滤镜时长为画中画轨道上视频时长，本课程使用的滤镜为“仲夏”及“敦刻尔克”，如图55-9所示。

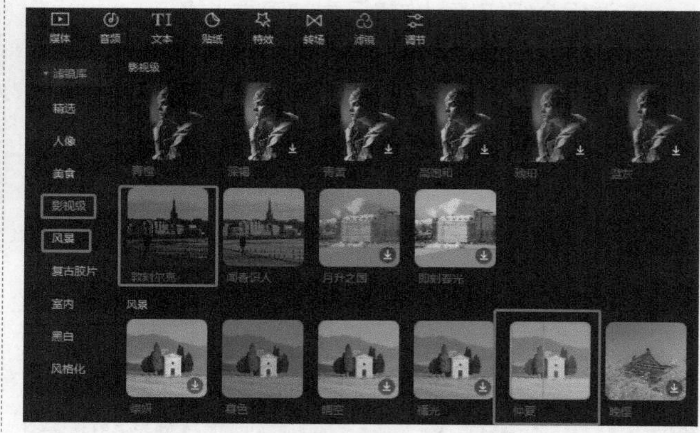

图55-9　添加滤镜

第6步：对重合时间段视频添加黑化的音效及特效，如图55-10所示。本课程使用的音效为“突然加速”（见图55-11），特效为“波纹色差”（见图55-12）。

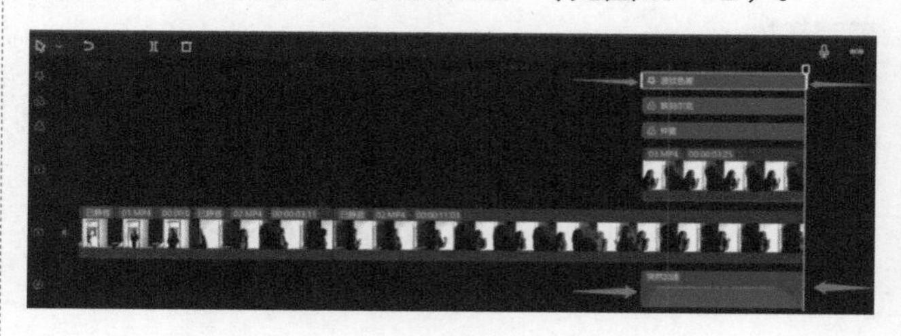

图55-10　添加音效及特效

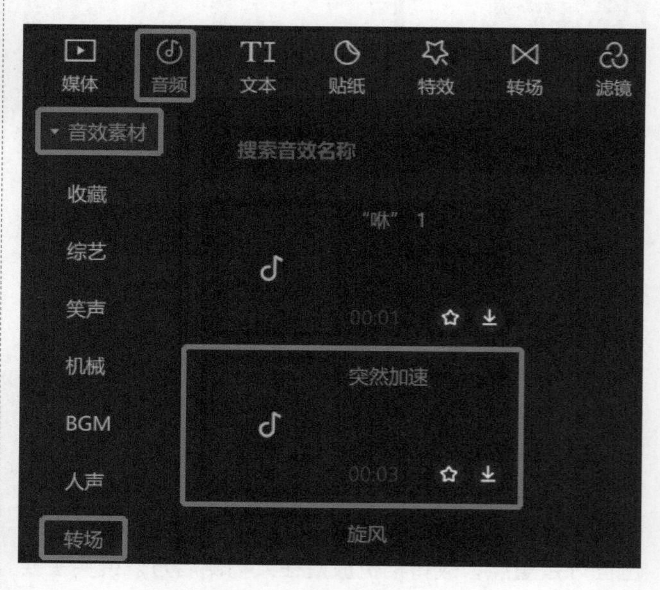

图55-11　“突然加速”音效

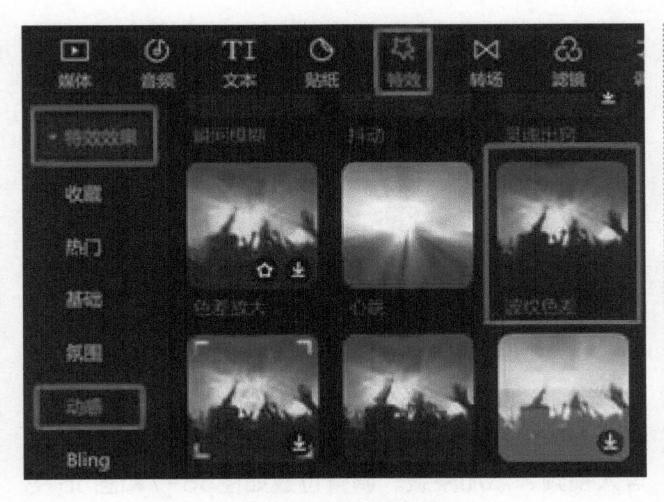

图55-12 “波纹色差”特效

第7步：添加背景音乐。案例中使用的背景音乐为“堕落天使”。

第8步：导出视频，制作完成。

55.4 举一反三

1. 画面中分别出现15岁的主人公和25岁的主人公，双方各坐在画面两侧，进行一问一答。最后镜头反转，原来是35岁的主人公拍摄了这一切。

2. 一个女孩子看了综艺节目《乘风破浪的姐姐》，抱怨自己如果有个姐姐该多好，可惜自己是个独生子女。突然有一听饮料递了过来，女孩子的“姐姐”说：“天热，妹妹来喝点冰的。”

第56课 魔力捏可乐罐

本课程介绍如何制作具有意念效果的短视频。

56.1 案例效果

魔力捏可乐罐效果图如图56-1所示。

图56-1 魔力捏可乐罐效果图

56.2 拍摄

拍摄步骤：

（1）拍摄一段人物做好手势的视频，如图56-2所示。

图56-2 拍摄画面（1）

（2）拍摄可乐罐一步步变化的视频，如图56-3所示。

注意事项：

（1）拍摄时尽量不要变更镜头角度。

（2）拍摄时长尽量预留多点。

（3）拍摄时尽量不要移动可乐罐的位置。

图56-3　拍摄画面（2）

56.3 视频制作

制作步骤：

第1步：导入第一段视频素材并添加到轨道上，如图56-4所示。

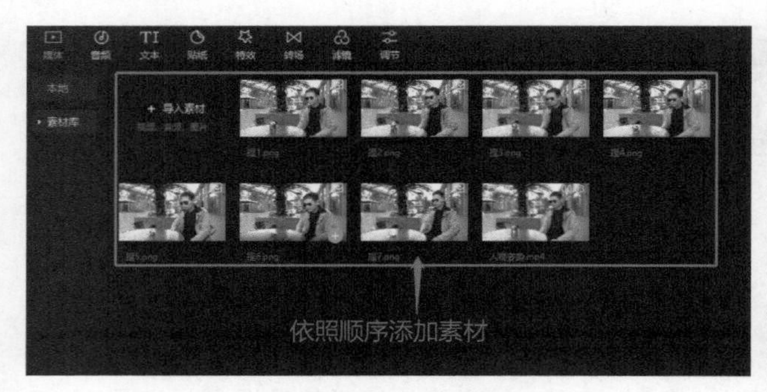

图56-4　导入并添加素材

第2步：导入第二段可乐罐被捏的视频，在功能区“画面”的“蒙版”面板中选择“线性”，调整位置，羽化边缘。添加蒙版如图56-5所示。

图56-5　添加蒙版

第3步：导入第三段视频，添加“线性”蒙版，拖曳到第二段视频素材的后面。导入视频、添加蒙版如图56-6所示。

图56-6　导入视频、添加蒙版

第4步：按顺序添加其他视频并完成相关制作。导入视频、添加蒙版、调整位置如图56-7和图56-8所示。

图56-7　导入视频、添加蒙版、调整位置（1）

图56-8　导入视频、添加蒙版、调整位置（2）

第5步：调整完全部视频素材后，导出视频。然后将导出的视频再导入，给视频添加特效。导出视频后再导入如图56-9所示。

图56-9　导出视频后再导入

第6步： 选中导入的视频，在素材区执行“特效”→“特效效果”命令，在“复古”中选择“老电影”，单击加号添加到轨道上，如图56-10所示。

图56-10　添加特效

第7步： 在素材区执行“音频”→“音效素材”命令，在“环境音”中选择合适的环境音效，单击加号添加到轨道上，如图56-11所示。

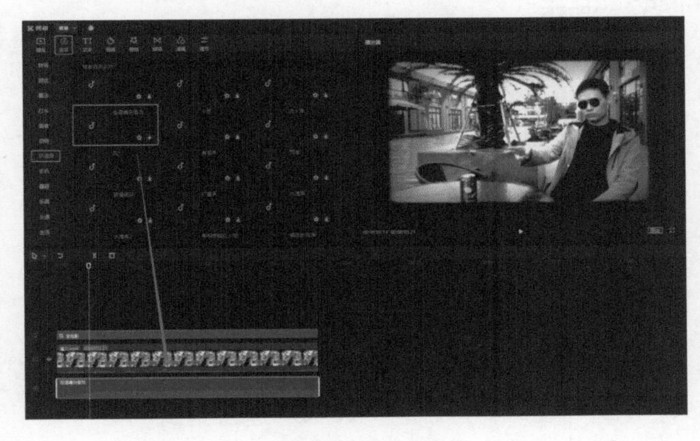

图56-11　添加音效

第8步： 在播放器界面的右下角找到画面比例的调整按钮，单击按钮将画面比例调整为9：16，如图56-12所示。

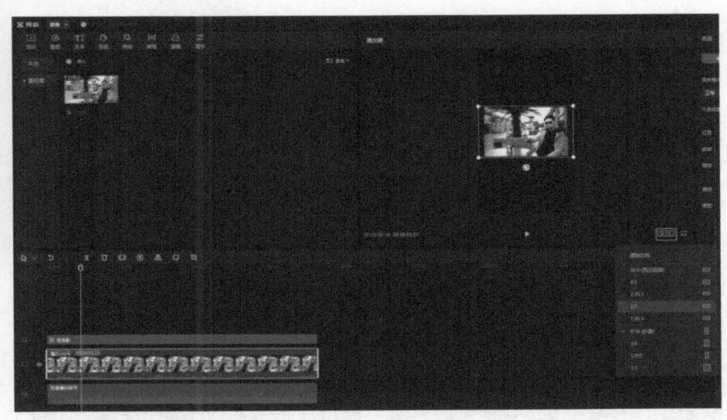

图56-12　调整画面比例

第9步： 在素材区执行“特效”→“特效效果”命令，在“分屏”中选择“三屏”，单击加号将其添加到轨道上，拖曳两端和视频时长对齐。添加特效如图56-13所示。

图56-13　添加特效

第10步： 将分辨率及帧率调整至最大，导出视频即可。

56.4 举一反三

运用这个视频的创意思路和制作方法，可以制作类似的创意视频，下面的效果大家可以自己动手尝试。

制作用意念掰弯勺子、用意念控制凳子移动等视频吧，素材就在你的生活中！

第57课 踢出自我

本课程介绍如何制作具有分镜同框效果的短视频。

57.1 案例效果

踢出自我视频处理前后效果图如图57-1和图57-2所示。

图57-1 视频处理前

图57-2 视频处理后

57.2 拍摄

拍摄步骤：

（1）拍摄一段人物踢柱子的视频，如图57-3所示。

图57-3 踢柱子画面

（2）拍摄一段人物向后倒的视频，如图57-4所示。

图57-4 人物后倒画面

注意事项：

（1）拍摄时尽量不要出现色差光影的变换。

（2）拍摄时长尽量预留多点。

（3）人物踢柱子的视频要尽量表现得真实一些。

57.3 视频制作

制作步骤：

第1步：导入第一段视频素材并添加到轨道上，如图57-5所示。

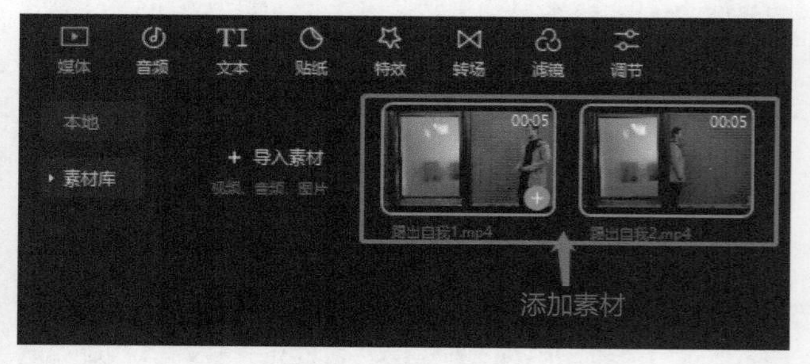

图57-5 导入并添加素材

第2步：选中导入的视频素材，将多余部分进行分割与删除，如图57-6所示。

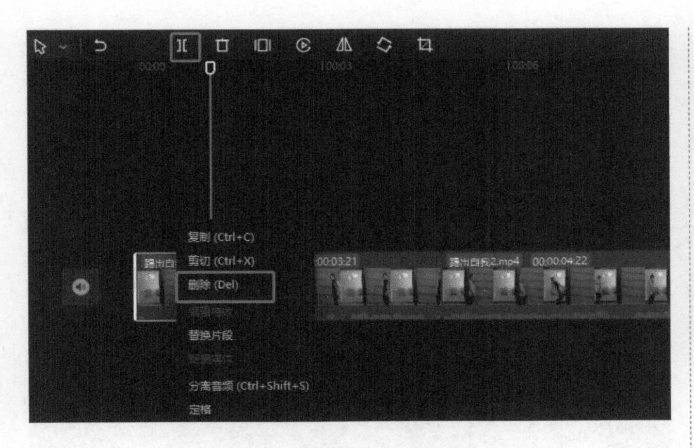

图57-6　视频的分割与删除

第3步：导入第二段视频素材并添加到轨道上，裁剪掉多余的部分，如图57-7所示。

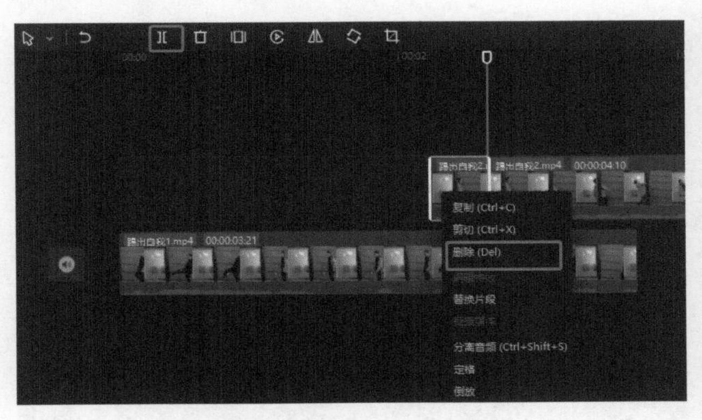

图57-7　视频的分割与删除

第4步：将第二段视频素材拖曳到第一段视频出脚时的位置，如图57-8所示。

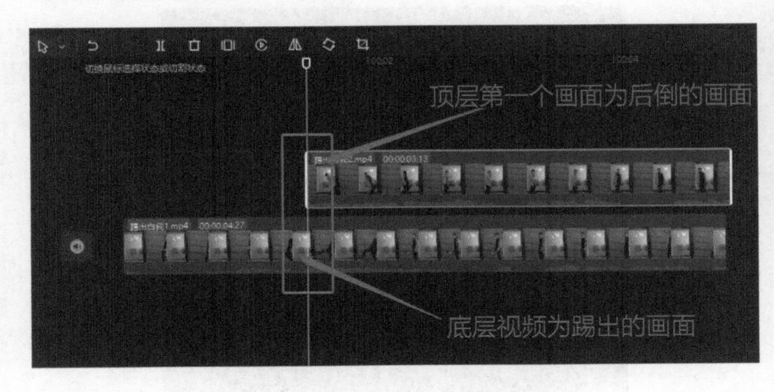

图57-8　视频条位置调整

第5步：选中第二段视频素材，在功能区“画面”的“蒙版”面板中选择“线性”。添加蒙版如图57-9所示。

图57-9　添加蒙版

第6步：选中第二段视频，在功能区的“调节”面板中对色温、亮度进行调节。调节完后将其导出。调节色温、亮度如图57-10所示。

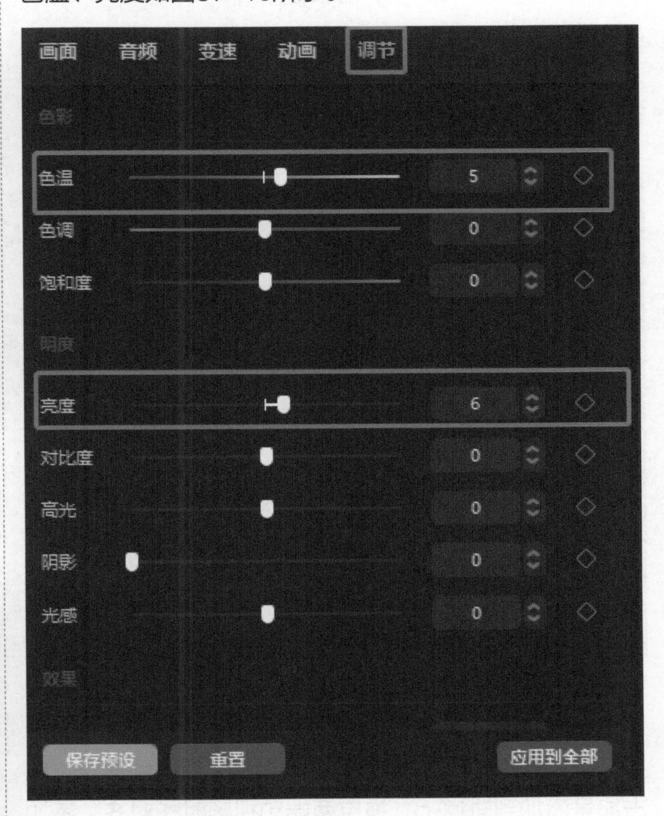

图57-10　调节色温、亮度

第7步：导入刚才导出的视频素材，单击加号添加到轨道上。在素材区执行“特效”→“特效效果”命令，在“综艺”中选择“冲刺”，单击加号将其添加到轨道上，拖曳两端和视频时长对齐。添加特效如图57-11所示。

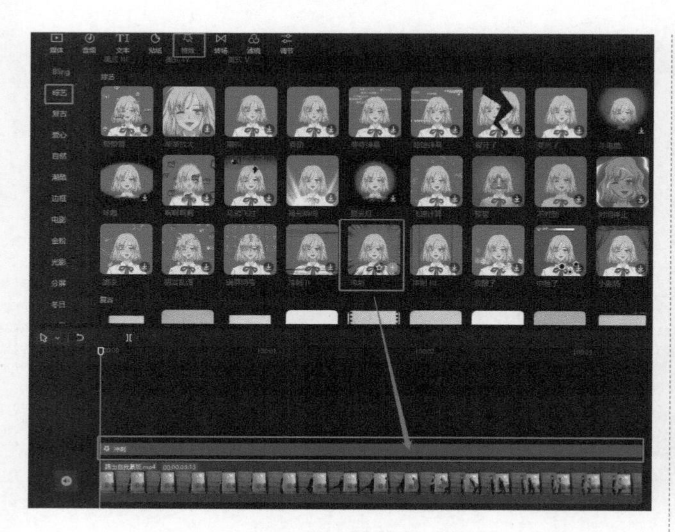

图57-11　添加特效（1）

第8步：在特效的“漫画”中选择“复古漫画”，单击加号添加到轨道上，拖曳两端和视频时长对齐。添加特效如图57-12所示。

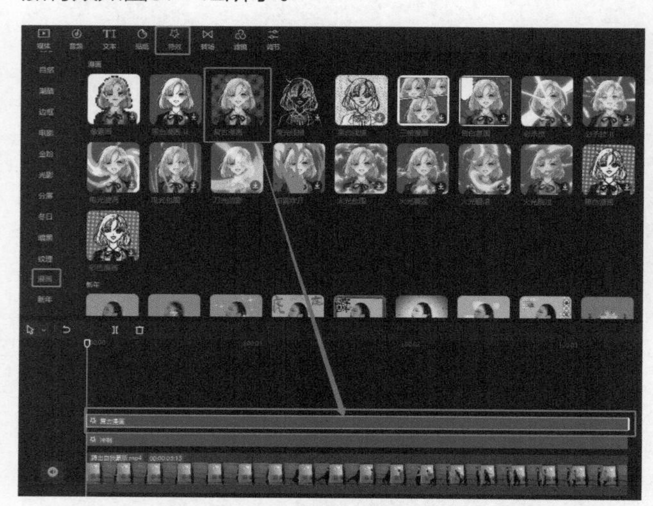

图57-12　添加特效（2）

第9步：在特效的“复古”中选择“胶片Ⅲ”，单击加号添加到轨道上，拖曳两端和视频时长对齐。添加特效如图57-13所示。

第10步：导出视频，然后将导出的视频再导入剪映并添加到轨道上。在素材区执行“特效”→“特效效果”命令，在“分屏”中选择“三屏”，单击加号添加到轨道上。添加特效如图57-14所示。

第11步：在播放器界面的右下角找到画面比例按钮，调整画面比例为9：16，如图57-15所示。

图57-13　添加特效（3）

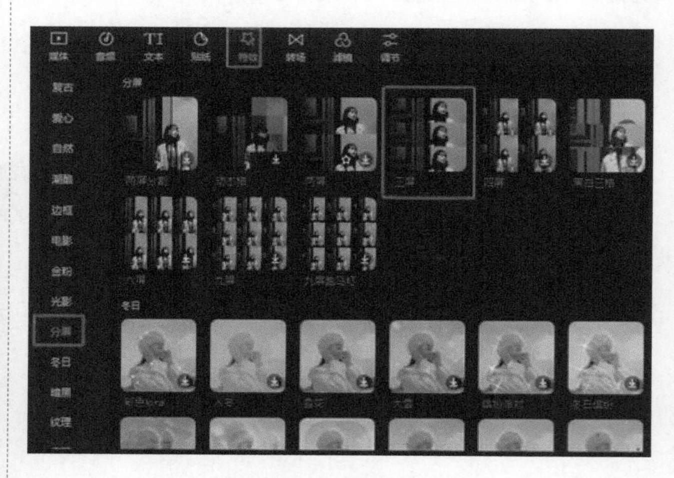

图57-14　添加特效（4）

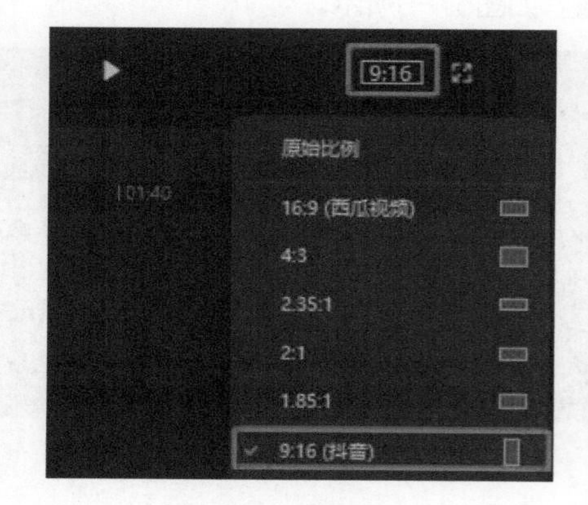

图57-15　调整画面比例

第12步：在素材区执行“音频”→“音效素材”命令，在“格斗”中选择合适的音效，单击加号添加即可，如图57-16所示。

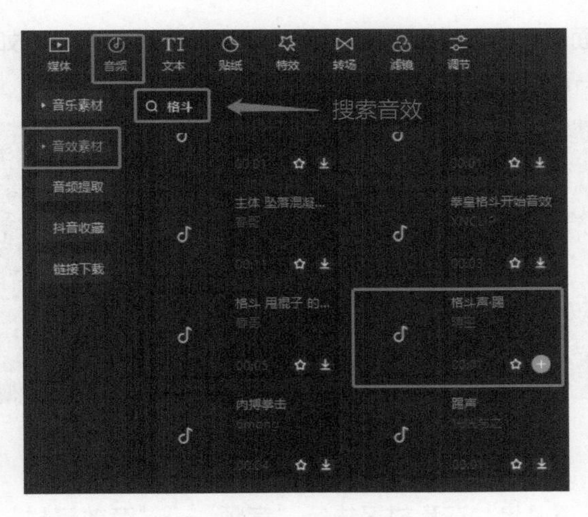

图57-16 添加音效

第13步： 将分辨率及帧率调整至最大，导出视频即可。

57.4 举一反三

运用这个视频的创意思路和制作方法，可以制作类似的创意视频，下面的效果大家可以自己动手尝试。

制作双重人格同框对话的视频，素材就在你的生活中！

第58课 一飞冲天

本课程介绍如何制作具有飞天效果的短视频。

58.1 案例效果

一飞冲天效果图如图58-1所示。

图58-1 一飞冲天效果图

58.2 拍摄

拍摄步骤：

（1）拍摄一段人物起跳的视频，如图58-2所示。

图58-2 人物起跳画面

（2）拍摄一段空镜头，如图58-3所示。

图58-3 场景空镜头

（3）准备一段白色背景的残影素材（残影素材可在随书附赠的素材中获取），如图58-4所示。

图58-4 残影素材

注意事项：

（1）拍摄时尽量保持镜头不变动。

（2）拍摄时长尽量预留多点，方便后续剪辑。

58.3 视频制作

制作步骤：

第1步： 导入视频素材并添加到轨道上，如图58-5所示。

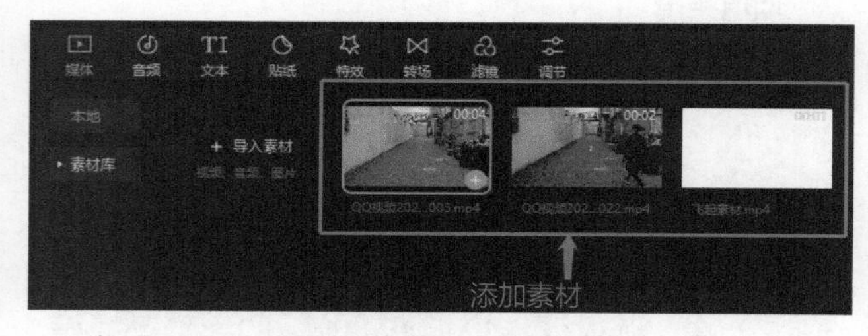

图58-5 导入并添加素材

第2步： 选中视频素材，拖曳预览针到起跳的最高点位置，单击工具栏中的分割按钮，单击鼠标右键，选择“删除”选项，删除起跳最高点后面的部分，如图58-6所示。

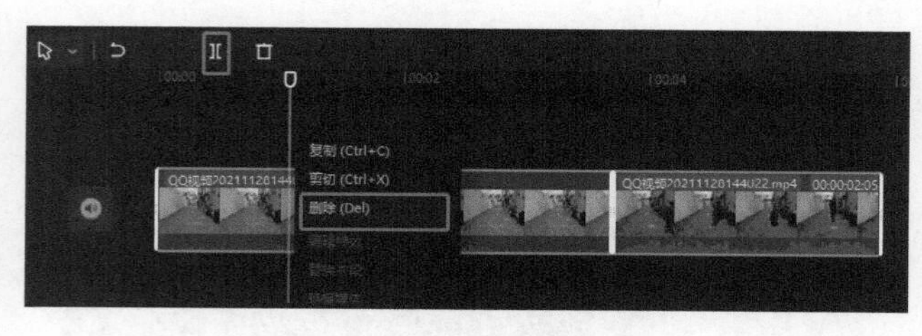

图58-6 裁剪视频

第3步： 单击飞起素材下面的加号，将素材添加到轨道上。选中添加的飞起素材，在功能区“画面”的“基础”面板中，“混合模式”选择“正片叠底”，对画面的大小和位置进行调整，与视频中人物同步，如图58-7所示。

图58-7 添加并调整素材

第4步： 在素材区执行“音频”→“音效素材”命令，在“转场”中选择合适的音效，单击加号添加到轨道上，拖曳到合适的位置，如图58-8所示。

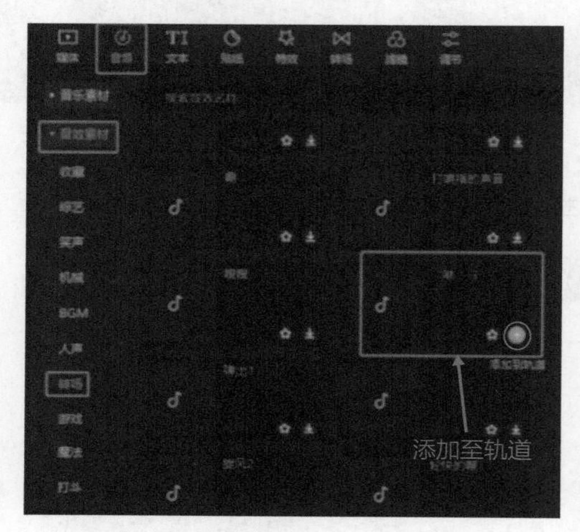

图58-8 添加音效

第5步： 在素材区执行“特效”→“特效效果”命令，在“复古”中选择“录像带Ⅲ”，单击加号添加到轨道上，拖曳两端与视频前后对齐，单击右上角的“导出”按钮，导出视频，然后将导出的视频再导入剪映，单击加号添加到轨道上，如图58-9所示。

图58-9 添加特效“录像带Ⅲ”

第6步：在播放器界面的右下角找到画面比例按钮，单击按钮选择“9：16”，如图58-10所示。

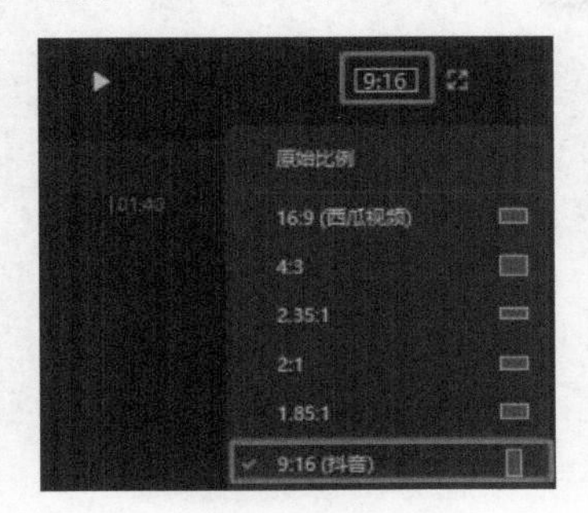

图58-10　调整视频比例

第7步：在素材区执行“特效”→“特效效果”命令，在“分屏”中选择“三屏”，单击加号添加到轨道上，拖曳两端与视频前后对齐，如图58-11所示。

第8步：将分辨率及帧率调整至最大，导出视频即可。

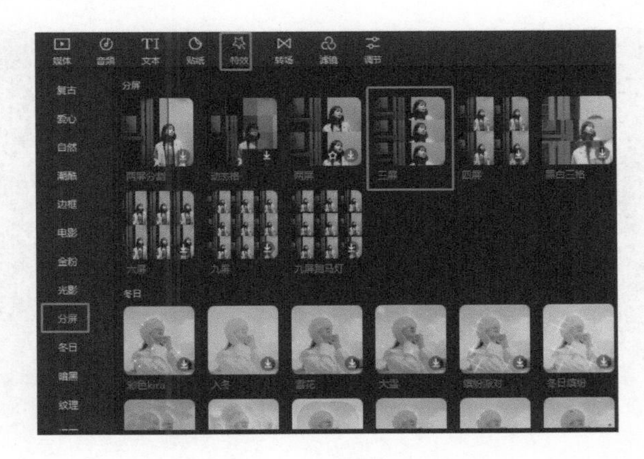

图58-11　添加特效

58.4 举一反三

运用这个视频的创意思路和制作方法，可以制作类似的创意视频，下面的效果大家可以自己动手尝试。

制作从天而降的视频，素材就在你的生活中！

第59课　水果大变身

本课程介绍物体卡点变换技巧。

59.1 案例效果

水果大变身效果图如图59-1所示。

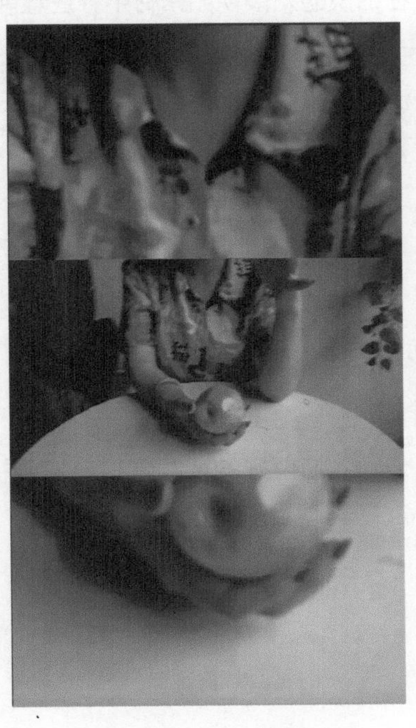

图59-1　水果大变身效果图

59.2 拍摄

拍摄步骤：

（1）拍摄一段左手拿橘子从高处掉落右手的视频，如图59-2所示。

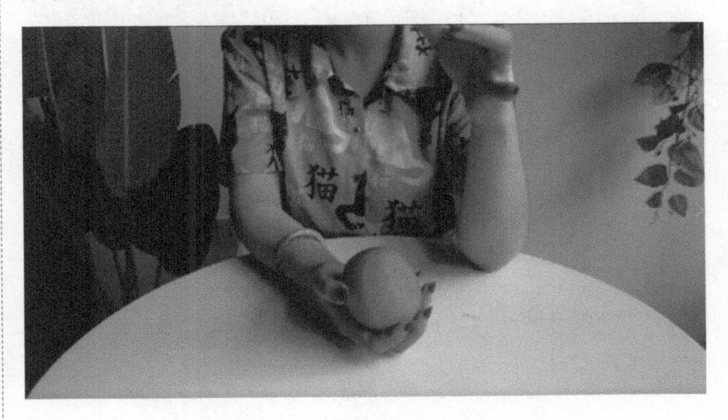

图59-2　橘子掉落画面

（2）将橘子换成梨，以同样的动作再拍摄一段视频，如图59-3所示。

图59-3　梨掉落画面

（3）双手拿着梨，做出假装将梨掰开的动作，如图59-4所示。

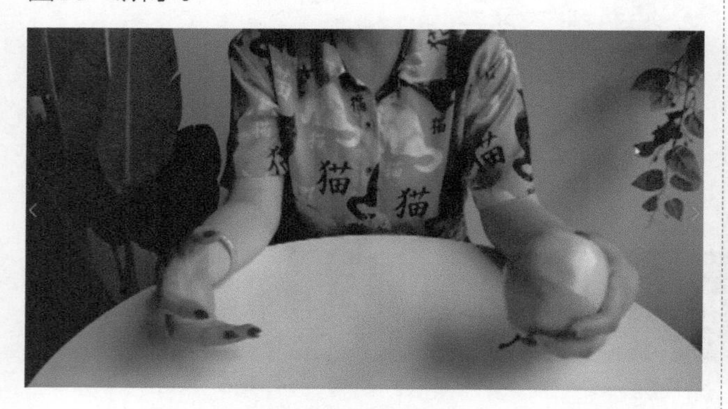

图59-4　掰梨画面

（4）左右手分别拿一个苹果，模仿掰梨的动作再拍摄一段视频，如图59-5所示。

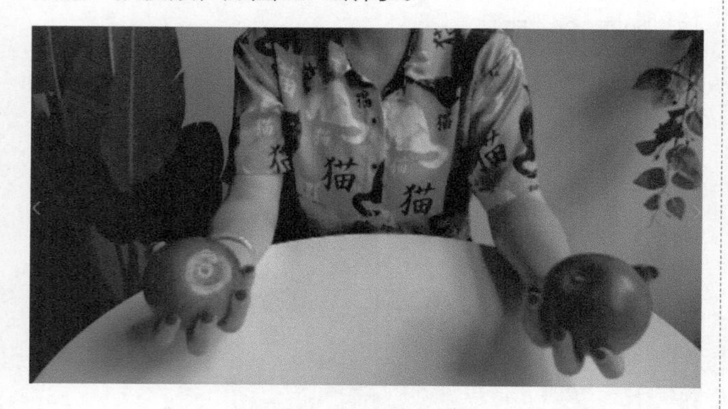

图59-5　掰苹果画面

（5）双手将两个苹果做出碰撞的动作，如图59-6所示。

图59-6　苹果碰撞画面

（6）桌子上放一瓶饮料，将苹果放下，手形保持拿苹果时的样子，捧起面前的饮料，如图59-7所示。

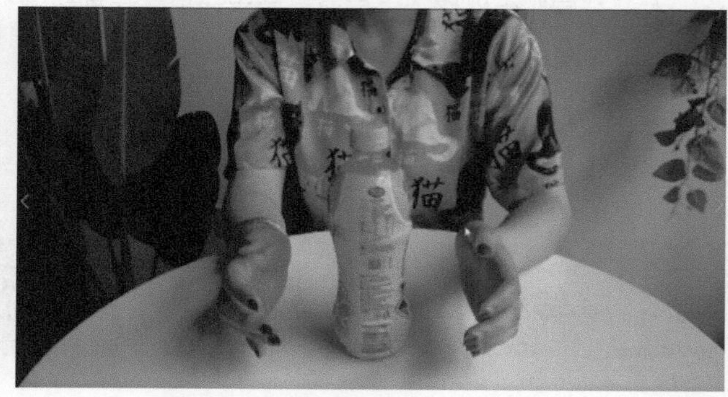

图59-7　捧饮料画面

注意事项：

（1）在拍摄的六段视频素材中，注意前后两个视频的过渡手势保持不变。

（2）注意每段视频素材的结尾部分应拍摄足够长的时间，以方便后期的剪辑。

（3）注意相机的位置不要发生偏移。

59.3 视频制作

制作步骤：

第1步： 导入拍摄好的视频素材，按照视频发展的顺序依次添加到轨道上，如图59-8所示。

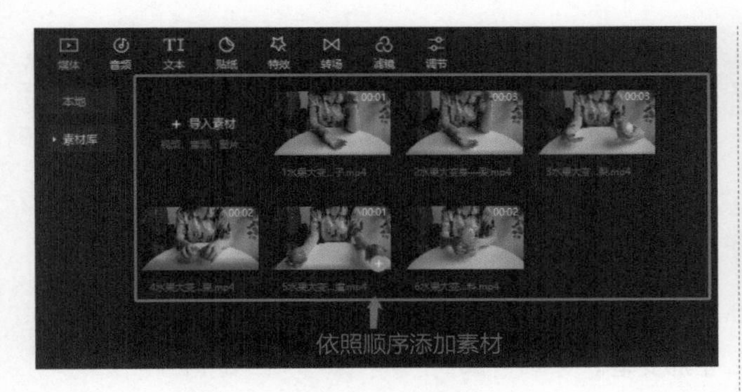

图59-8　添加素材

第2步： 对视频素材进行剪辑，如案例中第一段仅选取物体完全下落的前几秒，第二段选取后几秒，后四段依次进行剪辑，如图59-9所示。

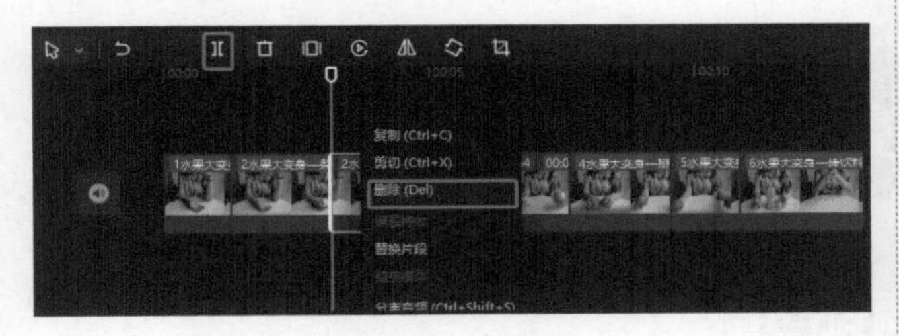

图59-9　裁剪视频

第3步： 对视频素材添加滤镜，这里选择“港风”，并将滤镜时长与视频时长对齐，如图59-10所示。

图59-10　添加滤镜“港风”

第4步： 将视频比例调整为9：16，对视频背景进行模糊处理，使之充满整个视频背景，如图59-11所示。

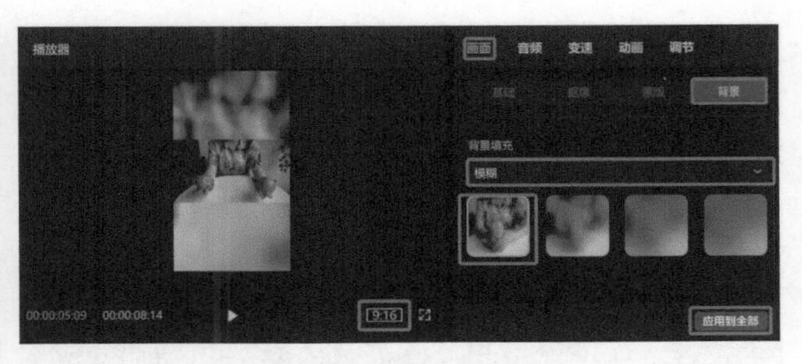

图59-11　调整视频比例并将背景修改为“模糊”背景

第5步： 在两个视频衔接处添加动态音效，本课程中使用的是“按键”音效，如图59-12所示。

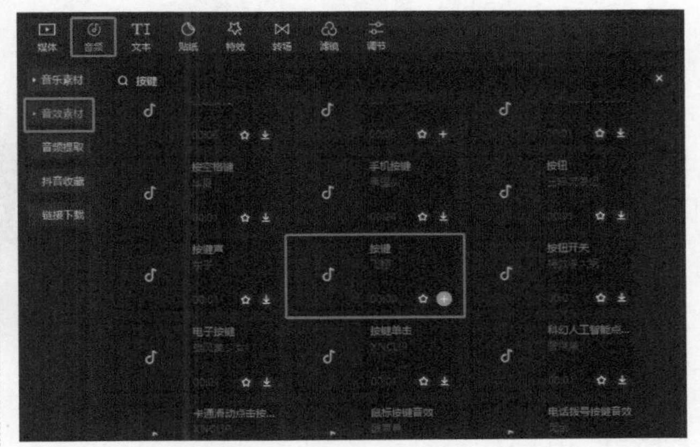

图59-12　视频衔接处添加音效

第6步： 对视频添加背景音乐，将添加的音乐的开头部分及多余时长进行裁剪，本课程中使用的音乐为“Bridge over Troubled Water”，如图59-13所示。

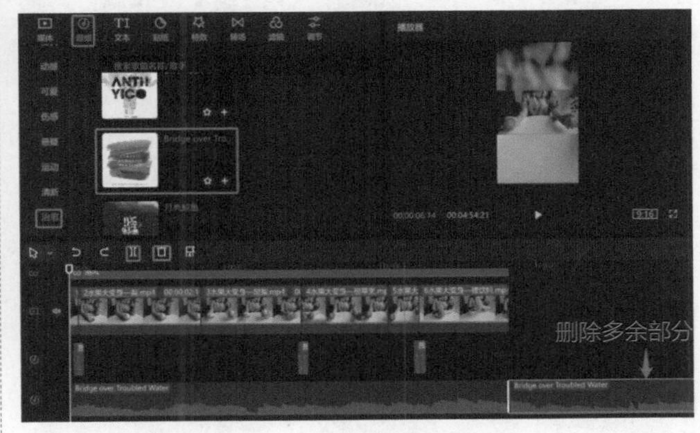

图59-13　添加并裁剪音频

第7步： 对视频添加特效，并将特效时长与视频时长对齐，本课程使用特效为“波纹色差”，如图59-14所示。

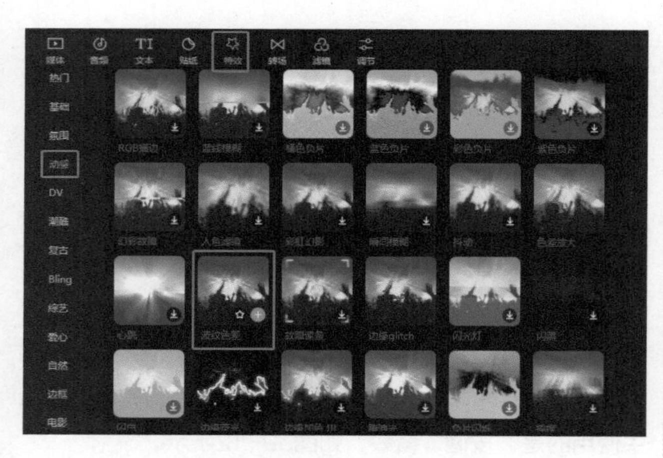

图59-14　添加特效“波纹色差”

第8步：播放器界面预览后导出视频，制作完成。

59.4 举一反三

1. 手中放置一串葡萄，手一点，变成了葡萄味的味全每日C。

2. 女孩子们的换装视频。

3. 手中拿一支笔，将笔扔向电脑，电脑中竟然出现了那支笔。

第60课　漫漫人生路

本课程介绍如何制作在同一画面中呈现两种不同时空的效果。

60.1 案例效果

视频处理前后效果图如图60-1和图60-2所示。

图60-1　视频处理前

图60-2　视频处理后

60.2 拍摄

拍摄步骤：

（1）拍摄一段只有人物走动的视频，如图60-3所示。

图60-3　拍摄画面（1）

（2）在同一机位，拍摄一段车水马龙的视频，如图60-4所示。

图60-4　拍摄画面（2）

注意事项：

（1）拍摄两段视频时注意固定机位，避免产生视角位移。

（2）确定画面的整体构图，确保人物和车流二者布局泾渭分明。

（3）拍摄人物空镜头时，保证整个画面只有主人公一人在走，若无法清场，则避免出现行人走到之后切割画面的分界线处，案例中为景观树处。

（4）拍摄车水马龙空镜头时，避免行人走到之后切割画面的分界线处，案例中为景观树处。

（5）两段视频拍摄的间隔尽量接近，避免因太阳照射方向的不同造成穿帮。

60.3 视频制作

制作步骤：

第1步： 导入第一段视频素材并添加到轨道上，如图60-5所示。

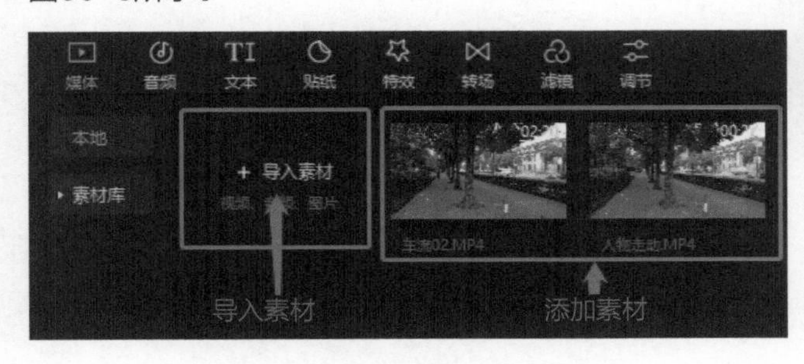

图60-5　导入并添加素材（1）

第2步： 导入第二段视频素材，将其添加到第一段视频的上方，如图60-6所示。

图60-6　导入并添加素材（2）

第3步： 调整第二段视频的速度，这里选择为5倍，如图60-7所示。

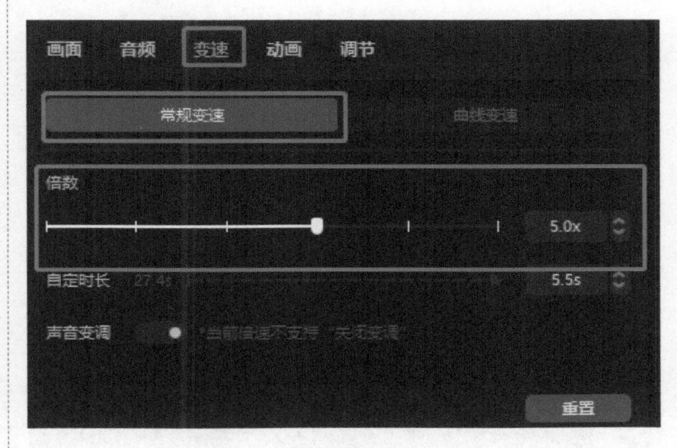

图60-7　调整视频速度

第4步： 调整两段视频的时长并保持一致，如图60-8所示。

图60-8　调整视频长度

第5步： 为第二段的车水马龙素材添加“矩形”蒙版，调整蒙版的大小和位置，如图60-9所示。

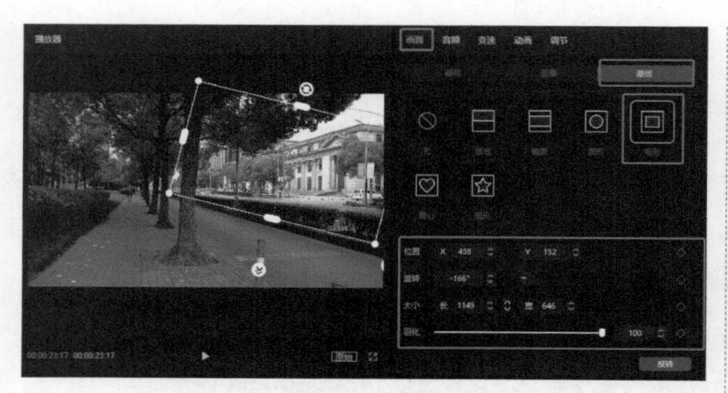

图60-9　添加蒙版、调整蒙版的大小和位置

第6步： 对第二段的车水马龙素材进行羽化。按住红框内的按键并向下拖动，即可进行快速羽化，如图60-10所示。

图60-10　羽化边缘

第7步： 添加背景音乐，这里选择“假如”，如图60-11所示。

图60-11　添加音乐

第8步： 导出视频，制作完成。

60.4 举一反三

1. 画面中，儿子坐在左侧看书，右侧的母亲忙着扫地、拖地、晾衣服，左侧呈正常速度，右侧的母亲呈加速状态。

2. 一位父亲在喂鱼，一不小心鱼食喂多了，想捞上来一些，结果伸头一看，鱼缸内出现了一条鲸鱼。

3. 男人新买了一个微缩盆景，突然听到有人说话的声音，发现是盆景中传来的，结果凑近一看，发现盆景中的微缩假山上有两个樵夫在爬山，原来盆景别有一番天地。